海外高速开发后剩余油分布极复杂油田的综合治理技术

崔明月　邹洪岚　赫安乐　朱恩永　叶秀峰　张宝瑞　等编著

石油工业出版社

内容提要

本书围绕中国石油海外高速开发中后期砂岩和碳酸盐岩油田的开发技术难题，针对性介绍了油田高速开发后采油特色技术与应用实效。详细阐述了低压油藏人工举升系统优化、海外大排量分注、砂岩油藏卡堵水、固体酸酸化增产增注、侧钻酸压一体化和直井分层水平井分段改造、自适应 AICD 筛管控水、复合射孔与爆燃压裂深穿透解除污染 7 类特色技术，在南苏丹 3/7 区 Paloch 多层状边水砂岩油田、乍得一期砂岩油田、哈萨克斯坦阿克纠宾 R 油田裂缝孔隙型碳酸盐岩油田的综合治理情况、技术应用实效和开发效果。

本书可供从事油田开发和工程技术的科技人员以及高等院校相关专业师生参考使用。

图书在版编目（CIP）数据

海外高速开发后剩余油分布极复杂油田的综合治理技术 / 崔明月等编著. -- 北京：石油工业出版社，2025.4. -- ISBN 978-7-5183-6941-6

Ⅰ. TE34

中国国家版本馆 CIP 数据核字第 2024KJ1660 号

出版发行：石油工业出版社
   （北京安定门外安华里 2 区 1 号 100011）
   网 址：www.petropub.com
   编辑部：（010）64210387 图书营销中心：（010）64523633
经 销：全国新华书店
印 刷：北京中石油彩色印刷有限责任公司

2025 年 4 月第 1 版 2025 年 4 月第 1 次印刷
787×1092 毫米 开本：1/16 印张：14.75
字数：330 千字

定价：78.00 元
（如出现印装质量问题，我社图书营销中心负责调换）
版权所有，翻印必究

前 言
PREFACE

中国石油海外油气开发项目受资源国投资政策多变、政治不稳定、安全保障差、石油合同期较短等诸多因素影响，早期多采用"有油快流，好油先流"的开发策略，以达到尽早回收投资、降低投资风险的目的。然而，高速开发也给油田后期开发带来许多难题，包括边底水油藏含水上升过快及水窜、弱边底水轻质油藏地层压力下降和气油比上升速度过快，致使强非均质性油藏油水关系及剩余油分布极其复杂等。这些油田由于早期高速开发造成开发中后期的复杂性，给挖掘潜力、提高效果带来难度，本书针对这类"高速开发后剩余油极复杂油田"的综合治理进行了探讨。

中国石油海外早期投入开发的一批油田多为高速开发的典型，中—高渗透砂岩油藏采油速度高达2%，甚至超过3%；中低渗透裂缝孔隙型碳酸盐岩油藏采油速度超过平均采油速度。同时，海外油田开发普遍存在注水滞后现象，受长期没有足够能量补充影响，这些油田呈现综合含水率高、气油比高、采出程度低、压力保持水平低等"两高两低"特征；同时，受强非均质性影响，储层纵向动用程度差、油水关系及剩余油分布极为复杂，开发矛盾突出。

常规油田综合开发调整难以解决这类油田面临的开发矛盾，尤其是高渗透层含水率上升控制难度大，低渗透层能量无法及时补充、生产气油比高，非主力层剩余油难以有效动用，高效采油工艺选择难度大。如何在深化剩余油分布规律认识的基础上，采用针对性工艺技术手段，挖掘油田开发潜力，提高储量动用程度和开发效果，成为迫切需要解决的问题。

中油国际油气田开发工作者围绕南苏丹3/7区Paloch多层状边水砂岩油田、乍得一期砂岩油田、哈萨克斯坦阿克纠宾R油田裂缝孔隙型碳酸盐岩油田等典型油藏面临的开发技术难题，结合剩余油分布规律研究成果，针对性开展了油田高速开发后采油工艺系列技术的研究与应用。在人工举升、分层注水、卡堵水、AICD筛管控水、固体酸酸化增产增注、侧钻井及分层分段改造、深穿复合透射孔和爆燃压裂等方面进行工艺技术创新，对油藏、井筒与地面整体优化，以实现油藏未动用储量有效动用，为提高油田采出程度、改善油田开发效果、提升开发效益提供了有力支撑，形成"海外天然能量高速开发后极复杂油田的综合治理技术与应用"重要研究成果并编纂本书。

本书共6章，前言由崔明月和邹洪岚编写，第1章由朱恩永、叶秀峰、赖伟庆、张宝瑞编写，第2章由崔明月、赫安乐、杨继军、冯仁东、王青华、张合文、晏军、齐丹编写，第3章由冯敏、黄奇志、文勇、肖康、邹洪岚、佟鑫淼编写，第4章由朱恩永、杨学东、梁冲、马明福、张希文、杨军征编写，第5章由张宝瑞、宋珩、王青华、赫安乐、冯仁东、杨军征编写，第6章由朱恩永、崔明月、邹洪岚、朱培珂、朱大伟编写。全书由崔明月、邹洪岚统稿。赵伦、张光亚、王鹏、张现民、刘富龙也参加了本书相关研究工作。感谢中油国际科技信息部、油气开发部、生产运行部，感谢乍得项目公司、南苏丹3/7区项目公司和阿克纠宾油气股份公司对本书的大力支持。

由于作者水平有限，如有疏漏或不妥之处，敬请批评指正。

目 录
CONTENTS

1 海外油气田开发特点 ... 1
　1.1 项目运行的环境特点 ... 1
　1.2 海外油气田开发的总体策略 ... 2
　1.3 海外油气田高速开发后油藏特征 ... 3
　参考文献 ... 4

2 海外油田高速开发后综合治理特色工程技术 ... 6
　2.1 低压油藏人工举升系统优化技术 ... 6
　2.2 海外大排量分注技术 ... 24
　2.3 底水砂岩油藏卡堵水技术 ... 30
　2.4 固体酸酸化增产增注技术 ... 39
　2.5 侧钻酸压一体化和直井分层水平井分段改造技术 ... 53
　2.6 自适应 AICD 筛管控水技术 ... 70
　2.7 复合射孔与爆燃压裂深穿透解除伤害技术 ... 79
　参考文献 ... 83

3 南苏丹 3/7 区油田综合治理技术应用及开发效果 ... 85
　3.1 项目概况 ... 85
　3.2 综合治理技术应用 ... 95
　3.3 开发效果 ... 103
　参考文献 ... 104

4 乍得项目油田综合治理技术应用及开发效果 ... 105
　4.1 项目概况 ... 105
　4.2 综合治理技术应用 ... 111
　4.3 开发效果 ... 167
　参考文献 ... 169

5 哈萨克斯坦 R 油田综合治理技术应用及开发效果 ... 170
　5.1 项目概况 ... 170

  5.2 综合治理技术应用 ………………………………………………………… 183
  5.3 开发效果 …………………………………………………………………… 210
  参考文献 ……………………………………………………………………… 210
6 技术展望 ………………………………………………………………………… 211
  6.1 海外油田开发发展总体趋势 ……………………………………………… 211
  6.2 开发技术需求展望 ………………………………………………………… 213
  6.3 具有海外油田推广价值的工程新技术 …………………………………… 215
  参考文献 ……………………………………………………………………… 227

1 海外油气田开发特点

海外油气田的开发受到资源国政治环境、社会安全风险、法律等因素影响，使开发策略与国内相比更加复杂和多样化。以实现合同期内经济效益最大化为目标，海外油气田可以适度地提高采油速度、推迟注水和进行开发调整。随着开发的进行，油田的油水关系和剩余油分布复杂化，呈现综合含水率高、气油比高、采出程度低、压力保持水平低等"两高两低"特征。本章主要阐述了海外油气田开发项目运行的5大主要特点、早期主要的开发总体策略以及高速开发后的油藏特征。

1.1 项目运行的环境特点

从20世纪90年代开始，中国石油开始走出国门，参与国际油气合作。进入的资源国从最初的秘鲁，到后来的委内瑞拉、苏丹和哈萨克斯坦，至今已经发展到几十个国家，逐渐实现了规模化发展。目前，中国的石油企业在进行海外勘探开发的过程中主要采取的合作模式包括合资开发模式、工程换资源模式、股权并购模式、购买产能模式、风险勘探模式、战略联盟模式。合作的资源国绝大多数社会经济不发达，有的甚至十分落后，政策稳定性差，十分不利于油气开发项目的长期稳定运行。近年来，中国的石油企业对外投资项目的开发运行风险十分复杂，主要表现在资源国自身政治环境和社会安全风险、资源国财税政策变化、国际形势风险以及合同期限等方面。

概括起来，海外油气田开发项目运行的环境具有以下特点。

（1）资源国政局不稳定、社会安全形势差，甚至对项目运行产生颠覆性影响。

尽管和平与发展仍是当今世界的主题，但是部分国家仍然存在长期的政治动荡、武装活动和宗教斗争，这些对中国石油海外勘探投资有着深刻的影响。

许多海外油气开发项目经历过多个资源国的政局变化和社会动荡，一批资源国属于政治风险、社会安全极高风险的高风险国家，这些资源国的石油开发生产项目都会受到很大影响，有的影响甚至是颠覆性的。例如，南苏丹独立和南/北苏丹战争、叙利亚内战、利比亚内战、伊朗制裁等都对这些国家开发项目的运行产生了颠覆性影响。其他极高风险国家如伊拉克、委内瑞拉、乍得、尼日尔等，其政局和社会安全形势也不同程度对油气开发项目产生了不利影响。

（2）资源国财税政策多变、合同稳定性没有保障。

资源国的贸易保护主义使其财税政策多变，直接和明显地导致了合同稳定性没有保障。资源国政府出于增加国家财政收入、应对选举、顺应国内民族主义潮流等需求，常常调整财税政策、修改石油相关法律法规，压榨合同利润空间，甚至实施国有化政策。

以南美资源大国委内瑞拉为例，从"反美斗士"查韦斯上台后，先是修改石油法和税法，提高矿费率和所得税率，后又实施国有化政策，将全部石油合同收归国有，由委内瑞拉国家石油公司（PDVSA）任作业者，原合同持有者为小股东。其他许多国家，如秘鲁、乍得、哈萨克斯坦等也通过修改石油法，甚至修改税法，收紧政策，压缩合同者的获利空间。这些国家的政策多变，导致合同的稳定性差，在实施过程中没有保障。

（3）合同期较短，不利于开发技术政策的长期稳定实施。

国内油气田开发周期较长，没有合同期的限制。而海外油气田的开发合同往往有一定的合同期限，相比国内而言合同期较短。大多数海外油田开发合同周期一般在20年左右，气田开发合同周期一般为30年，自开发许可证颁发之日起计算，包含产能建设期在内。油气开发技术的应用受项目效益和时间的制约。由于合同期有限，往往无法按照国内常规的程序开展勘探开发工作。

受合同期的影响，某些需要长期见效的开发技术政策的实施受到限制。例如，油藏的细分重组开发层系、注水开发井网调整、三次采油提高采收率、注聚合物驱等开发政策和开发方式的成本回收期长、实施风险极高，技术经济界限的门槛较高，有些开发项目无法实施，不利于海外具有一定合同期限的油田开发效益的提升。

（4）对部分石油合同来说，开发中后期投资较早期投资更有利于经济效益的提升。

海外的油气开发项目的合同模式也对油田开发的经济效益有重要的影响。目前海外的合同模式有矿税制合同、产品分成合同、技术服务合同和投资回购合同等模式，不同的合同都有其各自的特点。

其中，对于矿税制合同和产品分成合同，受投资、成本回收额度或回收比例的限制，如果前期开发投资过于集中，回收期可能会延长1～3年。

相比之下，开发中后期的投资和费用一般可以实现当年回收，且可以达到降低所得税的目的，有利于提升合同期整体经济效益。

（5）部分资源国以安全和环保为理由，限制部分开发技术和采油工艺技术的使用。

部分在国内油田开发中较常用的技术和采油工艺，在海外部分资源国受到限制。油层改造技术（如酸化、压裂），提高采收率技术（如注氮气、注二氧化碳和三次采油技术）等在不同的国家可能不同程度受到限制，对于提高油田的采收率不利。

1.2 海外油气田开发的总体策略

海外油气田油藏类型多样，所处开发阶段不同，合同模式不一，合同有效期有长有短；资源国政治环境、社会安全形势、财税政策、商务环境等千差万别，因此，海外油田开发策略与国内相比更加复杂，更加多样化。可以说是"一项目一策""一合同一策""一阶段一策"。

海外油气田开发的总体原则是以实现合同期内经济效益最大化为目标。在此基础上，制订合同期内的开发策略、确定开发投资规模、控制投资节奏，确定合同期内的适合的采油速度，针对性地制订开发技术政策。在以上原则的指导下，为了追求合同期内产量和效益最大化的目标，大多数海外项目采取"有油快流、好油先投、高速开采、快速回收、规避风险"的开发理念。

制订油田开发方案的总体策略时，需要针对不同类型的油田，统筹分析合同类型、合同期限、资源国政局和社会安全形势等诸多因素。在经济评价的基础上，科学编制油田开发方案，合理确定投资和产量规模，针对性地制订油田采油速度、注水时机、注水方式等技术政策。

受资源国政局不稳定、社会安全形势差、合同期较短等因素影响，很多项目为了尽早回收投资，降低投资风险，采用了适度提高采油速度、推迟注水和开发调整时间的策略，由此造成油田中后期开采的油水关系和剩余油分布复杂化。

针对复杂油田的中后期调整和综合治理，需要根据技术经济评价结果，采取与这个阶段相适应的措施，制订针对性配套技术对策。

1.3 海外油气田高速开发后油藏特征

采油速度是衡量油田开发速度的一个重要指标。油田合理采油速度的高低，一方面取决于油藏自身的驱动类型、渗流特征、流通性质、储层物性与非均质特征等，另一方面取决于油田开发方式、开发井网和开发阶段。油田长期高速开发对不同类型油藏的影响也不同。

1.3.1 高孔隙度—高渗透率强边底水驱油藏特征

该类油藏一般为未饱和油藏，天然能量充足，压力保持水平较高，比采油指数高。但随着油藏高速开采，会造成边水突进或底水锥进，层间矛盾甚至层内矛盾突出，综合含水率上升加快。进一步造成油水关系和剩余油分布复杂化。

以非洲的 NS 油藏为例，该油藏属于多层状边水砂岩油藏，为了尽快回收投资，早期的采油速度超过了 3%，造成具有一定边底水能量的油藏含水率上升过快及水窜、弱边底水轻质油藏地层压力下降和气油比上升速度过快，致使油藏油水关系及剩余油分布复杂，给开发后期综合调整带来较大的困难。

1.3.2 低孔隙度—低渗透率弹性溶解气驱油藏特征

该类油藏一般为饱和油藏或近饱和油藏，天然能量不足，地饱压差小，比采油指数低。随着油藏压力下降，溶解气析出造成生产气油比上升，单井产量大幅下降。注水容易造成单层突进和水窜，水驱效果不佳，剩余油分布规律复杂。

其他过渡类型受高速开发的影响和复杂程度介于上述两种典型油藏之间。这些油藏目前呈现综合含水率高、气油比高、采出程度低、压力保持水平低等"两高两低"特征，同时受储层强非均质性影响，储层纵向动用程度差、油水关系及剩余油分布极为复杂，开发矛盾突出。如何在深化剩余油分布规律认识的基础上，采用针对性工艺技术手段，挖掘油藏开发潜力，提高储量动用程度和开发效果，成为海外油气开发迫切需要解决的问题。

根据油田高速开发后剩余油分布规律，针对性开展采油工艺技术的研究与应用，包括分层注水补充能量、优化人工举升工艺、水平井及侧钻井技术、卡堵水工艺技术等，实现了油藏未动用储量及难动用储量的有效动用，为提高油田采出程度、改善油田开发效果、提升开发效益提供了有力支撑。

参 考 文 献

[1] 杨雪雁. 国际经营中油田开发方案编制的原则和思路[J]. 石油勘探与开发，1999（5）：65-69.

[2] 杨雪雁. 国际石油合作矿税财务制度与投资策略分析[J]. 国际石油经济，1999，7（2）：37-41.

[3] 郭勇，吕文静. 我国石油企业实施海外投资战略的必然性及其困难、机遇与挑战[J]. 经济研究参考，2005（71）：37-38.

[4] 李瑞民，邱阳，郭伟. 境外石油天然气项目的政治风险管理[J]. 国际石油经济，2007（8）：31-36，79.

[5] 窦红波. 中国石油公司海外经营风险管理体系建设初探[J]. 国际石油经济，2008（8）：20-25.

[6] 李振，徐晓露. 基于国际竞争力的中国石油集团海外发展战略[J]. 化学工业，2009（3）：1-6.

[7] 龚雪蓉，邱江崚. 中石油对外投资的政治风险分析[J]. 对外经贸实务，2009（9）：73-75.

[8] 刘宝发. 国际石油勘探开发项目政治风险的不确定性研究[J]. 中国石油大学学报（社会科学版），2009，25（2）：1-4.

[9] 宋珩，傅秀娟，范海亮，等. 带气顶裂缝性碳酸盐岩油藏开发特征及技术政策[J]. 石油勘探与开发，2009，36（6）：756-761.

[10] 姜培海，肖志波. 海外油气勘探开发风险管理与控制及投资评价方法[J]. 勘探管理，2010（3）：58-66.

[11] 尚永庆，王震，薛庆，等. 石油合同对国际油气合作博弈影响分析[J]. 技术经济与管理研究，2012（2）：13-16.

[12] 尹秀玲，齐梅. 矿税制合同模式收益分析及项目开发策略[J]. 中国矿业，2012，21（8）：42-44.

[13] 孙瑞华，周鹏. 国际石油投资合同模式及影响因素研究[J]. 石油工程建设，2013（6）：1-6.

[14] 段如泰，范乐元，张胜斌，等. 扎纳若尔油田南部地区石炭系Ⅱ层碳酸盐岩储层综合预测研究[J]. 科学技术与工程，2016，16（6）：157-161.

[15] 陈诗. 中石油海外项目安全管理模式及特点研究[J]. 化工管理，2016（29）：315，317.

[16] 穆龙新，范子菲，许安. 海外油气田开发特点、模式与对策[J]. 石油勘探与开发，2018，45（4）：690-697.

[17] 穆龙新，范子菲，王瑞峰. 海外油田开发方案设计策略与方法[M]. 北京：石油工业出版社，2021：10-15.

[18] 宋考平，黄斌，董驰. 高含水期砂岩油田高效开发技术[M]. 北京：石油工业出版社，2017：20-25.

[19] 宋新民. 油气藏工程[M]. 北京：石油工业出版社，2017：35-38.

[20] 王乃举，等.中国油藏开发模式总论［M］.北京：石油工业出版社，1999：72-73.
[21] 韩大匡.深度开发高含水油田提高采收率问题的探讨［J］.石油勘探与开发，1995，22（5）：47-55.
[22] FENG G，MU X Z. Cultural challenges to Chinese oil companies in Africa and their strategies［J］. Energy Policy，2010，38：7250-7256.
[23] 马宏.委内瑞拉变局中的中委石油合作机制［J］.中国石化，2019（3）：73-76.

2 海外油田高速开发后综合治理特色工程技术

油田中后期治理的工程技术需要适应更复杂的海外油田开发形势与特点。国内一些成熟的生产作业技术在海外开发中应用受限，主要原因是有些中后期挖潜技术见效周期长、施工作业复杂、投入成本高等，因此更需要有针对性的经济适用的工程技术。本章主要阐述了海外油田高速开发后的7类综合治理特色工程技术，主要包括低压油藏人工举升系统优化技术、海外大排量分注技术、底水砂岩油藏卡堵水技术、固体酸酸化增产增注技术、侧钻酸压一体化和直井分层水平井分段改造技术、自适应AICD筛管控水技术、复合射孔与爆燃压裂深穿透解除污染技术等。

2.1 低压油藏人工举升系统优化技术

油气井生产系统的优化设计技术涉及油藏工程、采油工程和地面工程等多个环节，具有宏观性。油田高速开发后的油藏由于注水滞后导致了地层压力保持水平低，使得原油从油藏通过井筒、地面管网的生产过程中，任何环节变化带来的压力变化和对整个生产系统影响更为敏感。长期以来，含人工举升的生产系统优化方法比较注重对井筒部分的机理和建模研究。近年来，人们才开始渐渐重视耦合建模，开始研究油藏及地面管网部分的动态变化对井筒举升的影响，进行油藏和井筒一体化的动态模拟优化，以及井筒与地面的耦合优化。

在海外高速开发后的复杂油藏中，低压油藏的人工举升系统优化技术是以目标区块的生产系统最优化为目标，基于原油在油藏、井筒、地面管网中的流动特征，按照节点的流入流出关系将油藏模型、井筒模型、管网模型等链接，建立一体化模型，合理发挥油井产能，提高整个生产系统的生产效率。海外高速开采后的低压油藏人工举升系统优化，包括低压井连续气举整体优化、高气液比电潜泵工况优化、包括常规间歇气举和智能柱塞气举的间歇举升优化技术等，在海外项目油田应用取得了成效。

2.1.1 低压井连续气举整体优化技术

哈萨克斯坦阿克纠宾项目是亚洲地区最大的整装气举油田，在高速开采后由于油藏压裂保持比较低，对气举系统效率的考察和优化尤为重要，需要从生产系统整体优化的角度来进行研究、对比和改进。连续气举从压缩机组至管网计量站组成了一个注采封闭系统，包括压缩机组、配气管网、气举井、集输管网四部分。

压缩机组作为气举采油的动力源，其气量直接影响气举采油的规模，动力机的选择也将直接影响整个气举系统的经济效益。配气管网是能量的中间传递者，其输出压力与温度将直接影响气举井的工艺设计，从而影响气举井的工况。气举井作为气举系统的核心，是能量消耗的主要场所。集输管网起能量转移的作用，但计量站回压直接与气举井井口回压相关联，从而影响气举井的正常运行。因此其系统整体效率可按以下方式计算：

$$\eta_{ws} = \bar{\eta}_{机} \eta_{网} \eta_{井} \eta_{输} \tag{2.1}$$

式中　η_{ws}——气举系统效率，%；

　　　$\bar{\eta}_{机}$——压缩机组平均效率，%；

　　　$\eta_{网}$——配气管网效率，%；

　　　$\eta_{井}$——气举井效率，%；

　　　$\eta_{输}$——集输管线效率，%。

2.1.1.1　压缩机组效率

压缩机组由动力机与压缩机直接串联组成。则其效率可按式（2.2）计算：

$$\eta_{井} = \eta_e \eta_c \tag{2.2}$$

式中　$\eta_{机}$——压缩机组效率，%；

　　　η_e——动力机效率，对于天然气发动机压缩机组指天然气发动机效率，对于电动机压缩机组指电动机效率，%；

　　　η_c——压缩机效率，%。

1) 动力机效率计算

（1）电动机效率。

依据 GB/T 33653—2017《油田生产系统能耗测试和计算方法》，采用测量法时，电动机效率（η_e）按以下方式计算：

$$\eta_e = \frac{P_e - P_o - 3I^2 R - KP_e}{P_e} \tag{2.3}$$

$$P_e = \sqrt{3} IU \cos\varphi \tag{2.4}$$

式中　P_e——电动机输入功率，kW；

　　　P_o——电动机空载功率，kW；

　　　I——电动机线电流，A；

　　　R——电动机定子直流电阻，kΩ；

　　　K——损耗系数，随电动机杂散耗、转子铜损耗功率的增大而增加，常用的 2 级 1000~2250 kW 电动机的 K 值为 0.009~0.011，一般可取 0.01；

　　　U——电动机线电压，kV；

　　　$\cos\varphi$——电动机功率因数。

（2）天然气发动机效率。

由于天然气发动机与压缩机直接串联，天然气发动机的输出功率即为压缩机的轴功

率。采用测量法时,天然气发动机效率可按以下方式计算:

$$\eta_e = \frac{86\,400 P_p}{H_m Q_{gsc}} \quad (2.5)$$

式中　P_p——天然发动机的输出功率,kW;
　　　H_m——单位体积天然气燃烧释放的热量,kJ/m³;
　　　Q_{gsc}——天然气发动机消耗(燃烧)的气量,m³/d。

2)压缩机效率计算

目前,气举系统采用的压缩机均为活塞式压缩机,故压缩机效率参考《容积式压缩机技术手册》(机械工业出版社,2005)按容积效率计算。

对于一台压缩机,其容积效率(η_v)指容积流量与理论容积流量之比:

$$\eta_v = \frac{Q_{vo}}{Q_{vth}} \quad (2.6)$$

$$Q_{vth} = V_{S_1} n \quad (2.7)$$

式中　Q_{vo}——实际体积流量,m³/min;
　　　Q_{vth}——理论体积流量,m³/min;
　　　V_{S_1}——第1级工作容积,m³;
　　　n——压缩机转速,r/min。

2.1.1.2　配气管网效率

利用系统研究方法,建立评价配气管网系统效率的数学模型;从能量的角度出发,建立从压缩机组至单井井口管串的效率评价模型,并进行主要能量损耗分析。

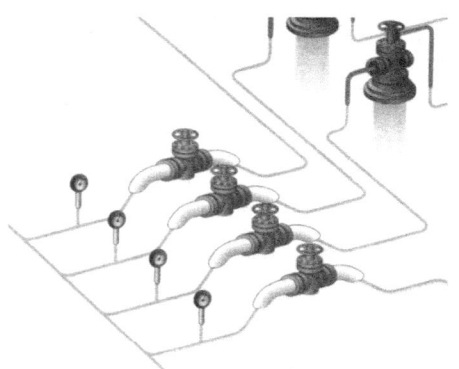

图2.1　配气管网示意图

1)配气管网系统效率计算

配气管网是指从压缩机组至各气举井井口整个配气管线组成的多分支系统(图2.1)。该系统同时为多口气举井提供气源,但此系统具有唯一的入口,即压缩机组输出处。在稳定供气的条件下,其系统的质量流量保持不变。

对于同时供给n口井的配气管网,其效率按以下方式计算:

$$\eta_{网} = \frac{\sum_{i=1}^{n} P_{wi}}{P_{入2}} \quad (2.8)$$

式中　$\eta_{网}$——配气管网效率,%;

P_{wi}——第 i 口井的当量输入功率，kW；

$P_{入2}$——配气管网的当量输入功率，kW。

配气管网系统的当量输入功率是指单位时间内配气管网输入气量的压能与热能。有：

$$P_{入2}=\frac{p_1 Q_{gsc1} B_1}{86.4}+\sum_{i=1}^{n}\frac{c_g \rho_{gsc} Q_{gsc1}(T_1-T_i)}{86\,400} \qquad (2.9)$$

式中　p_1——配气管网的入口压力，MPa；

Q_{gsc1}——压缩机组的供给气量（标况），m³/d；

B_1——气体（p_1，T_1）体积系数；

c_g——注入气比定压热容，kJ/（kg·℃）；

ρ_{gsc}——气体（标况）密度，kg/m³；

T_1——配气管网的入口温度，K；

T_i——第 i 口井注入气温度，K。

第 i 口气举井的当量输入功率是指单位时间内流经该井井口断面的天然气所具有的压能。

$$P_{wi}=\frac{p_{wi} Q_{gsci} B_{wi}}{86.4} \qquad (2.10)$$

式中　P_{wi}——第 i 口气举井的当量输入功率，kW；

p_{wi}——第 i 口气举井注气压力，MPa；

Q_{gsci}——第 i 口气举井的注入气量，m³/d；

B_{wi}——第 i 口气举井的气体体积系数。

2）压缩机组至气举井管网系统效率计算

该系统主要是针对具体的某口气举井，研究从压缩机组至单井所经过的管网效率。一般情况下，它由汇管、干线以及配气管线等输气管串联组成。压缩机组至气举井井口所组成的管网有以下特点：

（1）各段管线的内径、流量不等，但沿流向压力和温度是逐渐降低的。

（2）前一管段的终点压力和温度恰好是下一管段的起点压力与温度。

（3）将压缩机组至气举井井口所经过的管串进行分段的依据为：管径的大小发生变化，如汇管与干线；流量的大小发生变化，如干线的分支处，虽然其内径没有发生变化，但其流量已改变；海拔高度发生变化，如管斜角由 0°变为 50°。节点一般选在上述参数发生改变处，如在配气站对气举井进行配气时，部分气举井安装了节流阀，需将节流阀处理为配气站与气举井之间的管段内，由于进配气站的气体的数据是准确的，而过节流阀的气体数据很难确定。

因此其系统效率可以按式（2.11）计算：

$$\eta_2=\prod_{i=1}^{n}\eta_{管i} \qquad (2.11)$$

式中　η_2——从压缩机组至气举井井口所经过管线所组成的管网效率；

$\eta_{管i}$——第 i 级管线效率；

n——从压缩机组至气举井井口所分的管线段数。

由式（2.11）可知，该系统的基本单元为单根管线，其效率计算也简化为计算单管的输气效率。单管的测量数据如图 2.2 所示。

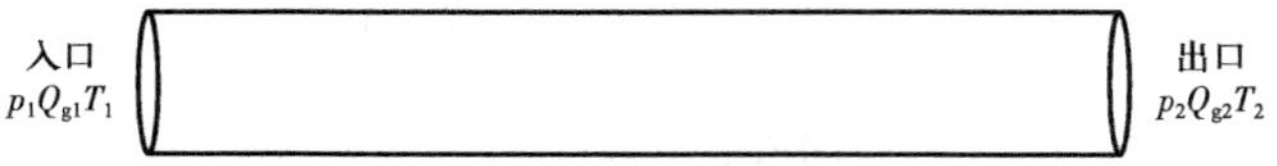

图 2.2 单管测量数据示意图

单管的输气效率定义为单管的当量输出功率与当量输入功率之比，即：

$$\eta_{管} = \frac{P_{管出}}{P_{管入}} \quad (2.12)$$

式中 $\eta_{管}$——单根管线效率，%；

$P_{管入}$——单管的当量输入功率，kW；

$P_{管出}$——单管的当量输出功率，kW。

单管的当量输入功率（$P_{管入}$）是指单位时间内流经入口断面的气体所具有的压能与热量。

$$P_{管入} = \frac{p_{管1} Q_{管} B_{管1}}{86.4} + \frac{c_g \rho_{gsc} Q_{管} (T_{管1} - T_{管2})}{86\,400} \quad (2.13)$$

式中 $p_{管1}$——单管的入口压力，MPa；

$Q_{管}$——单管内气体流量（标况），m³/d；

$B_{管1}$——气体在（$p_{管1}$，$T_{管1}$）下的体积系数；

ρ_{gsc}——管内气体密度（标况），kg/m³；

$T_{管1}$——单管的入口温度，K；

$T_{管2}$——单管的出口温度，K。

单管的当量输出功率（$P_{管出}$）是指单位时间内流经单管的出口断面的气体所具有的压能。

$$P_{管出} = \frac{p_{管2} Q_{管} B_{管2}}{86.4} \quad (2.14)$$

式中 $p_{管2}$——单管的出口压力，MPa；

$B_{管2}$——气体（$p_{管2}$，$T_{管2}$）体积系数。

单管能量消耗主要包括摩阻能量消耗（$P_{摩}$）及由热量、弯头和阀等组成的附加能量（$P_{附}$）损失两部分，即：

$$P_{管入} - P_{管出} = P_{摩} + P_{附} \quad (2.15)$$

将式（2.15）两边同除以 $P_{管入}$ 得：

$$1 - \frac{P_{管出}}{P_{管入}} = \frac{P_{摩}}{P_{管入}} + \frac{P_{附}}{P_{管入}} \quad (2.16)$$

式中 $P_摩$——摩阻损耗，MPa；

$P_附$——热量、弯头和阀等组成的附加能量损失，MPa。

定义摩阻损耗效率与附加损耗效率分别为：

$$\eta_{管摩}=\frac{P_摩}{P_{管入}} \qquad (2.17)$$

$$\eta_{管附}=\frac{P_附}{P_{管入}} \qquad (2.18)$$

式中 $\eta_{管摩}$——摩阻损耗效率，指单位时间内单管摩阻损耗能量与单管的当量输入功率之比；

$\eta_{管附}$——附加损耗效率，指单位时间内附加能量损失与单管的当量输入功率之比。

2.1.1.3 气举井效率

气举井是指井口经注气通道至工作阀，再由工作阀经举升管柱至井口这一封闭系统（图2.3）。为了研究方便，将气举井系统分为注气与举升两部分，且由这两部分串联而成。

因此气举井注采效率可以按式（2.18）计算：

$$\eta_井=\eta_i\eta_L \qquad (2.19)$$

式中 $\eta_井$——气举井效率；

η_i——注气效率；

η_L——举升效率。

1）注气效率计算

气举井注气系统是指从井口经注气通道至工作阀后的封闭系统，因此气举井注气效率（η_i）是指气举井注气系统的当量输出功率与当量输入功率之比。即：

$$\eta_i=\frac{P_{出i}}{P_{入i}} \qquad (2.20)$$

式中 $P_{出i}$——气举井注气系统的当量输出功率，kW；

$P_{入i}$——气举井注气系统的当量输入功率，kW。

$$P_{出i}=\frac{p_v Q_{gi} B_v}{86.4} \qquad (2.21)$$

式中 p_v——举升管柱内工作阀处的流压，MPa；

Q_{gi}——气举井日注气量（标况），m^3；

B_v——注入气在工作阀处 T_v 和 P_v 下的体积系数。

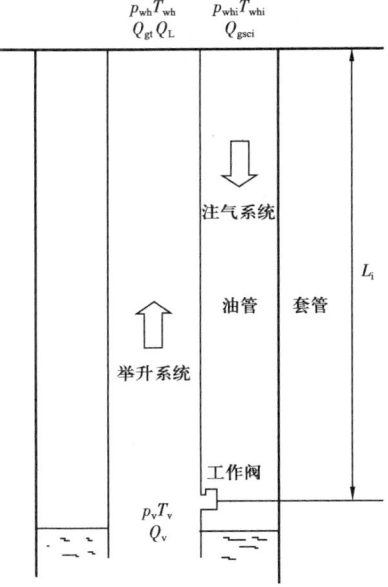

p_{wh}—气举井的井口压力；T_{wh}—气举井的井口温度；Q_{gt}—气举井的井口产气量；Q_L—气举井的井口产液量；p_{whi}—气举井的环空注入压力；T_{whi}—气举井的环空注入温度；Q_{gsci}—气举井的井口环空气量；L_i—工作阀的深度；p_v—举升管柱内工作阀处的流压；T_v—举升管柱内工作阀处的温度；Q_v—举升管柱内工作阀处的气（液）量。

图2.3 气举井注采系统示意图

$$P_{\lambda i} = P_{\text{地T}} + P_{\lambda g}$$

$$P_{\text{地T}} = \frac{c_{gi}\rho_{gi}Q_{gi}(T_v - T_{whi})}{86\,400}$$

$$P_{\lambda g} = \frac{p_{whi}Q_{gi}B_{whi}}{86.4} + \frac{10^{-6}\rho_{gi}Q_{gi}gL_i}{86.4}$$

(2.22)

式中 $P_{\text{地T}}$——单位时间内地层供给气体的热量，kW；

$P_{\lambda g}$——单位时间内注入气自身具有的能量，即为注入气在井口（套压表处）具有的压能与位能，kW；

c_{gi}——注入气的比定压热容，kJ/（kg·℃）；

ρ_{gi}——注入气密度，kg/m³；

T_v——举升管柱内工作阀处的温度，K；

T_{whi}——地面注气温度，K；

p_{whi}——地面注入压力，MPa；

B_{whi}——注入气在T_{whi}和p_{whi}下的体积系数；

L_i——工作阀深度，m；

g——重力加速度，m/s²。

2）举升效率计算

气举井举升系统是指从注气点（工作阀后）经举升管柱至井口的气液多相上升流动系统。因此气举井举升效率定义为气举井举升系统的当量输出功率与其当量输入功率之比，即：

$$\eta_L = \frac{P_{\text{出}2}}{P_{\lambda 2}}$$

(2.23)

式中 η_L——气举井举升效率；

$P_{\text{出}2}$——气举井举升系统的当量输出功率，kW；

$P_{\lambda 2}$——气举井举升系统的当量输入功率，kW。

气举井举升系统的当量输出功率是指单位时间内流经气举井井口断面的气液混合物所具有的压能与位能。即：

$$P_{\text{出}2} = P_{p4} + P_{h4}$$

$$P_{p4} = \frac{p_{wh}(Q_t B_{wh} + Q_L)}{86.4}$$

$$P_{h4} = \frac{(\rho_L Q_L + \rho_g Q_t B_{wh})gL_i}{86.4} \times 10^{-6}$$

(2.24)

式中 P_{p4}——单位时间内举升至地面的气液混合物所具有的压能，kW；

P_{h4}——单位时间内举升至地面的气液混合物所具有的位能，kW；

p_{wh}——井口油压，MPa；

Q_t——总气量，m³/d，包括注入气量与地层产气量两部分，$Q_t = Q_g + Q_{gi}$；

B_{wh}——混合气在T_{wh}和p_{wh}下的体积系数;

Q_L——产液量,m³/d;

Q_g——地层产气量,m³/d;

ρ_L——地层产出液体密度,kg/m³;

ρ_g——混合气体密度,kg/m³。

气举井举升系统的当量输入功率是指在工作阀后的断面上,单位时间内地层产出混合物所具有的能量以及从注气系统获得的气体所具有的能量。

$$P_{入2} = P_i + P_{地}$$

$$P_i = P_{p2} + \frac{c_g \rho_g Q_{gi}(T_v - T_{wh})}{86\,400} \tag{2.25}$$

$$P_{地} = \frac{p_v(Q_L + Q_{gsc}B_{wf})}{86.4} + \frac{(c_L \rho_L Q_L + c_g \rho_g Q_{gsc})(T_v - T_{wh})}{86\,400}$$

式中 P_i——单位时间内流经工作阀的注入气体所具有的能量,kW;

$P_{地}$——单位时间内地层供给能量,地层供给能量包括产出气液混合物的压能、热量,kW;

P_{p2}——单位时间内流径工作阀处的注入气体所具有的压能,kW;

Q_{gi}——注气量,m³/d;

T_{wh}——井口温度,K;

Q_L——产液量,m³/d;

Q_{gsc}——产气量,m³/d;

B_{wf}——天然气在工作阀处的体积系数;

c_L,c_g——地层产出液、产出气的比热容,kJ/(kg·℃);

ρ_g——地层产出气密度,kg/m³;

ρ_L——地层产出液体密度,kg/m³。

(1)举升效率分解。

将式(2.23)代入式(2.22)得:

$$\frac{P_{出2}}{P_{入2}} = \frac{P_{h4}}{P_{入2}} + \frac{P_{p4}}{P_{入2}} \tag{2.26}$$

定义位能分效率与输出分效率:

$$\eta_g = \frac{P_{h4}}{P_{入2}} \tag{2.27}$$

$$\eta_p = \frac{P_{p4}}{P_{入2}} \tag{2.28}$$

式中 η_g——位能分效率,指单位时间内举升至地面的气液混合物所具有的位能与气举井举升系统当量输入功率之比;

η_p——输出分效率,指单位时间内举升至地面的气液混合物所具有的压能与气举井举升系统当量输入功率之比。

将式(2.25)改写为:

$$\eta_L = \eta_p + \eta_g \quad (2.29)$$

(2)举升系统能量损耗分析。

气举井举升系统能量损耗主要表现为举升管柱内的摩擦损失、综合滑脱损失。综合滑脱损失为除摩阻损失以外的所有能量损失,具体包括滑脱损失、热损失等。即:

$$P_{\text{入}2} - P_{\text{出}2} = P_{Lf} + P_s \quad (2.30)$$

式中 P_{Lf}——单位时间内将混合物从工作阀处经举升管柱举升至井口因摩擦损失的压能,kW;

P_s——综合滑脱损耗能量,kW。

将式(2.29)两边同除以 $P_{\text{入}2}$ 得:

$$1 - \frac{P_{\text{出}2}}{P_{\text{入}2}} = \frac{P_{Lf}}{P_{\text{入}2}} + \frac{P_s}{P_{\text{入}2}} \quad (2.31)$$

定义摩阻损耗效率与滑脱损耗效率:

$$\eta_{Lf} = \frac{P_{Lf}}{P_{\text{入}2}} \quad (2.32)$$

$$\eta_{Ls} = \frac{P_s}{P_{\text{入}2}} \quad (2.33)$$

式中 η_{Lf}——摩阻损耗效率,指单位时间内混合物在举升管柱内摩阻所消耗的压能与气举井举升系统当量输入能量之比;

η_{Ls}——滑脱损耗效率,指单位时间内综合滑脱损失能量与气举井举升系统当量输入能量之比。

将式(2.30)改写为:

$$\eta_L = 1 - \eta_{Lf} - \eta_{Ls} \quad (2.34)$$

3)气举井简化效率及气举工况控制图

为了与一般有杆泵抽油井效率的计算思路对比和在同一个语境下与有杆泵效率比较,我们将上述气举井效率的严格定义进行了类比简化。定义气举井简化效率为气举井有效功率($P_{\text{有}}$)与输入功率($P_{\text{入}}$)之比。气举井简化效率($\eta'_{\text{井}}$)的计算公式为:

$$\eta'_{\text{井}} = \frac{P_{\text{有}}}{P_{\text{入}}} \quad (2.35)$$

式中 $\eta'_{\text{井}}$——气举井简化效率;

$P_{\text{有}}$——气举井有效功率,kW;

$P_{\text{入}}$——气举井输入功率,kW。

其中,气举井有效功率表现为单位时间内将举升液体从动液面深度处举升至井口的位能增量,而输入功率则指单位时间内注入气体在井口所具有的压能与热量,即:

$$P_{有} = \rho_L Q_L g L_f \times 10^{-6}$$
$$P_{入} = \frac{p_{whi} Q_{gsci}}{86.4} + \frac{c_g \rho_g Q_{gsci}(T_{whi} - T_{wh})}{86\,400}$$
(2.36)

式中　L_f——折算动液面深度,m。

折算动液面深度是由注气点压力按静液梯度折算得到的:

$$L_f = L_i - \frac{p_v}{\rho_L g}$$
(2.37)

式中　L_i——注气点深度,m。

与此同时,从经济的角度讲,气举井作为一个经济实体,就必然涉及赢利与亏损,即经济效益,我们采用了投入产出比作为气举井的经济指标进行类比。投入产出比的计算公式为:

$$投入产出比 = \frac{日注气量 \times 增压成本}{日产油量 \times 油价}$$
(2.38)

气举工况控制图,即是以气举井简化效率作为纵坐标、投入产出比为横坐标,将气举井参数投放到其图板中来判断气举井工况的做法。气举工况控制图如图2.4所示。

图2.4中,投入产出比的临界值为1,即在该线上的气举井既不赢利也不亏损,而该线左边的区域则为赢利区,且越靠近0,赢利越多;反之,右边为亏损区,越靠右,亏损越多。简化效率的临界值为0.1和0.5。将控制图分为6个区,具体含义见表2.1。

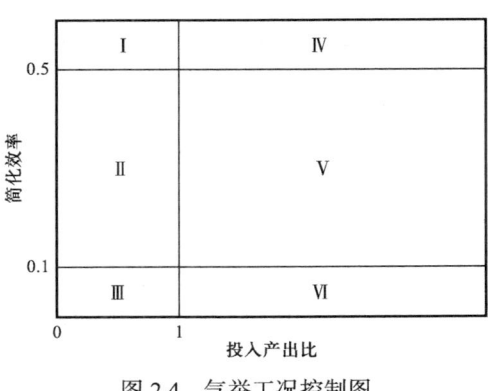

图2.4　气举工况控制图

表2.1　气举井效率控制各区含义表

区名	说明
Ⅰ	效率高、赢利
Ⅱ	合理区,效率一般,赢利
Ⅲ	效率提高区,该区的气举井效率较低,但仍赢利
Ⅳ	该区的井效率较高,却处于亏损状态,可能是由于含水率过高,应关闭
Ⅴ	效率提高区,提高井效率,降低注入气液比,使得扭亏为盈
Ⅵ	大修区

2.1.1.4 集输管网效率

集输管网是由从井口至计量站所经过管线串联组成的。该管网与配气管网的相同之处在于它们都由一系列管线串联而成,即前一管线的末端压力和温度正好是后一管线起始压力和温度。不同之处在于:(1)流体质量恒定情况不同。集输管网的各级管线的流体恒定,而配气管网的各级管线的气量是变化的。(2)流体复杂程度不同。集输管线内流动的是气液混合物,流动特性较为复杂,各种效率分析较困难。(3)管径情况不同。集输管网的管径基本保持不变,而配气管网的管径变化较大,如汇管管径为 159 mm,配气管线管径为 67 mm。

但为了跟踪集输管线能量损耗,需把集输管线分为多级管线进行计算。一般情况下,按位置的改变(起始点的海拔高度)或阀进行分段处理。

由于集输管网是由一系列的管线串联而成的,则集输管网的效率可以按式(2.38)进行计算:

$$\eta_{输} = \prod \eta_i \tag{2.39}$$

式中 $\eta_{输}$ ——集输管网效率;

η_i ——第 i 根管线的效率。

1)集输管网效率计算

由(2.38)式可知,集输管网的基本元素仍为单根管线。其效率计算也简化为计算单根管线的效率。而单管的效率仍定义为单位时间内单管的当量输出功率与当量输入功率之比。即:

$$\eta_{输} = \frac{P_{管出}}{P_{管入}} \tag{2.40}$$

式中 $P_{管入}$ ——单管的当量输入功率,kW;

$P_{管出}$ ——单管的当量输出功率,kW。

单管的当量输入功率是指单位时间内流经单管的入口断面的气液混合物所具有的压能与热量。即:

$$P_{管入} = \frac{p_{管1}\left(Q_{管g}B_{管g} + Q_{管L}\right)}{86.4} + \frac{\left(c_g \rho_{gsc} Q_{管g} B_{管g} + c_L \rho_L Q_{管L}\right)\left(T_{管1} - T_{管2}\right)}{86\,400} \tag{2.41}$$

式中 $Q_{管g}$ ——气举井的总产出气量(标况),m³/d;

$B_{管g}$ ——气体($p_{管1}$,$T_{管1}$)体积系数;

$Q_{管L}$ ——气举井的产出液量,m³/d;

ρ_{gsc} ——管内气体密度(标况),kg/m³。

单管的当量输出功率是指单位时间内流经单管的出口断面的气液混合物所具有的压能。即:

$$P_{管出} = \frac{p_{管2}(Q_{管g}B_{管g} + Q_{管L})}{86.4} \quad (2.42)$$

式中　$p_{管2}$——单管的出口压力，MPa；

　　　$B_{管g}$——气体（$p_{管2}$，$T_{管2}$）体积系数。

2）集输管网能耗分析

对于单根管线，其能量损耗主要表现为摩阻损耗的能量以及气液滑脱损耗的能量。即：

$$P_{管入} - P_{管出} = P_{管f} + P_{管s} \quad (2.43)$$

式中　$P_{管f}$——单位时间内单根管线摩阻损耗的能量，kW；

　　　$P_{管s}$——单位时间内单根管线气液滑脱所损耗的能量，kW。

将上式两边同除以 $P_{管入}$，引进无量纲变量：

$$\eta_{管f} = \frac{P_{管f}}{P_{管入}} \quad (2.44)$$

$$\eta_{管s} = \frac{P_{管s}}{P_{管入}} \quad (2.45)$$

式中　$\eta_{管f}$——摩阻损耗效率，定义为单位时间内单根管线摩阻损耗能量与其当量输入功率之比；

　　　$\eta_{管s}$——滑脱损耗效率，定义为单位时间内单根管线气液滑脱损耗能量与其当量输入功率之比。

式（2.42）可改写为：

$$1 - \eta_{管} = \eta_{管f} + \eta_{管s} \quad (2.46)$$

由式（2.45）可知，单根管线能量损耗分析的关键是摩阻能量损耗的计算，而集输管网的单根管线与气举井举升的摩阻计算实质相同。

2.1.1.5　气举系统效率计算分析

为了提高工作效率，将上述相关计算分析模型编制成了"连续气举系统效率评价与分析软件"，该软件由数据库、气举系统效率计算与分析和辅助设计 3 部分构成。"连续气举系统效率评价与分析软件"由数据库、气举系统效率计算与分析和辅助设计 3 部分构成（图 2.5）。

利用气举井系统效率计算与分析软件对 R 油田 156 口单点注气气举井系统效率进行计算及统计分析，分别得到了注气量、注气压力以及注气深度等因素对气举井效率及各项分效率的影响关系，并针对系统效率较低、投入产出比高的气举井提出工艺改进措施。同时对 88 口多点注气井进行优化计算与分析，提高了这部分井的气举效率。

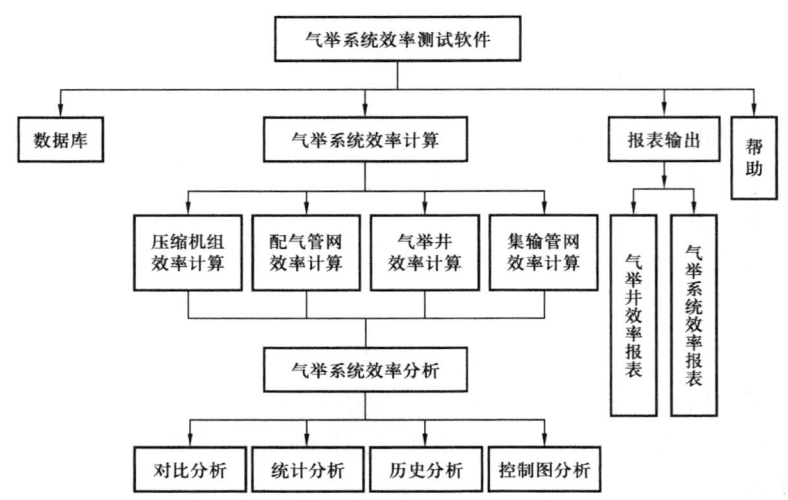

图 2.5 连续气举系统效率评价与分析软件结构图

2.1.2 高气液比电潜泵工况优化技术

电潜泵采油是海外项目采用的第二大采油方式，井数占18%，产量占26%，对于高速开发后的电泵井，面临着高气液比的环境。对此，快速评价电潜泵运行状态，诊断电潜泵工况，分析电潜泵举升与油藏开发的适应性，及时对问题井进行生产参数分析与优化调整，对保证油井自喷转电潜泵采油后稳定高效生产、油田提液上产稳产具有重大意义。

2.1.2.1 电潜泵工况诊断方法

在电潜泵井生产管理过程中，常见的电潜泵机组故障诊断方法有电流卡片诊断法、憋压诊断法以及电潜泵工况宏观控制图诊断法。

（1）电流卡片诊断法，是在电潜泵运行中，电流表指针带动记录笔在电流卡片上做出的曲线，曲线记录电流与电动机工作电流呈线性关系，通过此曲线可直接判断出机组的运行状况。

（2）憋压诊断法，是电潜泵运转状态下迅速关闭生产阀门憋压，并在适当时刻停泵，记录憋压过程中油压—时间变化曲线，根据曲线特征值分析泵况，但是长时间憋压和再开机对油井影响较大。

（3）宏观控制图工况诊断法，电潜泵参数生产宏观控制图诊断法是以泵排量合理度为横坐标，以泵入口气液比或入口压力为纵坐标，将电潜泵井参数投放到图板中来判断电潜泵井工况的做法。其中，泵入口气液比从地面测试中获取，入口压力由电潜泵传感器读取而来，排量合理度的计算方法为：

$$排量合理度 = \frac{日产液量 - 泵合理排量下限}{泵合理排量上限 - 泵合理排量下限} \quad (2.47)$$

当油井日产液量分别等于下限和上限时，其排量合理度分别为 0 和 1，由此将模板分为 3 个区间，分别为泵型偏大、泵型合理以及泵型偏小。其机理源于电潜泵特性曲线，在合理区间的油井产量对应泵效高；反之，小于泵下限或大于泵上限，泵效均降低。主要原因为无论大于泵上限或低于泵下限，都会导致机械损耗增大，进而导致系统效率降低。纵坐标为泵入口压力（或泵入口气液比），反映地层的供液能力，由此可将电潜泵宏观控制图分为 9 个区域。电潜泵工况宏观控制图模板如图 2.6 所示。图 2.6（a）通过评价泵入口气液比和泵排量合理度两个指标，来诊断电潜泵井供液能力与排液能力的匹配情况。图 2.6（b）通过评价泵入口压力和排量合理度两个指标，来诊断电潜泵井供液能力与排液能力的匹配情况。相对来讲，以泵入口气液比和排量合理度为评价指标的宏观控制图更适用于具有泡点压力高、生产气油比较高、电潜泵生产过程中容易受气体影响的油田。但由于泵入口压力—排量合理度两个指标更能直观地反映油井的供液状况，所以可通过就地的气液比值范围来反算泵入口压力合理范围，实现在两种指标评价方法之间进行换算。

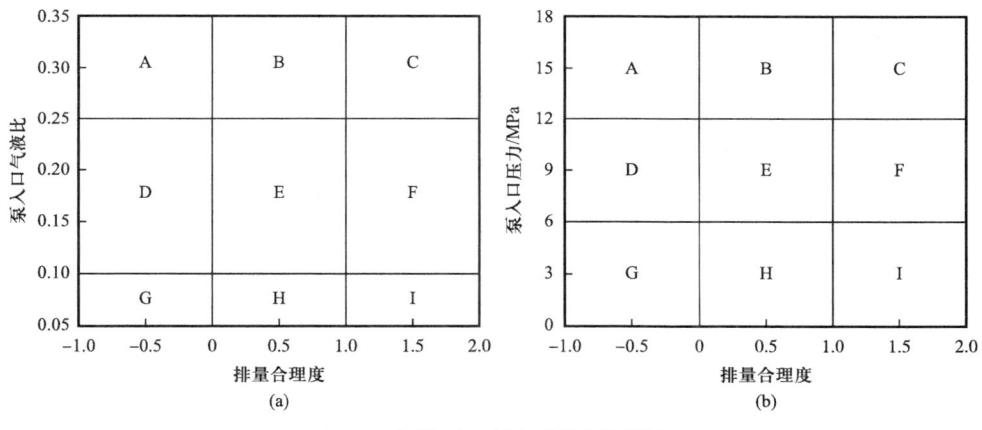

图 2.6　电潜泵工况宏观控制图模板

2.1.2.2　电潜泵工况宏观控制图评价

有了两类电潜泵工况宏观控制图模版，以横坐标泵排量合理度的 0 和 1.5 为分界结合纵坐标的入口气液比和入口压力合理范围，将图区域划分成九宫格，就可以对各电潜泵井泵工况进行评价和诊断了。

（1）"泵入口气液比—排量合理度"宏观工况图版的评价结果在九宫图中各区域的泵况分别为：

A 泵入口气液比高，泵型偏大。这类井的优化方法主要是换小泵降液生产，同时加深泵挂，以提高泵入口压力，尽量减小自由气对电潜泵的影响。

B 泵入口气液比高，泵型合理。这类井需要降低产液量来提高井底流压和泵入口压力，以减少井筒中自由气的产生。优化时，应首先考虑通过下调油嘴或电源频率来降低产液量；而当调整井口参数不能满足降液需求时（电源频率不能低于 30 Hz，油压不能过高），应换小泵，并加深泵挂。

C泵入口气液高，泵型偏小。工况类型很难出现。一般泵型偏小的井，地层压力高，供液充足，且泵效较高，这些均使得高泵入口气液比的现象难以存在。

D泵入口气液比合理，泵型偏大。这类井的优化方法主要是保持当前产液水平，更换小排量泵型，同时加深泵挂，以便后期地层能量下降时能保持较高的泵入口压力，尽量减小自由气对电潜泵的影响。

G泵入口气液比低，泵型偏大。这类井多存在泵效偏低或地层供液能力差等问题。对于泵效偏低的井，建议检泵恢复产能，同时加深泵挂；对于地层供液能力差的井主要优化方法是换小泵使泵工况处于合理范围。

E泵入口气液比合理，泵型合理。这类井原则上不用对生产参数进行调整，但是其中仍然会有部分井具备一定的提液潜力，在必要的时候可以通过调整油嘴或电源频率适当地进行提液。

H泵入口气液比低，泵型合理。这类井理论上具有一定的提液潜力，可通过上调油嘴或电源频率适当地进行提液。但是在实际操作过程中，还需要结合地层供液能力、生产指标变化的特点，综合考虑提液的可行性。对于地层供液能力差、含水率和气油比上升快的电潜泵井，应少提液或不提液，甚至降低液量来稳定生产。

I泵入口气液比低，泵型偏小。这类井地层供液较为充足，理论上提液潜力较大，优化的方法主要是换大泵，并加深泵挂。在实际操作过程中，同样需要结合生产指标的变化特点，综合考虑提液的可行性；含水率和气油比上升过快的井，同样不适合提液。

F泵入口气液合理，泵型偏小；实际情况较难出现。

（2）泵入口压力—排量合理度宏观控制图评价结果在九宫图中各区域的泵况分别为：A泵入口压力高，泵型偏大；B泵入口压力高，泵型合理；C泵入口压力高，泵型偏小；D泵入口压力合理，泵型偏大；E泵工况合理；F泵入口压力合理，泵型偏小；G泵入口压力低，泵型偏大；H泵入口压力低，泵型合理；I泵入口压力低，泵型偏小。

2.1.2.3　高气液比电潜泵防气技术

电潜泵采油与其他人工举升方式相比，优点在于高举升能力，满足深井泵效及较小的表面空间需要。缺点在于：对高饱和压力油田，原油在井底甚至在地层内大量脱气，游离气体积大增，将会严重影响电潜泵的工作特性，扬程、流量及效率会下降；游离气体过多，易使离心泵产生气锁，停止排液；部分游离气存在于叶轮流道，会产生气蚀，对叶轮产生麻点状破坏，影响电潜泵使用寿命。

电潜泵采油系统气体分离方法主要从降低进泵的游离气量和改变离心泵结构入手，主要包括以下几种技术：

（1）串联式双级高效分离器。串联式双级高效分离器是由两节旋转式分离器经改造，中间增加连接接头后合并成一节分离器而组成的，能够更大限度地提高分离器的分离效果。

（2）安装套管放气阀。套管放气阀是安装在电泵井口的一种控制套管压力的自动放气装置，以套管压力为动力，当套压足以克服钢球上弹簧的压力时，钢球将离开球座上移，套管内的气体就会从钢球和球座之间的间隙流出，沿管线进入输油管线，从而达到自动放气的目的。

（3）安装 AGH 高效气体分离器。高效气体压缩器安装在油气分离器和离心泵之间，其中安装的叶导轮属于抗气蚀能力强的轴流叶轮或混流叶轮，当较大量气体进入气体压缩器后，不会形成气蚀或气锁，并强力推动气液混合液继续向上运行，进入离心泵，虽然气液混合液进入离心泵后可能会形成气蚀或气锁，但是通过气体压缩器的强力推动，会将气锁段向上推移直至推出离心泵，从而保证整机的正常工作。

（4）加深泵挂技术。对含气量较高油井，可以考虑适当加深泵挂，增加泵吸入口压力，减少原油脱气量，使进泵的气体减少；其次，加深泵挂至射孔段以下时，往往需要安装导流罩装置（图 2.7）。

（5）高容积井下气体分离器——GasMaster。美国 Centrilift 公司新推出了名为 GasMaster 的高容积井下气体分离器，其设计采用大角度螺旋形叶片，可有效处理自由气体，提高了通过分离器进入泵的整体流动速度，相对于标准气体分离器有更好的分离效率。

（6）MVP 多叶片泵。Centrilift 公司开发的多叶片泵，可实现在高气液比井中举升更多的流体。这种改进的多相流动态设计，通过增加叶片的数量来提高泵处理自由气的能力，从而提高泵的性能。

（7）大流道电潜泵。Wood Group 电潜泵公司提供了两种新型高效率的大流道泵：TD150 和 TD460。TD460 新型泵具有较大流道的叶导轮，有助于开采低重度流体、处理更多气体以及减少结垢的影响。这种电潜泵叶导轮具有全行业最高的效率和单级压头。

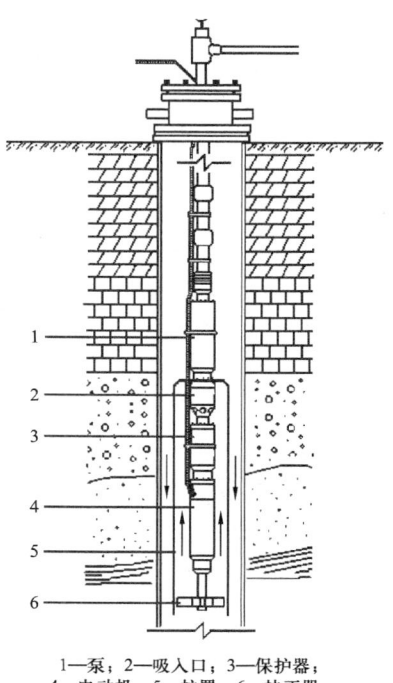

1—泵；2—吸入口；3—保护器；
4—电动机；5—护罩；6—扶正器。

图 2.7 液体导流护罩

2.1.3 常规间歇气举和智能柱塞举升技术

在高速开发后期，海外项目多数油井面临地层能量下降、含水率上升的问题，由于注气需求量增大、注入气油比高、注气量短缺使连续气举的举升效率面临严峻考验。对此，间歇举升是常被选用的接替工艺。

实际上，间歇举升有多种方式，海外项目用到了两种：第一种方式为常规间歇气举，即人为地从地面周期向井内的油套环空中注入一定量的高压气体，这些高压气经井下气举阀进入油管后，以气体段塞的形式举升油管内的液体段塞。第二种方式是智能柱塞间歇举升，利用柱塞在举升气和采出液之间形成机械界面，从而有效防止气体上窜和液体滑脱，相当于整个油管作为泵筒把柱塞作为活塞冲程很长的气动泵，周期性或间歇性地利用本井气或补充气源把柱塞连同液柱一起从井底举升至地面。

2.1.3.1 间歇气举技术

间歇气举可以是半开式或闭式管柱,一般采用闭式作为间歇气举管柱,在外层套管和中层套管空间加入连续油管。此种管柱结构可以避免因井筒液面下降引起的注入气气窜和油管压力不稳定对近井地层的影响(图2.8)。同时,注入气体可使更多井底油气混相进入生产油管。间歇气举由于具有单流阀,可以用于很低的井底流压,一般适应于低压低产井,产量0.16~80 m³/d,气举范围比较灵活。

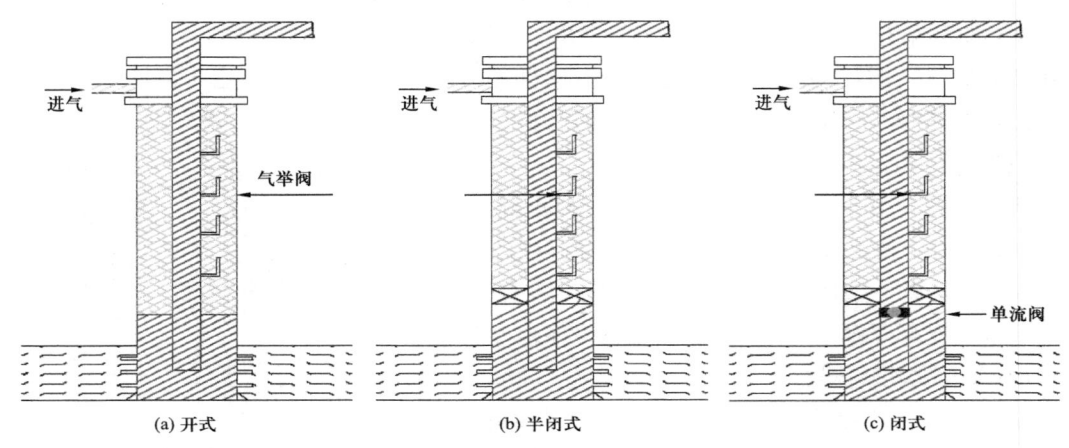

图2.8 低压井间歇气举管柱示意图

常规间歇气举是一种循环式的采油方法,实现该法时,首先要在管柱内不断恢复液段。当套管压力提高到气举阀的打开压力时,气柱即进入油管中,在理想条件下,油管内的液体以液段的形式被其下面的气体流动和膨胀的能量向上推动。由于气体运行的表观速度大于液段速度,以致引起部分液体以液滴形式和以黏附于油管壁的薄膜形式漏回到气相中。当液段被举升至地面时,阀处的油压就要下降,从而提高通过阀的注气量,当套压降低到阀的关闭压力时,注气将停止,采出一段液体后,就有一个稳定时间。在此期间,由前一段液柱中漏回的液体又落入井底,并成为由生产层供给下一段液体的一部分。

间歇气举由于时开时关,井底压力不稳定,油层容易出砂,同时地面处理设施液面波动大,操作控制难,间歇气举的效率也低。大部分间歇气举装置在注气管线上装有地面控制阀及其周期"时间控制器",它用于控制注气的时间和关闭时间。

间歇气举控制系统包括压力变送器、温度传感器、高压旋涡流量计、气动薄膜调节阀、无纸记录仪、控制屏系统等。根据油井产状设定某井的注气量、注气方式等参数。无纸记录仪对温度、压力、流量信号进行检测;在记录仪内,根据对检测的数据处理与所要设定的流量参数进行对比处理;通过运算,记录仪向阀门定位器传送4~20 mA的信号,在定位器中转换为0.02~0.1 MPa的压力信号,驱动其执行机构调节阀杆上下移动,从而控制调节阀的开关;间歇气举是在设定的注气量值下,定期地控制调节阀的开关时间和开启度。

2.1.3.2 智能柱塞间歇举升技术

智能柱塞适用于井底流压低,相对于气举的深度而可利用的注气压力太小的油井。有多种柱塞类型,柱状柱塞适用于大部分柱塞井,刷式柱塞适用于油管损伤尤其是出砂井,衬垫柱塞能够有效形成密封主要用于低气液比井中,蛇形柱塞适用于斜井和定向井。在井下的工具有卡定器、缓冲弹簧、柱塞,在地面的工具有防喷管、捕捉器、开关执行机构和对接法兰等。

而智能柱塞有控制机构,柱塞控制器启动后,按照设定的工作模式循环进行柱塞运行。当柱塞控制器控制气动阀关闭生产管线时,柱塞在油管内靠其自身重力作用下落到油管卡定器处。当关井一段时间,随着柱塞下方能量的恢复,天然气的聚集,控制器控制气动阀打开,柱塞下方的能量将柱塞及其上部液体举升至井口,液体被排出,柱塞下方的能量得以释放,完成一个举升过程(图2.9)。柱塞到达传感器捕捉到柱塞到达井口的信号后,控制器控制气动阀关闭,柱塞靠自重下降,开始下一个循环。

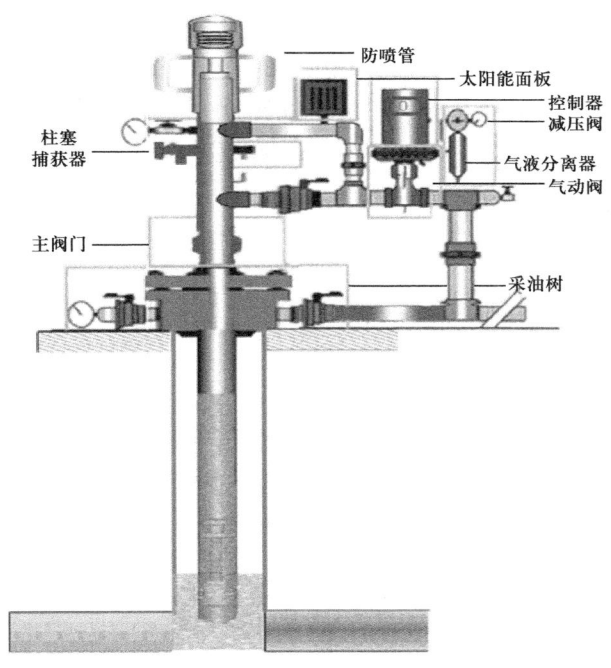

图 2.9 智能柱塞气举示意图

柱塞上下运动,能够清洁井筒,省去了清蜡除垢的工序,节约了生产成本和时间。在柱塞上装上可以接收信号和控制运行周期的部件,根据柱塞气举周期性运动规律,通过人工智能手段分析柱塞在井筒中上行、续流、下行及恢复四个阶段,还可实现远程监控,有效节约生产管理成本。

2.2 海外大排量分注技术

国内分层注水工艺技术不断进步，发展形成了以桥式偏心和桥式同心为核心的精细分层注水技术系列和第4代智能分注技术系列，规模推广应用带动了油田开发水平的大幅提升。技术成熟配套，为提高储量动用程度、减缓自然递减、提高采收率提供了技术保障。但海外项目受限于资源国特殊的环境条件，其注入水的水质标准和国内大有不同，特别是缺乏专业测调试队伍和专业设备等，不能简单将国内技术照搬到海外项目。与此同时，由于之前的高速开采造成的地层压力保持水平低，油田急需补充地层能量。因此，海外油田涉及分注的工艺，往往要求满足大排量、每井2~4个层段、耐结垢不堵塞等。因此，地面控制的同心双管分注、封隔器桥式分注、有缆和无缆智能分注工艺分别得到了一定的规模应用。

2.2.1 地面控制同心双管分注技术

地面控制的同心双管分注技术即地面进行流量控制，通过双管或多管提供的多通道进入井下分层注入，其管理和调节非常简便。由于井筒空间限制和排量的需要，大多情况下是通过同心双管分注和平行双管两种模式来实现的两层分注。

对于一定尺寸的套管及有大排量注入的海外分注需求来说，同心双管分注工艺具有优势。如针对 $6\frac{5}{8}$ in 套管，其内径为 144 mm。在这种套管内，如用平行双管分注只有用 $2\frac{3}{8}$ in 和 1.900 in 油管组合（两油管接箍之和为 128 mm），显然 1.900 in 油管注入压力损耗太大使得注入排量受限，而采用同心双管分注，可以采用 4 in 和 $2\frac{3}{8}$ in 组合的同心管柱能解决排量受限的问题。

2.2.1.1 同心双管分注工作原理

同心双管分注是在同一井筒内下入两根油管，一根为外管，另一根为内管，用 Y453-135 封隔器将需要隔开的上下层封隔。外管（主管）连接密封插管和密封体等配套工具插入封隔器，然后从外管内再下入一个内管，内管下接另一个密封插管，此插管插入密封体，通过内管向下层注水。通过内外管环空向上层注水，从而完成分层注水的目的（图2.10）。

2.2.1.2 同心双管分注的优点

油田的长期实践证明，同心双管分注工艺比较适合在海外复杂气候和地貌环境以及水质较差的情况下采用。该技术主要具有如下优点：

（1）能有效地消除层间干扰，地面控制各层配注量，配注准确，便于计量和现场管理，特别适合于哈萨克斯坦阿克纠宾R油田的分注状况。

（2）不存在堵水嘴的问题，对水质的适应性好。

（3）可以不动管柱对上下层进行酸洗处理，大大降低了后续工作的费用和风险。

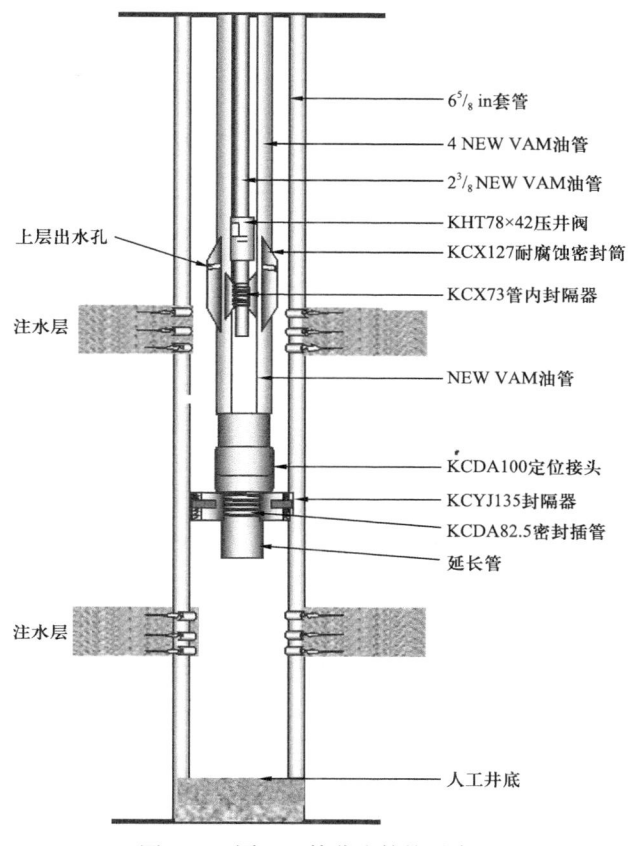

图 2.10 同心双管分注管柱示意图

（4）采油井使用的 Y453-135 封隔器在转注后仍可继续使用。两根油管都有支撑（外管支撑在封隔器上，内管支撑在外管上），并且外管与封隔器之间、内管与外管之间都是插管密封，管柱安全系数很高。

（5）双管分注在国内从 20 世纪 60 年代开始已经开始现场实施，具有丰富经验可借鉴。

2.2.1.3　同心双管分注存在的问题

（1）增加了对水井的一次投入费用（更换井口和油管的费用）。

（2）因在同一井筒内下两根油管，提高了作业的费用和作业的复杂性。

2.2.2　封隔器桥式分注技术

封隔器桥式分注技术分为桥式偏心分注技术和桥式同心分注技术。图 2.11 为两种桥式分注管柱示意图。

桥式偏心分注管柱结构由封隔器、桥式偏心配水器、锚定工具、球座等组成。封隔器分隔各注水层段；通过电缆传输测调仪测调各层注水量，桥式通道设计，测调时不影

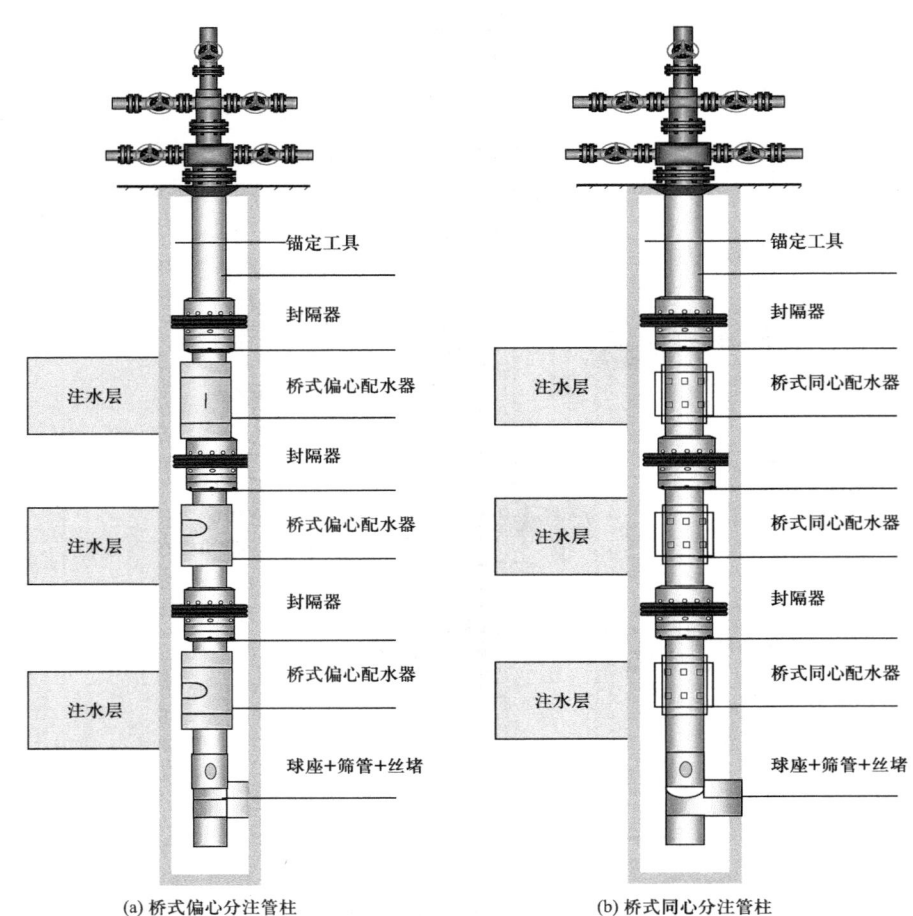

图 2.11 两种桥式分注管柱示意图

响其他层段注水;新型无级调节堵塞器可连续无级调节,调配精度高;分注级数无限制。

桥式同心分注管柱结构由封隔器、桥式同心配水器、锚定工具、球座等组成。采用封隔器分隔各注水层段;通过电缆传输测调仪测调各层注水量。桥式通道设计,测调时不影响其他层段注水;测调同心对接,扭矩大,适应于深斜、结垢井;分注级数无限制。

2.2.3 无缆智能分注技术

无缆智能分注系统由地面控制系统与井下配水器两部分组成。地面控制系统与井下智能配水器之间通过压力或流量复合波码进行通信。

井下配水器设计为压控配水器。压控配水器采用机电一体化技术,地面打压产生一组压力信号,压力信号传输至井下压控配水器,配水器接收信号控制配水器水嘴,井口控制配水器水嘴开度,从而实现井下调配注水量。无缆智能分注管柱如图 2.12 所示。

地面设计配套远程控制与采集系统、井口控制与采集装置,可以实现注水井远程监控。

2.2.4 缆控智能分注技术

缆控智能分注技术的核心是智能配水器，电缆为智能配水器提供电力、传输控制信号及监测数据。电缆实现井下与地面双向通信，可长期实时监测井下工况，实时全样本数据采样，为水井动态分析提供数据支持。地面控制系统负责数据接收处理、控制指令发布、实时监控与显示平台。智能配水器负责井下数据采集、数据传送、控制指令执行、指令转换与发送、水嘴电动调节。缆控智能分注管柱示意图如图 2.13 所示。

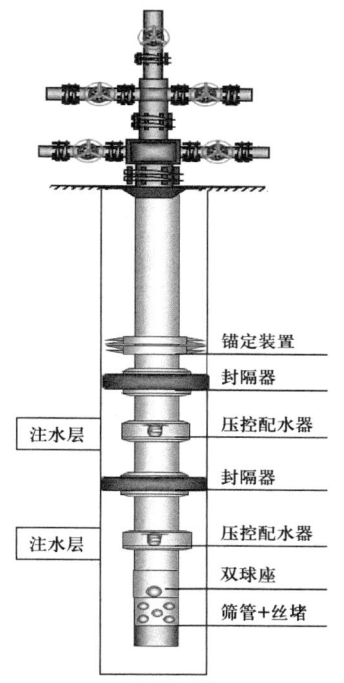
图 2.12　无缆智能分注管柱示意图

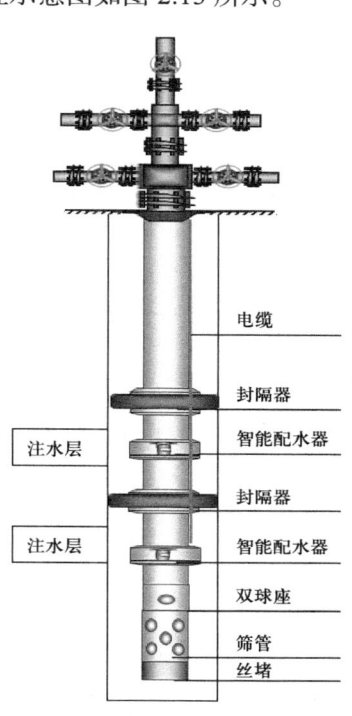
图 2.13　缆控智能分注管柱示意图

2.2.5 分层注水的配套工具

2.2.5.1 封隔器

分层注水主要应用的封隔器有 K341 型、Y441 型和 Y341 型。

K341 型扩张式注水封隔器主要由密封部分、坐封部分和解封部分组成（表 2.2）。

表 2.2　K341 型封隔器技术参数

适应套管尺寸 /in	最大外径 /mm	最小内径 /mm	长度 /mm	二作压力 /MPa	工作温度 /℃
7	146	62	2300	35	150
$9^5/_8$	199	62	2300	35	150

Y441型注水封隔器的主要结构包括：坐封机构、密封机构和解封机构（表2.3）。

表2.3 Y441封隔器技术参数

适应套管尺寸/in	最大外径/mm	最小内径/mm	长度/mm	工作压力/MPa	工作温度/℃
7	146	62	2300	35	150
$9\frac{5}{8}$	199	62	2300	35	150

Y341型注水封隔器由坐封机构、密封机构、洗井机构和解封机构四部分组成。Y341型注水封隔器的技术参数见表2.4。Y341型注水封隔器具有可洗井和逐级解封功能。

表2.4 Y341型注水封隔器技术参数

适应套管尺寸/in	最大外径/mm	最小内径/mm	长度/mm	工作压力/MPa	工作温度/℃	解封负荷/tf
7	148	62	1710	50	150	10~12
$9\frac{5}{8}$	210	62	1860	35	150	10~12

2.2.5.2 桥式配水器

桥式配水器分为桥式偏心配水器和桥式同心配水器（图2.14），其技术参数见表2.5。

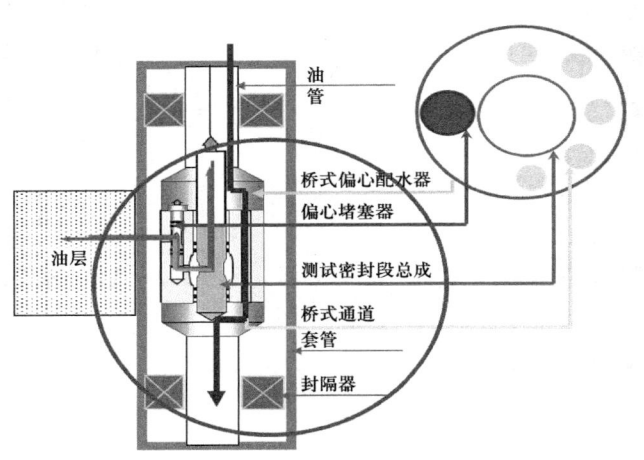

图2.14 桥式配水器示意图

表2.5 桥式配水器技术参数

适应套管	最大外径/mm	最小内径/mm	长度/mm	工作压力/MPa	工作温度/℃	配注量/(m³/d)
桥式偏心	106	46	700	35	150	0~100
桥式同心	114	46	700	50	170	0~100

桥式偏心配水器采用角型桥式通道设计，测压和验封准确，可单层调剖；旋流冲砂扶正结构，有效防砂卡；导向结构，提高对接成功率。

桥式同心配水器设计为同心调、偏心配结构，扭矩低，防砂卡性能高，测调时不影响其他层段注水，测调同心对接。

2.2.5.3 智能配水器

智能配水器分为压控智能配水器和缆控智能配水器。

1）压控智能配水器

主要由机械和电子电路两大部分组成，机械部分包括工作筒（包括偏心接头、上接头、定位管、引垫和外筒）、开关器等机构；电子电路部分包括压力传感器、数据存储器、检测电路、电动机和锂电池等。图2.15为压控智能配水器示意图，其技术参数见表2.6。

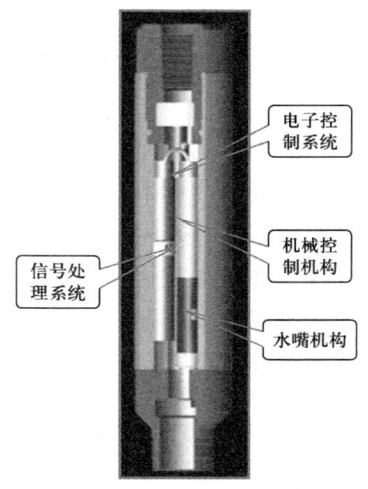

图 2.15 压控智能配水器示意图

表 2.6 压控智能配水器技术参数

适应套管尺寸 / in	最大外径 / mm	最小内径 / mm	长度 / mm	工作压力 / MPa	工作温度 / ℃	配注量 / m³/d
$5\frac{1}{2}$ 7 $9\frac{5}{8}$	115	50	600	50	130	0～400

2）缆控智能配水器

缆控智能配水器采用一体化结构，由高温电池组、过流通道、验封短节、可调水嘴、电动机、流量计和控制电路等组成，图2.16为缆控智能配水器的结构原理示意图，其技术参数见表2.7。

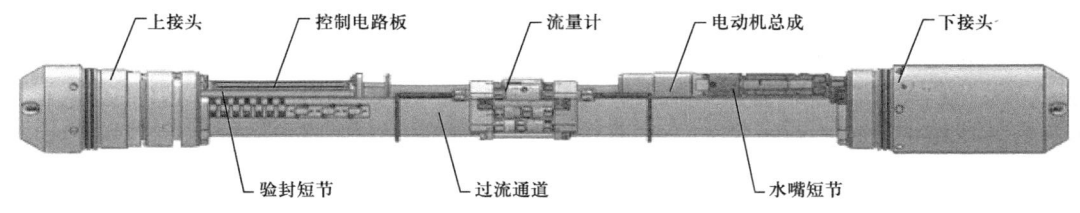

图 2.16 缆控智能配水器结构原理示意图

表 2.7 缆控智能配水器技术参数

适应套管尺寸 / in	最大外径 / mm	最小内径 / mm	长度 / mm	工作压力 / MPa	工作温度 / ℃	配注量 / m³/d
$5\frac{1}{2}$ 7 $9\frac{5}{8}$	114	46	1900	60	150	0～500

2.3 底水砂岩油藏卡堵水技术

对于非均质厚油层，底水锥进和注水突进都会造成油井高含水。在高含水后期，受油水流动能力影响，油层的顶部剩余油难以动用，饱和度较高，通过堵水具有较大潜力可挖。简易有效的卡堵水技术是在固井质量有保证和具有井筒隔离条件的机械封隔堵水，该技术在海外几乎所有项目均有应用。而化学封堵则要考察耐温和耐盐性能以及深度堵水在油藏的作用范围，分别结合南苏丹3/7区砂岩的储层条件进行了探索和应用，取得了良好效果。

2.3.1 机械找卡水技术

机械找卡水工艺常用管柱结构分为无丢手和有丢手两种，具体如下：

无丢手找卡水工艺管柱结构主要是采油管柱＋连通短节＋机械式封隔器＋找水开关＋液压封隔器＋找水开关＋液压封隔器＋找水开关＋丝堵。图2.17为无丢手找卡水工艺管柱示意图。

该种工艺管柱主要由液压封隔器、找水开关、机械式封隔器等井下工具组成。机械式封隔器可选用Y221和Y211，由此可组配成一级两段找卡水管柱、两级三段找卡水管柱及三级四段找卡水管柱。其中封隔器设置在各油层间，可有效分隔油层，是实现分层找水、卡水、换层生产的保证；找水开关设置在各油层中部，使油套连通或封闭油套液体通道，实现各层的找水、卡水、换层生产；机械式封隔器主要起锚定整个管柱作用，保证封隔器的密封位置。

无丢手找卡水工艺管柱按设计要求下入井内，先坐封机械式封隔器，固定好井口；然后从油套环空加压坐封液压封隔器，由此完成整个管柱的坐封动作。提高压力验封封隔器，根据压力变化情况，可验证封隔器及管柱的密封性，达到验封的目的。根据生产实际情况，需要调整生产层位时，可地面通过油套环空液压控制井下找水开关的"开""关"状态。即当压差达到找水开关换层控制压差时，液压控制找水开关在轨道滑块机构的作用下发生换向动作，找水开关的状态被改变，这样可以分层求产、分层取样，即可确定各油层的含水、含油情况，最后将高含水层封堵，达到找卡水的目的。

丢手找卡水工艺管柱结构主要包括采油管柱＋丢手工具＋Y441封隔器＋找水开关＋液压封隔器＋找水开关＋液压封隔器＋找水开关＋丝堵（图2.18）。

该种工艺管柱主要由丢手工具、Y441封隔器、Y341封隔器、找水开关等井下工具组成，可组配成一级两段找卡水管柱、两级三段找卡水管柱及三级四段找卡水管柱。其中封隔器设置在各油层间，可有效分隔油层，是实现分层找水、卡水、换层生产的保证；找水开关设置在各油层中部，使油套连通或封闭油套液体通道，实现各层的找水、卡水、换层生产；Y441封隔器主要起锚定整个管柱作用，保证封隔器的密封位置。

管柱按设计要求下入井内，然后从油管打压坐封Y441封隔器和液压封隔器。之后继续加压,根据压力变化情况,可验证封隔器及管柱的密封性,达到验封的目的,最后将油管内压力升至 18 MPa 左右,丢手机构完成丢手动作,下杆式泵生产。根据生产实际情况,需要调整生产层位时,地面可通过油套环空液压控制井下开关的"开""关"状态。即当压差达到开关调层控制压差时,液压控制开关在轨道滑块机构的作用下发生换向动作,开关的状态被改变,这样可以分层求产、分层取样,即可确定各油层的含水、含油情况,最后将高含水层封堵,达到找卡水的目的。

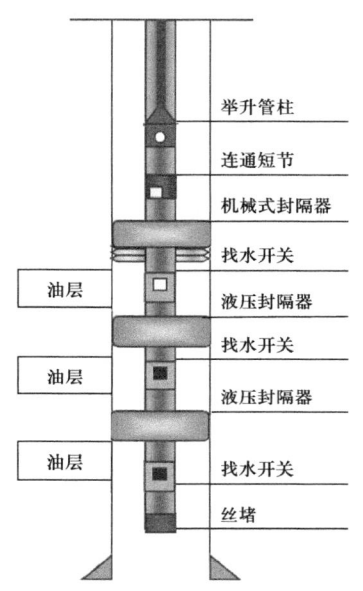
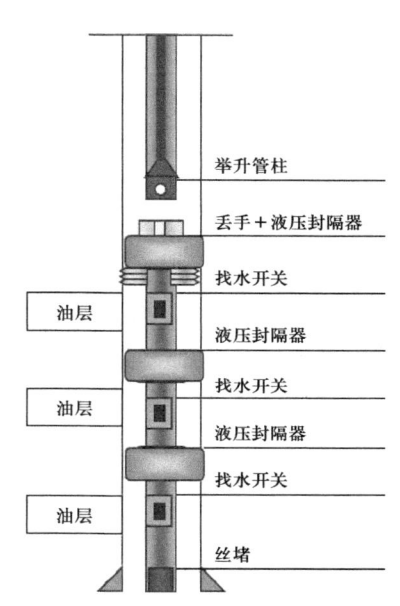

图 2.17 无丢手找卡水工艺管柱结构示意图　　图 2.18 丢手找卡水工艺管柱结构示意图

找水开关工具的结构由轨道换向机构、分流机构、压力调节机构三部分组成。当开关需要换向时,从套管打液压至换向压力(10 MPa)。此时由于钢球和密封件的密封作用,轨迹管、上外筒、轨迹管外筒、球座共同形成液压换向活塞。在液压力的作用下球座压缩弹簧下行,同时控制滑块在轨道中换向,泄压后弹簧回弹,即可实现换向。当滑块由轨迹管短轨道进入轨迹管长轨道时开关状态为由关转换成开,反之则原理相同。该找卡水开关的分流机构为一具有互不连通的十字交叉流道的筒状球座体,一端通过轨迹管外筒与滑块连接,另一端坐在弹簧压帽上,钢球坐在该球座体上。球座上的横向孔与下外筒的横向孔对应(或错位),开关打开(或关闭),轴向孔为传压孔。这样球座起到三个作用:保证液压封隔器打压坐封时液体向下传压至下面的多级封隔器和找水开关;保证液压封隔器打压坐封时液体不进入套管;生产时保证流体从套管通过打开的开关侧壁的横向孔进入生产管柱。

2.3.2 化学堵水的耐温耐盐体系

由于海外项目油田的地层水矿化度普遍高于国内油田,用于海外油田的化学堵水的各种化学剂要求有较好的耐温和耐盐性能。

2.3.2.1 耐温耐盐调堵剂

耐温耐盐聚合物凝胶类调堵剂的发展主要集中在三个方面：(1)在聚丙烯酰胺（PAM）合成过程中引入一种耐温抗盐功能性单体，形成具有较好耐温抗盐能力的共聚物。(2)疏水缔合聚丙烯酰胺（PAM）：通过丙烯酰胺（AM）与含有双键的疏水单体共聚或通过化学改性在 PAM 的链段上引入适当的疏水基团得到。(3)通过筛选交联剂与聚合物形成耐温耐盐交联体系。

（1）耐温耐盐聚合物／交联剂形成交联体系。

通过向成胶体系中加入一些高温稳定剂及螯合剂等，可在一定程度上改善聚合物凝胶类调驱体系的耐温、耐盐性；在聚合物分子上引入具有亲水、耐温、抗盐功能的单体，或者以耐温抗盐单体合成聚合物，也可以改善聚合物凝胶体系的耐温、耐盐性能。常用的功能单体有 2-丙烯酰胺基-2-甲基丙磺酸（AMPS）和烯丙基磺酸钠（AS）。以 AMPS、丙烯酰胺（AM）为共聚单体，可合成具有良好耐温抗盐性能的二元共聚物，将该共聚物与有机铬交联，可耐矿化度 11.3×10^4 mg/L，耐温 90 ℃；与低分子量混合树脂（主要含有呋喃树脂、酚醛树脂、脲醛树脂及有机硅稳定剂等）交联，耐温能力可达 130 ℃。

（2）疏水缔合聚合物／交联剂形成的交联体系。

由 AM/AMPS/AMC14S（疏水缔合单体，2-丙烯酰胺基十四烷磺酸）三元共聚物，与复合有机交联剂（主要成分为水溶性酚醛树脂）交联，得到胶态分散凝胶体系，可耐温 90 ℃、耐盐 20.3×10^4 mg/L（其中 Ca^{2+}、Mg^{2+} 含量 5000 mg/L）。

疏水缔合 PAM，交联剂乌洛托品、苯酚，pH 值调节剂草酸浓度 0.1%～0.15%，采用清水配置，养护温度 90 ℃，体系黏度 45 000 mPa·s，室内评价 90 ℃下放置 120 天，黏度保留率大于 50%。

2.3.2.2 纳米封堵剂

纳米封堵剂主要由无机纳米材料和胶凝材料组成，胶凝材料为多孔微细材料，水化反应可生成具有一定强度的固化体，但强度较低，微观结构较粗糙。无机纳米材料具有很高的化学活性，与胶凝材料发生水化键合，生成以纳米材料为核心的三维网络结构。同时，无机纳米材料颗粒微细均匀，极易进入水化产物的毛细孔及其微裂缝等缺陷结构中，对其进行填充和补强，使封堵剂固化后体积不收缩，析水量少，并改善封堵剂的物理力学性能，生成的微观结构更加致密均匀。

（1）纳米封堵剂抗盐性能。

用矿化度为 5000 mg/L、10 000 mg/L 和 15 000 mg/L 的 $NaHCO_3$ 型盐水以及油田污水（$CaCl_2$ 型）配制纳米封堵剂，在 120 ℃条件下测定堵剂的初凝时间，评价纳米封堵剂抗盐性能，结果见表 2.8。

2 海外油田高速开发后综合治理特色工程技术

表2.8 矿化度对纳米堵剂性能的影响

水样	水型	矿化度/(mg/L)	初凝时间/h
配制盐水	$NaHCO_3$	5000	11.0
配制盐水	$NaHCO_3$	10 000	9.0
配制盐水	$NaHCO_3$	15 000	7.3
塔河油田污水	$CaCl_2$	216 000	5.7

由表2.8可见，金属盐尤其是钙盐对堵剂有促凝作用，但即使在216 000 mg/L的矿化度条件下，纳米封堵剂的初凝时间仍能控制在5.7 h以上，可见纳米封堵剂具有优良的抗盐性能。

（2）纳米封堵剂封堵性能。

纳米封堵剂封堵性能测试在岩心动态模拟装置上进行，先将岩心抽空，饱和水测堵前水相渗透率K_0；在不同渗透率的填砂管模型中注入1倍孔隙体积的纳米封堵剂，密封填砂管模型两端，并置于120 ℃温度中养护72 h；将固化后的填砂管模型取出，然后反向填砂管模型中驱水，再测堵后水相渗透率K_1，记录实验数据，计算纳米封堵剂岩心封堵率，结果见表2.9。

表2.9 纳米封堵剂封堵性能

编号	K_0/mm^2	K_1/mm^2	封堵率/%	突破压力/(MPa·cm^2)
060301	1.90	0.002 2	99.9	1.96
060302	0.85	0.001 0	99.9	2.08

堵剂固化后填砂管渗透率较低，封堵率均能达到99.9%，封堵效果好，突破压力高，可实现高强度封堵。

（3）纳米封堵剂抗压性能。

将配制好的堵剂浆液分别倒入4块模具中，在温度120 ℃、压力30 MPa增压养护釜中养护72 h，取出堵剂固化体，放在压力试验机上分别测试封堵剂的抗压强度。4块50.0 mm×350.0 mm的堵剂试块检测结果分别为30.68 MPa、31.4 MPa、30.52 MPa和30.58 MPa，纳米封堵剂平均抗压强度为30.8 MPa，说明纳米封堵剂具有高抗压强度的力学性能。

（4）纳米封堵剂高温高压稠化实验。

将配制好的堵剂浆液倒入8040B10型高温高压稠化仪样杯中，而后在120 ℃和80 MPa的条件下测定堵剂的稠化时间，测定结果如图2.19所示。

由图2.19可知，在120 ℃和80 MPa条件下，纳米封堵剂在8 h以前稠度变化平缓，稠度在4~5 Bc之间，而后在24 min内稠度急剧上升，呈直角稠化，堵剂稠化时间8 h以上，能满足高温地层挤注的要求，施工安全性能好。

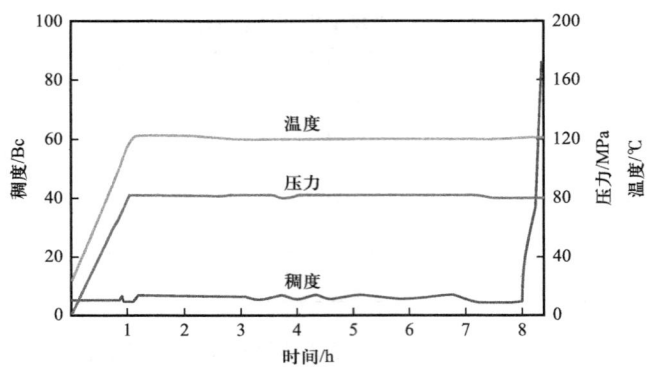

图 2.19　稠度变化与时间关系图

2.3.2.3　聚合物凝胶深部堵水剂

耐温聚合物凝胶深部堵剂主要由 2-丙烯酰胺-2-甲基丙磺酸单体与丙烯酰胺的共聚物、酚醛树脂交联剂及稳定剂组成。与常用的聚丙烯酰胺聚合物相比，该堵剂体系具有良好的热稳定性能。

（1）高温老化性评价试验。

采用耐温聚合物凝胶体系和普通聚丙烯酰胺凝胶体系，考察其在 100 ℃胶体的稳定性（表 2.10）。

表 2.10　耐温抗盐聚合物凝胶堵剂高温老化性评价试验

堵剂名称	试验数据					
	3 d		10 d		30 d	
	黏度 /mPa·s	状态描述	黏度 /mPa·s	状态描述	黏度 /mPa·s	状态描述
普通聚丙烯酰胺凝胶	23 500	未析出自由水	19 900	40% 析出水量，下部连续凝胶，挂壁性较好	18 200	47% 析出水量
耐温聚合物凝胶	26 000		23 700	5% 析出水量，下部连续凝胶，挂壁性较好	22 500	12% 析出水量，下部连续凝胶，挂壁性较好

试验结论：在 100 ℃的高温下耐温聚合物凝胶堵剂相比于普通聚合物凝胶堵剂出水量小，胶体黏附性好，表明耐温聚合物凝胶体系具有较好的耐温性能。

（2）耐温聚合物凝胶岩心封堵性能评价试验。

首先用清水驱替岩心，直至驱替压力稳定，计算原始岩心水相渗透率。然后向岩心中注入堵剂，待注入压力稳定，将注入堵剂后的岩心放入 90 ℃温度下养护 3 天。取出养护后的岩心，再用清水驱替岩心，记录突破压力、稳定压力，并计算岩心封堵率（表 2.11）。

表 2.11 耐温聚合物凝胶岩心封堵性能评价试验

序号	岩心基础数据		堵前			堵后				封堵率/%
	直径/cm	长度/cm	流量/mL/min	压力/MPa	水相渗透率/D	流量/mL/min	突破压力/MPa	稳定压力/MPa	水相渗透率/D	
1	2.60	24.6	6	0.03	1.54	6	1.2	0.55	0.085	94.5
2	2.62	24.5	6	0.05	0.91	6	1.6	0.93	0.029	96.8
3	2.61	24.6	6	0.01	3.98	6	1.0	0.45	0.267	93.3

试验结论：耐温聚合物凝胶岩心封堵率均达到 90% 以上，在中高渗透岩心中突破压力大于 1 MPa，表明其封堵强度高，耐冲刷能力强。

2.3.2.4 多级粒径防漏失高强度封口堵剂

多级粒径防漏失高强度堵剂主要由颗粒固结剂、超细水泥、纤维和多功能悬浮剂按一定比例组成。

1）多级粒径颗粒型材料优选

（1）颗粒固结剂。

该固结剂是用高分子聚合物包覆的无机颗粒，颗粒平均粒径为 0.3~1.4 mm，在常温下为松散互不粘接的砂粒，在一定温度下养护一定时间后可以固结，本体固结强度 3~5 MPa，其作为第 1 级级配粒子，可以起到堵塞地层中大的孔隙，支撑地层形成堵塞隔墙。

（2）超细复合颗粒材料。

主要以超细水泥为主要成分，颗粒平均粒径在 10 μm 左右，其比表面积为 6500~9000 cm^2/g，能较大程度地减少堵剂大孔数量，提高堵剂抗压强度和抗渗能力，本体固结强度 18~25 MPa，选择超细颗粒作为第 2 级级配粒子。

（3）纤维。

主要为合成有机纤维，抗拉强度高，抗冲击的能力强，抗裂效果好。堵剂在注入过程中粒径较大的支撑剂和纤维在地层孔道中形成网架结构，防止堵剂大量进入地层孔隙，并最终形成高强度的均匀封堵。

（4）多功能悬浮剂。

多功能悬浮剂主要是由具有表面活性的高分子聚合物组成，可以使细小的颗粒材料快速分散在其中，依靠其黏度使颗粒材料稳定悬浮，最终形成均匀稳定的浆体。不因粒径差异而不稳地发生沉淀分层现象。

2）多级粒径防漏失高强度堵剂性能评价

（1）防漏效率评价试验。

室内采用防漏失评价仪装置，在装置底部装入 20~40 目石英砂模拟疏松砂岩油藏，实验前加入清水分别加压 5 MPa 和 7 MPa，压实后测定其初始渗漏能力，然后加入多级粒径防漏失高强度堵剂，加压，测量其渗漏液量及漏失速率，对比前后渗漏速度，评价防漏能力（表 2.12）。

表 2.12　防漏效率评价试验

初始渗漏速率 / mL/min	初始渗透率 / mD	多级粒径防漏失高强度堵剂	渗漏速率 /（mL/min）				防漏效率 /%			
			5.0 MPa		7.0 MPa		5.0 MPa		7.0 MPa	
			5 min 后	30 min 后	5 min 后	30 min 后	5 min 后	30 min 后	5 min 后	30 min 后
142.5	400	多级粒径材料用量 8%；微硅用量 4%，水灰比 1：1.8	7.61	3.69	—	—	94.6	97.4	—	—
420	2350		—	—	33.2	17.6	—	—	92.1	95.8

试验结论：在 5.0～7.0 MPa 压力下，在漏失初期，堵剂在漏层表面迅速形成低渗透屏蔽带，在 5 min 之后漏层漏失速率下降 90% 以上，半小时后可达 95% 以上，表明多级粒径防漏失高强度堵剂具有很好的防漏能力。

通过试验可以看出，在模拟疏松砂岩油藏实验条件下，多级粒径防漏失高强度堵剂相比普通的 G 级水泥浆，半小时漏失量减少 50% 左右，表明多级粒径防漏失高强度堵剂在疏松砂岩油藏具有良好的造壁防漏能力（表 2.13）。

表 2.13　砂床漏失评价对比试验

序号	堵剂类型	质量分数 /%	半小时漏失量 /mL
1	G 级油井水泥	64	83
2	多级粒径防漏失高强度堵剂		41

（2）堵剂固化时间评价试验。

配置堵剂体系，然后再分别放置到 50 ℃和 70 ℃下，考察体系稠化时间、固化时间（图 2.20）。

从实验数据可以看出，多级粒径防漏失高强度堵剂的稠化时间大于 5 h，20 h 以内堵剂均已固化，完全可以保障现场施工安全。

（3）堵剂抗压强度评价试验。

分别配制不同加量下可固结复合支撑剂的堵剂，放入 70 ℃水浴常压养护 3 天，测抗压强度。在可固结支撑剂加量为 5%～10%，在 70 ℃水浴养护 3 天后，抗压强度大于 20 MPa 以上，可以满足底水油藏堵水需要。

2.3.3　化学堵水工艺参数优化方法

结合化学堵水体系的性能，通过油藏数值模拟，对层内化学堵水工艺参数优化，确

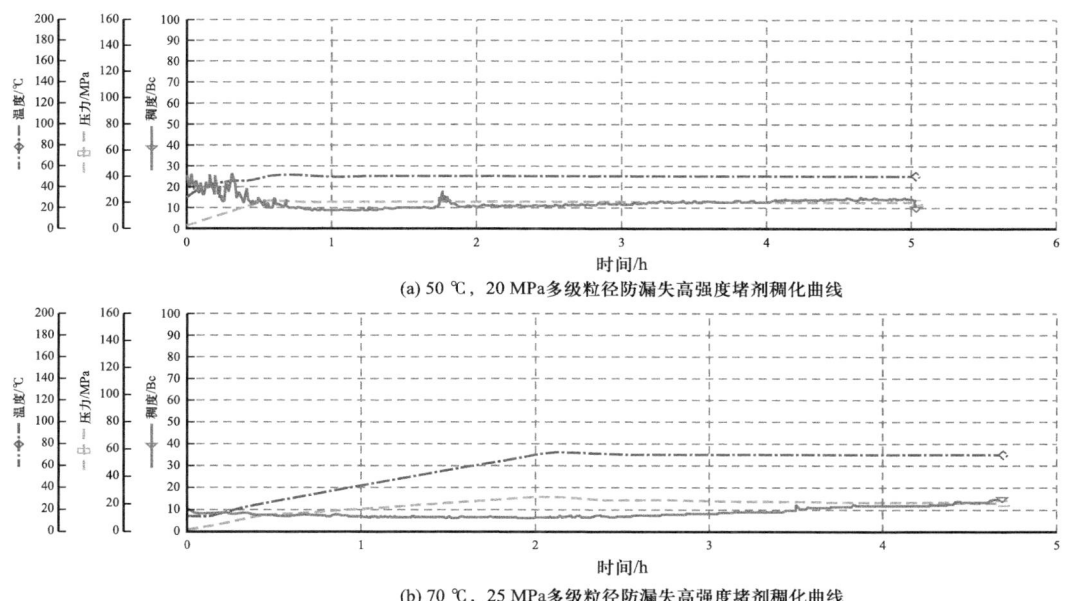

(a) 50 ℃，20 MPa多级粒径防漏失高强度堵剂稠化曲线

(b) 70 ℃，25 MPa多级粒径防漏失高强度堵剂稠化曲线

图 2.20　不同温度下的稠化曲线

定剩余油层厚度、优化堵水半径，优化堵水堵剂用量，防止油层伤害和地层水快速绕流等，可以获得较长的堵水有效期。

2.3.3.1　底水油藏剩余油层厚度预测

由达西定律可得到水油比（R_{wo}）与剩余油厚度的关系式：

$$R_{wo} = M\left(\frac{h_p + h' - h_o}{h_o - h'}\right) \tag{2.48}$$

式中　M——水油流度比；

　　　h_p——射孔厚度，m；

　　　h'——水淹厚度，m；

　　　h_o——油层厚度，m。

$$M = \frac{K_{rw}}{K_{ro}} \times \frac{\mu_o}{\mu_w} \tag{2.49}$$

式（2.48）可变形为含水率（f_w）的关系式：

$$\frac{f_w}{1-f_w} = \frac{K_v}{K_h} \times M\left(\frac{h_p + h' - h_o}{h_o - h'}\right) \tag{2.50}$$

式中　K_{rw}——水相相对渗透率；

　　　K_{ro}——油相相对渗透率；

μ_o——油的黏度，mPa·s；
μ_w——油的黏度，mPa·s；
K_v——油藏垂直渗透率，mD；
K_h——油藏水平渗透率，mD。

其中 M 值可由油水相对渗透率曲线得到，从而可求得水淹厚度 h'，确定堵水井段厚度，为堵剂用量的设计计算提供依据。

2.3.3.2 堵水半径优化

在堵水施工中，油层内井筒附近压差分布研究对堵剂强度、封堵范围的选择至关重要。了解压差分布可以在距井筒不同距离处选择合适强度的堵剂，不仅能够有效提高堵水效果，而且能够节约堵剂成本。

实际油藏中每口井附近的渗流都可近似为平面径向流。由平面径向流渗流理论可得到压力分布与半径的关系（图2.21），从而得到压差与半径的关系：

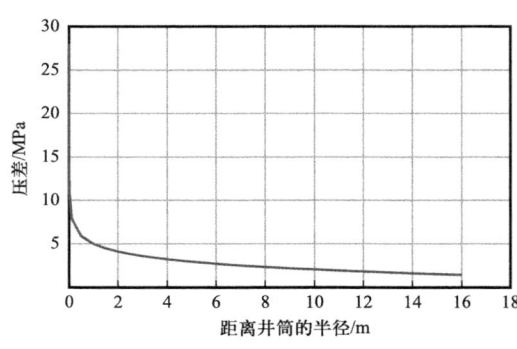

图 2.21　平面径向流压差分布示意图

$$p = p_e - \frac{p_e - p_w}{\ln \dfrac{R_e}{R_w}} \ln \frac{R_e}{r} \tag{2.51}$$

式中　p——距井筒距离为 r 处的压力，MPa；
　　　p_e——油层压力，MPa；
　　　p_w——井底压力，MPa；
　　　R_e——泄油半径，m；
　　　r——油藏中的某点距井筒中心轴的半径，m；
　　　R_w——井筒半径，m。

根据压差分布，选择压差接近于 0 的位置处作为水淹层段堵水处理的最佳半径。水淹层封堵后，油井的生产压差主要作用在上部油层段，而作用于水淹层段的压差很小，抑制了地层水的流动，从而使上部油层的地层流体有优先流动。

2.3.3.3 堵剂用量优化

1）深部堵水堵剂用量

依据计算的水淹层的厚度和堵水的最优半径，可根据下式计算出堵剂用量：

$$Q = \pi h' r_0^2 \phi \tag{2.52}$$

式中　Q——堵剂用量，m³；
　　　h'——水淹层厚度，m；

r_0——生产压差接近 0 处离井筒的半径，m；

ϕ——地层孔隙度，%。

2）封口高强度堵剂的用量

井壁附近生产压差大，需要采用高强度的堵剂进行封堵，根据常用射孔枪的穿透能力，高强度堵剂近井地带的封堵强度一般设计为 0.5～1 m，堵剂用量可根据式（2.53）计算：

$$Q=\pi h_p r^2 \phi \quad (2.53)$$

式中　Q——堵剂用量，m^3；

　　　h_p——油层射开厚度，m；

　　　r——堵水半径，m；

　　　ϕ——地层孔隙度，%。

2.4 固体酸酸化增产增注技术

酸化用固体酸是一种固体颗粒形态的酸，与液体酸相比，更易于贮存、运输，并且具有热稳定性高、基本无挥发性、无刺激性气味、腐蚀性也大大减轻等特点，适合在非洲内陆地区等运输液体酸不经济和环保要求高的地区运输、存放和配置成增产、增注用酸化工作液。

2.4.1 固体酸种类及应用

单一固体酸产品种类较多，主要包括固体盐酸、固体硝酸、固体氨基磺酸、固体氟硼酸、固体磷酸、固体有机磷酸等。还有一些固体酸是在适当载体上浸附 H_2SO_4、H_3PO_4、HF 的磷酸/硅藻土、磷酸/硅酸等，可以在固体表面和溶液中离解成氢离子。工业化固体酸为了工艺性能的需要，通常是具有特定性能的混合物。下文所述用在砂岩储层酸化上的固体酸一般指含固体盐酸的多组分混合物。

早期大多数固体酸是作为一种添加剂材料复配到主体盐酸工作液中使用的，能够替代液体酸作为酸化工作液或者将固体酸用惰性载体输送到地层中再释放出酸液的做法，会有很多注入运输、缓速、深穿透等性能上的优势。

在海外项目应用固体酸酸化增产增注也还是一种有益的实践。酸化解堵和增产增注需根据岩性、岩心成分及岩层伤害情况来选择酸液类型。特别是砂岩地层，一般酸化增产增注常采用由盐酸和氢氟酸组成的土酸来进行，其中盐酸主要用于溶解碳酸岩胶结物，而氢氟酸则可以溶解几乎所有砂岩矿物。海外非洲地区砂岩储层主要由石英、长石组成，黏土含量较高，孔隙度、渗透率差异大，钻井液污染物包括超细碳酸钙和膨润土。这些矿物在盐酸、盐酸/氢氟酸（即土酸）中的溶解情况见表 2.14。

表 2.14　砂岩矿物的表面积及溶解性

矿物	表面积	溶剂性	
		HCl	HCl/HF
石英	低	不溶解	低
长石	低至中等	不溶解	低至中等
云母	低	不溶解	低至中等
高岭石	高	不溶解	高溶解
伊利石	高	不溶解	高溶解
蒙脱石	高	不溶解	高溶解
绿泥石	高	低至中等	高溶解
方解石	低至中等	高溶解	高溶解有沉淀生成
白云石	低至中等	高溶解	高溶解有沉淀生成
铁白云石	低至中等	高溶解	高溶解有沉淀生成
菱铁矿	低至中等	高溶解	高溶解

因此，海外项目砂岩地层的固体酸酸化增产增注，需要从能产生土酸成分的固形化合物中筛选优化出固体的土酸体系。

土酸酸化中的盐酸和氢氟酸成分与地层岩石矿物的基本反应，见表 2.15。

表 2.15　砂岩矿物的表面积及溶解性

氯化氢	
方解石	$2HCl + CaCO_3 \longrightarrow CaCl_2 + CO_2 + H_2O$
白云石	$4HCl + CaMg(CO_3)_2 \longrightarrow CaCl_2 + MgCl_2 + 2CO_2 + 2H_2O$
菱铁矿	$2HCl + FeCO_3 \longrightarrow FeCl_2 + CO_2 + H_2O$
氢氟酸	
石英	$4HF + SiO_2 \longleftrightarrow SiF_4（四氟化硅）+ 2H_2O$
	$SiF_4 + 2HF \longleftrightarrow H_2SiF_6（氟硅酸）$
钠长石	$NaAlSi_3O_8 + 14HF + 2H^+ \longleftrightarrow Na^+ + AlF_2^+ + 3SiF_4 + 8H_2O$
钾长石	$KAlSi_3O_8 + 14HF + 2H^+ \longleftrightarrow K^+ + AlF_2^+ + 3SiF_4 + 8H_2O$
高岭石	$Al_4Si_4O_{10}(OH)_8 + 24HF + 4H^+ \longleftrightarrow 4AlF_2^+ + 4SiF_4 + 18H_2O$
蒙脱石	$Al_4Si_8O_{20}(OH)_4 + 40HF + 4H^+ \longleftrightarrow 4AlF_2^+ + 8SiF_4 + 24H_2O$

考虑到反应中,土酸可能与地层少量的碳酸钙形成氟化钙沉淀而堵塞地层,因此,在使用土酸酸化时,酸化施工工艺应该为三步法,即第一步泵入配制好的盐酸组分的工作液作为前置酸,第二步泵入土酸组分的工作液作为主体酸,然后第三步泵入盐酸组分的工作液作为后置酸。

2.4.2 固体的土酸体系优化

固体的土酸体系主要是能提供盐酸和氢氟酸的固化物。固体的土酸体系优化,即优化生成土酸体系的固体酸和固体含氟化合物的最佳组成和对含氟盐浓度的确定。可溶解形成氢氟酸的固体氟化物,主要是氟化铵和氟硼酸盐。因此,固体的土酸体系优化在固体酸—氟化铵体系和固体酸氟硼酸盐体系之间进行。

(1)通过常规土酸对目标岩心的溶蚀率得到固体土酸体系的性能要求。

对主体酸体系筛选与配方优化,通常先将常规土酸(15%HCl 和 3%HF)体系的比例在地层温度下对酸化目标岩心进行溶蚀实验结果作为参考。

取 15% 盐酸 15 mL 以及 3% HF 15 mL 移入 100 mL 塑料烧杯中,置于调节好的恒温水浴,待上升到 80 ℃时,加入 1.5 g 酸化目标储层的岩心。到设定时间取出塑料烧杯,抽滤、洗涤、干燥至恒重。计算岩心溶蚀率。然后依照上面的步骤进行实验,分别作 0.5 h、1 h、3 h 和 4 h。测定溶蚀率。常规土酸对岩心溶蚀结果见表 2.16 和图 2.22。

表 2.16 常规土酸岩心溶蚀实验结果(75 ℃)

序号	t/h	m_0/g	m_t/g	m_0-m_t/g	W/%	$\overline{W}$/%
1	0.5	1.5	0.75	0.75	50.0	50.7
		1.5	0.73	0.77	51.3	
2	1.0	1.5	0.67	0.83	55.3	55.0
		1.5	0.68	0.82	54.6	
3	3.0	1.5	0.59	0.91	60.6	61.0
		1.5	0.58	0.92	61.3	
4	4.0	1.5	0.51	0.99	66.0	66.3
		1.5	0.50	1.00	66.6	

注:t—溶蚀时间;m_0、m_t—溶蚀前岩心和浸泡时间 t 后的岩心质量;W—溶蚀率;$\overline{W}$—平均溶蚀率。

由表 2.16 以及图 2.22 可知,常规土酸在 75 ℃下,溶蚀率偏大,溶蚀率随溶蚀时间的延长而增大。且常规土酸返排不及时容易造成二次沉淀,造成新的堵塞。

(2)固体酸—氟化铵生成土酸体系作为主体酸的性能。

① 固体酸—固体氟化铵体系氟化铵浓度的确定。

测定条件:往 100 mL 塑料烧杯中加入 23% 的固体酸 10 mL 和不同浓度的氟化铵 10 mL。塑料烧杯置于调节好的恒温水浴,待温度上升到 75 ℃时,加入 1.5 g 左右 100 目的岩心粉末，到设定时间取出塑料烧杯，抽滤、洗涤、干燥至恒重。计算岩心溶蚀率。

固定固体酸的浓度为23%不变，岩心溶蚀率随氟化铵的浓度的变化规律如图2.23所示。

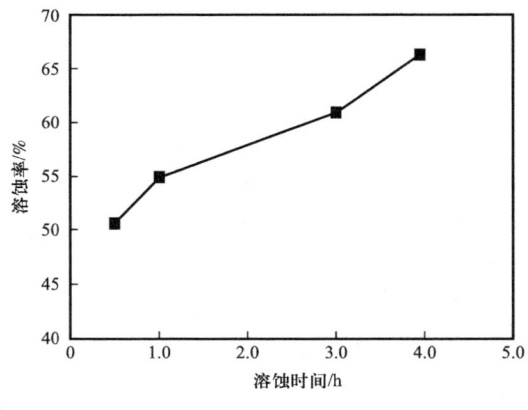

图2.22　土酸（15%HCl+3%HF）岩心溶蚀率随溶蚀时间变化规律

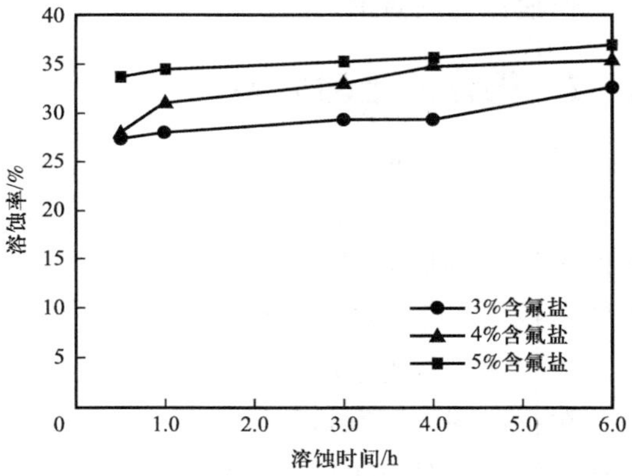

图2.23　固体酸（23%）—氟化铵体系岩心溶蚀率随含氟盐浓度的变化规律

由图2.23可知，对于固体酸—固体氟化铵体系，在相同溶蚀时间下，体系对岩心的溶蚀速率随着氟化铵浓度增大而增大；从溶蚀速率的增长梯度来看，氟化铵浓度为4%时，体系对岩心的溶蚀速率随着溶蚀时间呈现较大的增长幅度。因此，对于固体酸—固体氟化铵体系，选择浓度4%的固体氟化铵与适当比例的固体酸等体积比混合。

② 固体酸—固体氟化铵体系固体酸浓度的确定。

测定条件：往100 mL塑料烧杯中分别加入10 mL不同浓度的固体酸与4%的氟化铵，置于调节好的恒温水浴，待上升到温度75 ℃时，加入1.5 g左右的100目的岩心粉末，到设定时间取出塑料烧杯，抽滤、洗涤、干燥至恒重。计算岩心溶蚀率。

不同浓度的固体酸—4%氟化铵体系岩心溶蚀率随固体酸浓度的变化规律如图2.24所示。

由图2.24可知，对于固体酸—固体氟化铵体系，当氟化铵的浓度为4%时，固体酸的浓度对岩心溶蚀率随固体酸浓度的增加而增加；考虑到固体酸浓度大，成本增加、腐蚀也比较严重。因此，固体酸—固体氟化铵体系中选择20%的固体酸与4%氟化铵按等体积比混合。

（3）固体酸加固体氟硼酸盐生成土酸体系的性能。

① 固体酸—固体氟硼酸盐体系中氟硼酸盐浓度的确定。

测定条件：往100 mL塑料烧杯中分别加入10 mL 23%的固体酸与一定浓度的氟硼酸盐溶液，置于调节好的恒温水浴，待上升到温度75 ℃时，加入1.5 g左右100目的岩心粉末，到设定时间取出塑料烧杯，抽滤、洗涤、干燥至恒重。计算岩心溶蚀率。

不同浓度的固体酸—氟硼酸盐体系，岩心溶蚀率随氟硼酸盐浓度的变化关系如图2.25所示。

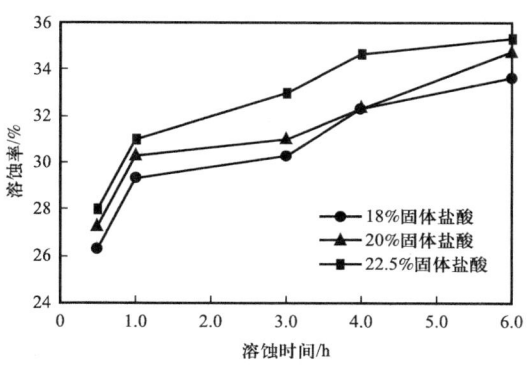

图 2.24 固体酸—4%氟化铵体系岩心溶蚀率随固体酸浓度的变化规律

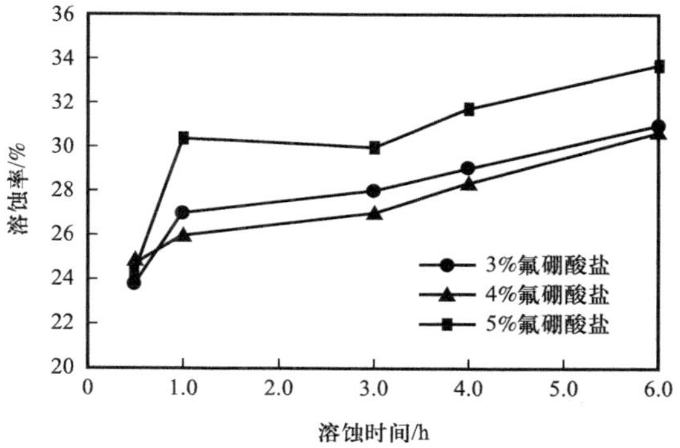

图 2.25 固体酸—氟硼酸盐体系岩心溶蚀率随氟硼酸盐浓度的变化规律

对于固体酸—固体氟硼酸盐体系，岩心的溶蚀率随氟硼酸盐浓度的增加而增大。考虑到氟硼酸盐浓度为3%与4%时，岩心溶蚀率相差不大，选定浓度为3%固体氟硼酸盐与适当浓度的固体酸等体积混合。

② 固体酸—固体氟硼酸胺体系固体酸浓度的确定。

测定条件：往 100 mL 塑料烧杯中分别加入 10 mL 不同浓度的固体酸与 3%的氟硼酸盐，置于调节好的恒温水浴，待上升到温度 75 ℃时，加入 1.5 g 左右 100 目的岩心粉末，到设定时间取出塑料烧杯，抽滤、洗涤、干燥至恒重。计算岩心溶蚀率。

固体酸—氟硼酸盐体系固体酸浓度对溶蚀率的影响如图 2.26 所示。

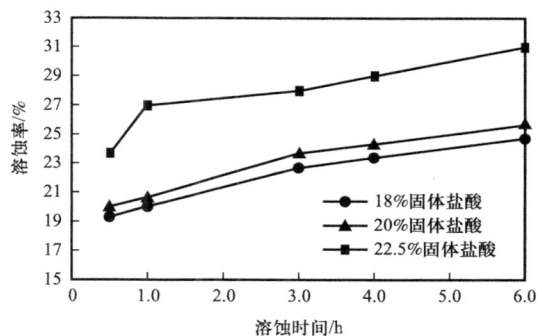

由图 2.26 可知，对于固体酸—固体氟硼酸盐体系，当氟硼酸盐的浓度为3%时，固体酸的浓度对岩心溶蚀率有一定的影响。但固体酸浓度对岩心的溶蚀率呈现比较复杂的关系。考虑到固体酸的浓度增大，成本增大，同时对设备的腐蚀也会增加。综合考虑，选定浓度为18%的固体酸与3%的氟硼酸盐等体积混合。

图 2.26 固体酸—氟硼酸盐体系固体酸浓度对溶蚀率的影响

（4）固体酸—氟化铵和固体酸—氟硼酸盐两种主体酸体系对膨润土的溶解。

膨润土是钻井液的主要成分，为了探讨固体酸解堵体系对钻井液残留物的解堵效果。以膨润土作为研究对象，考察了固体酸解堵体系对其溶蚀性能。

① 固体酸—固体氟硼酸盐体系对膨润土溶蚀性能。

18%固体酸和3%氟硼酸盐（体积比1∶1）的膨润土溶蚀结果见表 2.17 和图 2.27。

表 2.17 18% 固体酸和 3% 氟硼酸盐的膨润土溶蚀结果（75 ℃）

序号	t/h	$V_{酸}$/mL	m_0/g	$m_{表面皿+滤纸+残样}$/g	$m_{表面皿+滤纸}$/g	m_t/g	W/%
1	0.5	20	1.5	49.23	48.16	1.07	28.66
2	1.0	20	1.5	48.73	47.69	1.04	30.66
3	2.0	20	1.5	51.51	50.54	0.97	35.33
4	4.0	20	1.5	49.00	48.03	0.97	35.33
5	6.0	20	1.5	51.53	50.59	0.94	37.33

固体酸—固体氟硼酸盐体系对膨润土溶蚀率，随溶蚀时间的延长而增大；溶蚀时间为 3~4 h 时，溶蚀率基本不变，当溶蚀时间进一步延长时溶蚀率有较小的增加。可以看出，固体酸—固体氟硼酸盐体系可以有效地解除钻井液对地层的伤害。

② 固体酸—固体氟化铵体系对膨润土溶蚀性能。

20% 固体酸和 4% 含氟盐（体积比 1∶1）对膨润土的溶蚀结果见表 2.18 和图 2.28。

表 2.18 固体酸（20%）和 4% 含氟酸盐膨润土溶蚀结果（75 ℃）

序号	t/h	$V_{酸}$/mL	m_0/g	$m_{表面皿+滤纸+残样}$/g	$m_{表面皿+滤纸}$/g	m_t/g	W/%
1	0.5	20	1.5	51.42	50.37	1.05	30.00
2	1.0	20	1.5	48.93	47.94	0.99	34.00
3	2.0	20	1.5	51.30	50.32	0.98	34.67
4	4.0	20	1.5	48.93	48.03	0.90	40.00
5	6.0	20	1.5	48.99	48.06	0.85	43.33

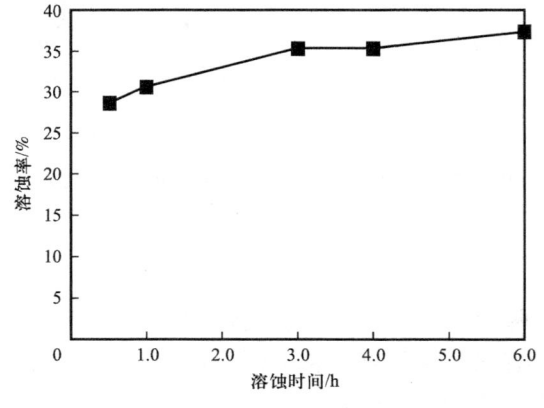

图 2.27 固体酸—固体氟硼酸盐体系对膨润土溶蚀率随时间的变化关系

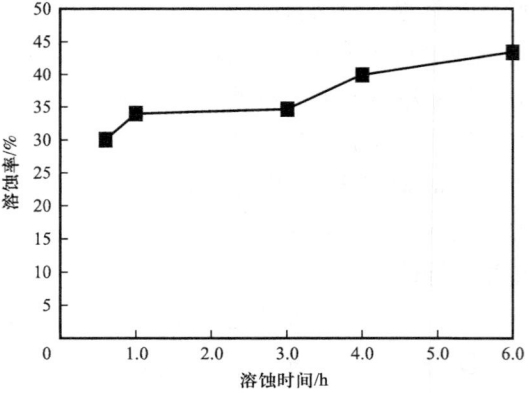

图 2.28 固体酸（20%）和 4% 含氟酸盐膨润土溶蚀率随时间的关系

固体酸—固体氟化铵体系对膨润土溶蚀率，随溶蚀时间的延长而增大；溶蚀时间为 2～3 h 时，溶蚀率基本不变；当溶蚀时间大于 2 h 时，膨润土的溶蚀率随溶蚀时间的进一步延长呈现较强的增加趋势。可以看出它对钻井液残留物具有较强的解堵能力。

2.4.3 酸化配套添加剂优选研究

为了更好地发挥主体酸液的解堵作用，选择合适添加剂是非常重要的。包括酸化用缓蚀剂、酸化用铁离子稳定剂、破乳-助排剂和黏土稳定剂。

2.4.3.1 酸化用缓蚀剂的筛选与性能评价

缓蚀剂是确保酸化解堵措施正常施工的关键。缓蚀剂选择不当会造成酸液对施工设备严重腐蚀，甚至会延误正常施工，对油管柱和套管柱的腐蚀还会影响作业井的正常生产。同时，因腐蚀引入的铁离子也可能在储层中产生铁沉淀物，进一步加剧储层伤害。评价方法，以 N80 挂片为研究对象，参照 SY/T 5405—2019《酸化用缓蚀剂性能试验方法及评价指标》。

（1）固体酸（13%）酸化溶蚀体系（前置酸）的缓蚀剂的筛选。

三种酸化缓蚀剂的缓蚀性能对比图如图 2.29 所示。

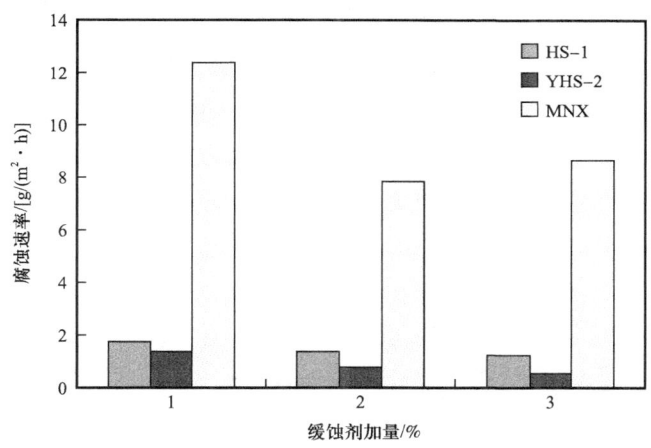

图 2.29　三种酸化缓蚀剂在 13% 固体酸体系中缓蚀性能

对于 13% 的固体酸酸化溶蚀体系，缓蚀剂 YHS-2 的缓蚀性能最好。缓蚀剂 YHS-2 的添加量为 0.5% 时，可以满足一级标准要求。因此，对于 13% 的固体酸酸化溶蚀体系，选定缓蚀剂 YHS-2，其添加量为 0.5%。

（2）固体酸（18%）—3% 氟硼酸盐酸化溶蚀体系缓蚀剂的筛选。

对于固体酸（18%）—3% 氟硼酸盐酸化溶蚀体系，添加缓蚀剂 HS-1 的 N80 挂片（腐蚀后）的照片如图 2.30 所示。添加缓蚀剂 YHS-2 的 N80 挂片（腐蚀后）的照片如图 2.31 所示。添加缓蚀剂 MNX 的 N80 挂片（腐蚀后）的照片如图 2.32 所示。

图 2.30　添加缓蚀剂 HS-1 的 N80 挂片照片（一）（从左至右添加量依次为空白，0.5%，1.0%，1.5%）

图 2.31　添加缓蚀剂 YHS-2 的 N80 挂片照片（一）（从左至右添加量依次为空白，0.5%，1.0%，1.5%）

图 2.32　添加缓蚀剂 MNX 的 N80 挂片照片（一）（从左至右添加量依次为空白，0.5%，1.0%，1.5%）

在固体酸（18%）—3% 氟硼酸盐酸化体系，缓蚀剂 YHS-2 的缓蚀效果最好，挂片 N80 腐蚀情况较轻。缓蚀剂 YHS-2 的添加量为 0.5% 时，可以满足一级标准要求。因此，对于 18% 的固体酸和 3% 氟硼酸盐酸化溶蚀体系，选定缓蚀剂 YHS-2，其添加量为 0.5%（图 2.33）。

2 海外油田高速开发后综合治理特色工程技术

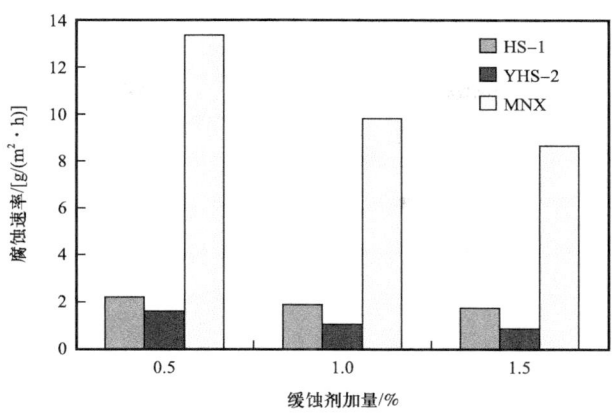

图 2.33 固体酸（18%）和 3% 氟硼酸盐酸化溶蚀体系的缓蚀剂性能评价

（3）固体酸（20%）—4% 含氟化铵化溶蚀体系的缓蚀剂筛选研究。

对于固体酸（20%）—4% 氟化铵酸化溶蚀体系，添加缓蚀剂 HS-1 的 N80 挂片（腐蚀后）的照片如图 2.34 所示。添加缓蚀剂 YHS-2 的 N80 挂片（腐蚀后）的照片如图 2.35 所示。添加缓蚀剂 MNX 的 N80 挂片（腐蚀后）的照片如图 2.36 所示。

图 2.34 添加缓蚀剂 HS-1 的 N80 挂片照片（二）（从左至右添加量依次为空白，0.5%，1.0%，1.5%）

图 2.35 添加缓蚀剂 YHS-2 的 N80 挂片照片（二）（从左至右添加量依次为空白，0.5%，1.0%，1.5%）

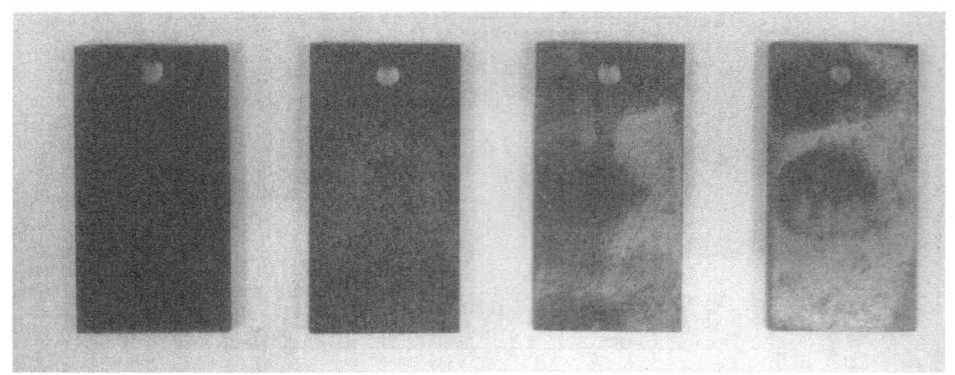

图 2.36　添加缓蚀剂 MNX 的 N80 挂片照片（三）（从左至右添加量依次为空白，0.5%，1.0%，1.5%）

在固体酸（20%）—4% 氟化铵酸化体系，缓蚀剂 YHS-2 的缓蚀效果也是最好的，挂片 N80 腐蚀情况较轻。

对于 20% 的固体酸和 4% 含氟盐酸化溶蚀体系，缓蚀剂 YHS-2 的缓蚀性能最好。缓蚀剂 YHS-2 的添加量为 0.5% 时，可以满足一级标准要求。因此，对于 20% 的固体酸和 4% 氟化铵酸化溶蚀体系，选定缓蚀剂 YHS-2，其添加量为 0.5%（图 2.37）。

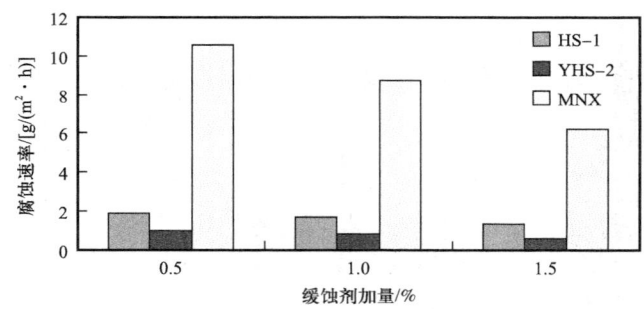

图 2.37　固体酸（20%）和 4% 含氟盐酸化溶蚀体系的缓蚀剂性能评价

无论 18% 的固体酸和 3% 氟硼酸盐酸化溶蚀体系还是 20% 的固体酸和 4% 含氟化铵酸化溶蚀体系，缓蚀剂 YHS-2 的缓蚀性能最好。缓蚀剂 YHS-2 的添加量为 0.5% 时，可以满足一级标准要求。

2.4.3.2　酸化用铁离子稳定剂的筛选与性能评价

酸与岩心反应后可产生较高浓度的铁离子，Fe^{3+} 在 pH 值较小时基本完全沉淀，铁离子的沉淀对岩心渗透率的伤害较大。因此酸化时必须使用铁离子稳定剂。

表 2.19 是酸化作业中氢氧化物的生成条件的统计。

采用 SY/T 6571—2003《酸化用铁离子稳定剂性能评价方法》，对三种不同厂家的铁离子稳定剂进行性能评价。筛选出满足现场实际条件的铁离子稳定剂种类并确定其加量。

不同种类的铁离子稳定剂的稳定铁离子能力试验结果见表 2.20。因此，选择铁离子稳定剂 3 作为酸化用铁离子稳定剂。

表 2.19 酸化作业中氢氧化物生成条件的统计

残酸中阳离子种类	氢氧化物的溶度积 K_{sp}	沉淀条件（pH 值）
Fe^{3+}	3.8×10^{-38}	1.9～3.2
Al^{3+}	1.3×10^{-33}	3.0～4.7
Fe^{2+}	4.8×10^{-18}	6.3～8.8
Mg^{2+}	1.8×10^{-11}	8.8～11.1
Ca^{2+}	5.5×10^{-6}	11.6～13.9

表 2.20 不同种类铁离子稳定剂稳定铁离子能力试验结果

铁离子稳定剂种类	铁离子标准溶液加量 / mL	试样浓度 / g/mL	试样加量 / mL	稳定铁离子能力 / mg/mL
铁离子稳定剂 1	25	20/500	50	62.5
铁离子稳定剂 2	52	20/500	50	130.0
铁离子稳定剂 3	63	20/500	50	157.5

2.4.3.3 酸化用破乳－助排剂的筛选与性能评价

对三种不同厂家的酸化用破乳－助排剂进行性能评价。由表 2.21 可知，三种酸化用破乳－助排剂的破乳性能不同。CX-307 破乳助排剂的性能最好，平均破乳率为 91%。CX-308 气井助排剂与 CF-5D 破乳助排剂效果相当，破乳率为 77.5%。CX-307 破乳助排剂基本可满足现场施工要求。

表 2.21 酸化用破乳－助排剂的性能评价（添加量为 0.3%）

破乳－助排剂	平行试验	$V_{油}$/mL	$V_{水}$/mL	破乳率 /%
CX-307 破乳－助排剂	A	41.0	46.0	92
	B	38.0	45.0	90
CX-308 气井助排剂	A	48.5	38.5	77
	B	46.0	39.0	78
CF-5D 破乳－助排剂	A	45.0	38.5	77
	B	43.0	39.0	78

注：$V_{油}$，$V_{水}$—析出的油、水的体积。

参照 API RP42 推荐标准对防乳破乳助排剂在配伍性、热稳定性等方面进行了评定，表明性能良好。

将助排剂加入两种固体酸的酸化体系中，分别测定表面张力和酸溶解性（表 2.22）。CX-307 在酸液中溶解分散性好，具有很强的降低表面张力的能力，可提高酸液返排量。

表 2.22 CX-307 破乳助排剂在酸化体系中的溶解分散性和表面张力试验结果

酸化体系	在酸液中的溶解分散性能试验			在酸液中的表面张力试验	
	试验浓度 /%	试验 2 h 后外观	等级	试验浓度 /%	表面张力 /（mN/m）
固体酸—氟化铵体系	0.3	酸液透明清亮、不分层、不沉淀	A	0.3	28.5
固体酸—氟硼酸盐体系		酸液透明清亮、不分层、不沉淀	A		29.0

将加有 0.3% CX-307 的工作液加入玻璃瓶中，在 80 ℃下恒温 5 h 测定加热前后工作液的表面张力变化。加热前固体酸—含氟盐体系工作液的表面张力为 28.5 mN/m，加热后表面张力为 28.6 mN/m；加热前固体酸—氟硼酸盐体系工作液的表面张力为 29.0 mN/m，加热后表面张力为 29.6 mN/m。试验表明，加热前后工作液表面张力基本无变化，热稳定性好。

2.4.3.4 黏土稳定剂的筛选与性能评价

为了防止酸化过程中流体进入地层后引起黏土膨胀、分散、运移，导致渗透率下降的问题，酸液中需要加入适量的黏土稳定剂。

分别对 COP-1、BJ-2000、KCl 和 NH_4Cl 四种黏土稳定剂的水溶液，按 Q/SY DQ1624—2014《注水用黏土稳定剂性能评价方法》进行了防膨率性能评价，实验结果见表 2.23。

表 2.23 黏土稳定剂性能评价结果

浓度 /%	防膨率 /%			
	COP-1	BJ-2000	KCl	NH_4Cl
0.2	83.4	92.5	59.0	68.5
0.5	85.0	93.4	77.5	83.5
0.8	87.1	94.1	83.5	86.5
1.0	89.2	96.5	85.5	88.0

黏土稳定剂加入浓度在 0.2%～1.0% 之间时 COP-1 的防膨率由 83.4% 增至 89.2%；BJ-2000 的防膨率由 92.5% 增至 96.5%；KCl 的防膨率由 59.0% 增至 85.5%；NH_4Cl 的防膨率由 68.5% 增至 88.0%。可见 4 种黏土稳定剂中 BJ-2000 的效果最好，其用量为 0.5%。

2.4.4 添加剂配伍性与固体酸的主体酸液主要性能

2.4.4.1 主要添加剂配伍性

由以上实验得到固体酸酸化体系的配方如下：破乳-助排剂选用 CX-307，其添加量为0.30%；缓蚀剂选定YHS-2，其添加量为0.5%；酸化用铁离子稳定剂选用铁离子稳定剂3，添加量为2.0%，黏土稳定剂选用BJ-2000，其用量为0.5%。

将各种添加剂同时加入酸液中，控制酸液温度为75℃，静置24h，然后观察酸液体系均无沉淀分层等现象。

由图2.38可以看出，两种固体酸解堵体系与各种添加剂混合后，在温度为75℃，静置24h后，两种体系均为棕色均匀黏稠的液体，无沉淀、无分层现象。由实验结果可以看出，该固体酸解堵体系与各种添加剂产品配伍性能良好。说明这两种固体酸解堵体系与各种添加剂产品配伍性能良好。

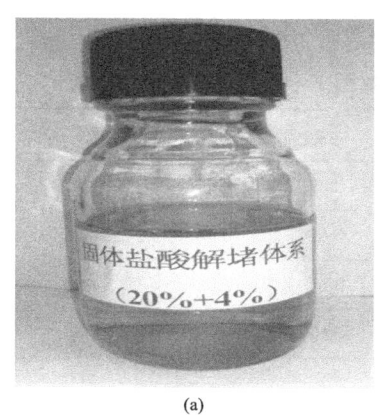 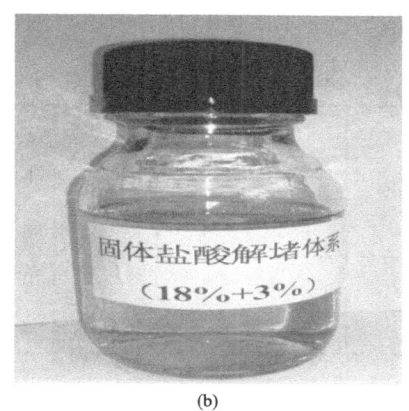

(a)　　　　　　　　　　　　　(b)

图2.38　两种固体酸溶蚀体系配伍性实验样品外观

2.4.4.2　固体酸增产增注体系对岩心溶蚀性能

根据研究得到的固体酸解堵体系有4套配方。

（1）13%的固体酸酸化溶蚀体系（前置酸）组成：固体酸6.5%；破乳助排剂选用CX-307，其添加量为0.30%；缓蚀剂选定YHS-2，其添加量为0.5%；酸化用铁离子稳定剂选用铁离子稳定剂3，添加量为2.0%，黏土稳定剂选用BJ-2000，其用量为0.5%（表2.24）。

表2.24　固体酸（6.5%）解堵体系（前置酸）全配方的岩心溶蚀性能

酸液	平行试验	m_0/g	m/g	$m_{滤纸}$/g	m_t/g	W/%	$\overline{W}$/%
6.5%固体酸体系	A	1.5	2.29	1.02	1.27	15.33	15.33
	B	1.5	2.30	1.03	1.27	15.33	

（2）20%的固体酸—4%氟化铵（体积比1:1）酸化溶蚀体系（主体酸）中含：固体酸10%；氟化铵2%；破乳助排剂选用CX-307，添加量为0.30%；缓蚀剂选定YHS-2，添加量为0.5%；酸化用铁离子稳定剂选用铁离子稳定剂3，添加量为2.0%，黏土稳定剂选用BJ-2000，用量为0.5%。

（3）18%的固体酸—3%氟硼酸盐（体积比1∶1）酸化溶蚀体系（主体酸）含：固体酸9%；氟硼酸盐1.5%；破乳-助排剂选用CX-307，添加量为0.30%；缓蚀剂选定YHS-2，添加量为0.5%；酸化用铁离子稳定剂选用铁离子稳定剂3，添加量为2.0%；黏土稳定剂选用BJ-2000，用量为0.5%。

（4）13%的固体酸—水（体积比1∶1）酸化溶蚀体系（后置酸）中含：固体酸6.5%；破乳-助排剂选用CX-307，添加量为0.30%；缓蚀剂选定YHS-2，添加量为0.5%；酸化用铁离子稳定剂选用铁离子稳定剂3，添加量为2.0%；黏土稳定剂选用BJ-2000，用量为0.5%。

固体酸增产增注体系全配方的岩心溶蚀性能结果见表2.25。

表2.25 两种固体酸解堵体系（主体酸）全配方的岩心溶蚀性能

酸液	平行试验	m_0/g	m/g	$m_{滤纸}$/g	m_t/g	W/%	$\overline{W}$/%
20%固体酸+4%氟化铵	A	1.5	1.59	0.62	0.97	35.33	34.99
	B	1.5	1.60	0.62	0.98	34.66	
18%固体酸+3%氟硼酸盐	A	1.5	1.70	0.62	1.08	28.00	28.33
	B	1.5	1.68	0.61	1.07	28.66	

对于全配方的6.5%固体酸解堵体系（前置酸）的溶蚀率数值与相应的固体酸体系的溶蚀率数值基本一致。对于全配方的固体酸解堵体系的溶蚀率数值与相应的固体酸体系的溶蚀率数值有一定的变化。20%固体酸+4%氟化铵的全配方酸化溶蚀体系，4 h时的溶蚀率由纯酸的30.0%增加到34.99%；相反，18%固体酸+3%氟硼酸盐全配方体系的溶蚀率由单纯酸的32.3%下降到28.33%。因此，最终优选了20%固体酸+4%氟化铵岩心溶蚀体系。

2.4.4.3 固体酸解堵体系岩心伤害实验

基液为煤油。前置酸配方为6.5%固体酸+0.3%破乳助排剂CX-307+0.5%缓蚀剂（选定YHS-2）+2.0%铁离子稳定剂3，添加量为2.0%+0.5%BJ-2000。主体酸配方为10%固体酸+氟化铵2%+0.3%破乳助排剂CX-307+0.5%缓蚀剂YHS-2+2.0%铁离子稳定剂3+0.5%黏土稳定剂（选用BJ-2000）。后置酸配方6.5%固体酸+0.3%破乳助排剂CX-307+0.5%缓蚀剂（选定YHS-2）+2.0%铁离子稳定剂3+0.5%BJ-2000。

模拟酸化岩心伤害实验操作过程，向岩心中注入煤油，直至渗透率相对不变；向岩心中注入前置酸溶液；向岩心中注入主体酸溶液；向岩心中注入后置酸溶液。

岩心流动实验结果，取乍得项目R4区块储层岩心进行岩心伤害实验（图2.39）。岩心长度4.350 cm、直径2.51 cm、横截面积4.95 cm^2。得到的酸化液流动试验曲线如图2.40所示。

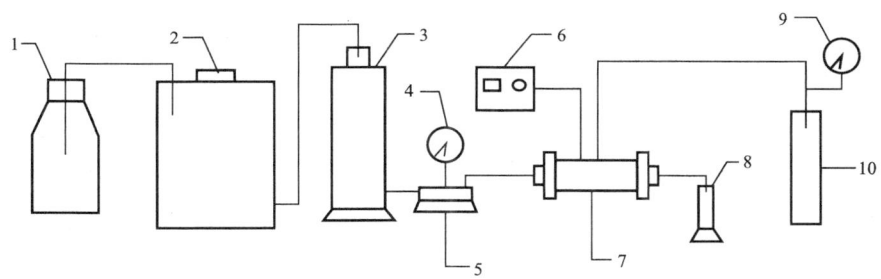

1—盛液瓶；2—计量泵；3—中间容器；4—精密压力表；5—六通阀；6—控温仪；7—岩心夹持器；8—计量管；
9—环压表；10—环压泵。

图 2.39　岩心伤害实验流程示意图

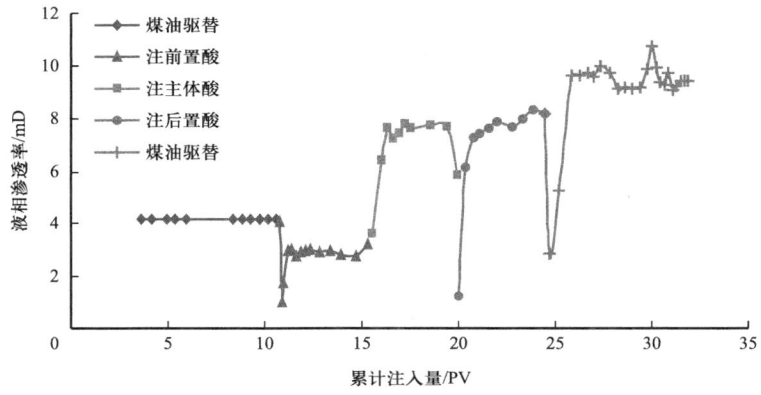

图 2.40　模拟酸化岩心伤害实验结果

岩心经过酸化处理后，渗透率增至原来的 2.31 倍，说明选择的酸化工艺与酸化体系对岩心具有良好的酸化解堵效果。

2.5　侧钻酸压一体化和直井分层水平井分段改造技术

随着海外项目早期高速开发的进行，一些主体区块出现了压力下降快、含水率上升、气油比高、单井产量大幅度下降等问题。对于这类储层的停产低产老井而言，如何进行剩余油挖潜、提高纵向剖面动用程度、未动用层的动用是增产稳产的关键。

因此，针对剩余油挖潜和边际油藏动用，提出并应用了侧钻和分段酸压改造一体化技术。针对纵向剖面动用程度不均，提出并应用了直井多级工具分层＋投球＋纤维暂堵酸压改造气举一体化技术。针对长水平段的水平井，提出并应用了多种分段完井改造技术。针对早期裸眼完井的水平井，提出并应用了裸眼完井的酸化酸压工艺。同时在不同井型的改造中，根据低压高含水老井的需要，分别使用了自生泡沫、加强助排、增能置换等技术。

2.5.1 开窗侧钻分段酸压改造一体化技术

2.5.1.1 拟解决的生产难题

针对多年高速开发后剩余储量挖潜难度增大的难题。老井眼开窗侧钻井具有周期短、投资低、见效快的特点，结合剩余油分布状况对油田老井实施侧钻，能有效恢复老井产能。但以往通常侧钻是裸眼完井，侧钻井投产改造方式一般采用笼统酸压或者遇油膨胀封隔器和永久封隔器（悬挂封隔器）小分段酸压（一般不超过 3 段）。近年来，根据 R 油田带凝析气顶具边底水的层状碳酸盐岩油藏的特点，开发了一套开窗侧钻分段酸压改造一体化技术，现场应用效果显著。

该技术的目标是利用地质工程一体化的思路和理念，在开窗侧钻和对侧钻井改造的时候解决如下难题，实现降低完井成本、效益挖潜剩余油。

（1）带凝析气顶和边底水的水驱油藏剩余油分布复杂，如何利用老井系统、规模地侧钻挖潜。

（2）在没有随钻测井情况下，层状碳酸盐岩储层的侧钻水平井轨迹跟踪调整。

（3）带气顶和边底水的薄油环储层改造优化。

2.5.1.2 主要技术内容

（1）剩余油分类刻画及侧钻挖潜技术。

① 分类刻画剩余油分布，精细地刻画了储集体在井间的尖灭位置、尖灭形态和连通关系，在垂向上，清晰刻画了稳定隔层分布范围，根据剩余油聚集特征将剩余油分为 4 类：油藏边部剩余油、油藏内部剩余油、断层控制剩余油以及气顶周围滞留油，结合四性关系剖面，叠置地质甜点与工程甜点，以此为依据进行分段压裂段间距优化，结合物性及含油气性差异对全井进行个性化规模设计。

② 创建不同剩余油类型的侧钻挖潜模式：针对油藏边部剩余油、油藏内部剩余油、油气界面滞留油三类剩余油的分布特点，结合油水关系、油气关系特点，结合老井井身结构，建立了水平井油水过渡带挖潜模式、定向井与水平井联合外围低渗透挖潜模式、定向井内部加密和完善井网挖潜模式、水平井提高层间动用程度挖潜模式、定向井油气外边界挖潜模式、水平井油气内边界挖潜模式等 6 种模式。

（2）基于气测录井的侧钻水平井跟踪技术。

① 建立气测全烃与测井孔隙度定量响应图版，识别有利储层。气测录井中烃类总组分的高低又取决于储层孔隙度和含油气饱和度的大小，因此对气测录井开展深入研究，气测录井烃组分值的高低反应储层物性的好坏，而测井解释同样可以反映储层物性，因此，可以利用已知井气测烃组分与测井孔隙度建立关系图版，进而间接实现随钻的储层识别。

② 改进气测录井油气层解释图版，识别油气界面、油水界面。通过对各烃组分比值进行敏感性分析，结合原油和气顶原始组分分析，创新性地优化了油区的烃组分比值。

改进的气测解释图版能够较好地区分气层和油层。

③ 随钻建模跟踪保障水平井钻遇率。通过测井孔隙度与气测录井全烃对数呈线性关系，测井油气饱和度与气测录井全烃对数成对数关系，结合随钻气测录井全烃值解释储层孔隙度、含油气饱和度，指导侧钻水平井轨迹调整。

（3）低压力保持程度下带气顶和边底水薄油环的侧钻井酸压参数优化技术。

① 油藏数值模型与地质力学模型耦合。应用数值模拟方法考虑储层敏感性来优化侧钻酸压裂缝规模时，建立流固耦合模型，进而模拟地层压力下降对储层的影响。结合油气藏的碳酸盐岩储层和盖层的岩石物理性质、以往酸压的力学参数建立地质力学模型，与带气顶和边底水的油藏模型进行耦合，进而建立流固全耦合模型分析储层敏感性对侧钻井储层改造的影响。

② 优化储层酸压改造参数。结合流固耦合模型明确储层应力敏感性对地层压力、剩余油气分布影响的基础上，对侧钻水平井的酸压裂缝半长、裂缝高度、压裂段数、裂缝导流能力等进行优化，指导实现合理的合理避水、避气，进而提高侧钻井产能。

（4）侧钻井钻井施工技术和完井改造工艺优化。

① 侧钻井开窗及钻井施工工艺改进。优选出套管开窗最优方式，确定套管开窗的施工措施；对靶前位移、造斜点、造斜率、摩阻扭矩等关键要素进行综合分析和优选，形成了侧钻轨道设计优化方案和轨迹控制；依据地层特点和岩石力学分析，优选出小井眼PDC钻头有效提升定向钻速和利于定向作业，同时应用提速工具实现进一步提速和降摩减阻；对小井眼结构和螺杆钻具定向钻进条件下造成循环压耗大、泵压高、排量选择受机泵制约等特殊情况，形成小井眼侧钻井钻具组合和钻井参数的优选；形成钻井液体系优化配方和维护措施以保障井壁稳定和安全钻井。

② 侧钻井完井改造工艺改进。针对分段完井工艺特点并结合难动用储层的特点、井眼复杂程度并进行加强型遇油膨胀封隔器结构优化设计，有效解决完井管柱一次性下入、分段酸压"跑、冒、窜"问题，完成分段完井技术的适应性应用，形成适合于难动用储层侧钻井分段完井及分段改造的操作规范与流程。

2.5.1.3　技术的新颖性

（1）带气顶和边底水薄油环6种老井侧钻挖潜模式。

基于剩余油分类刻画创建了6种老井侧钻挖潜模式，明确了带气顶和边底水水驱油藏剩余油侧钻挖潜方向，年侧钻井数提高到原来的3倍。

（2）层状碳酸盐岩侧钻水平井提高钻遇率。

打破了气测录井与测井之间的壁垒，创建了气测录井与测井解释响应图版，在没有随钻测井和中完测井的情况下侧钻水平井油层钻遇率由47.3%提高到了71.7%。

（3）带气顶和边底水薄油环侧钻水平井储层改造优化。

创建了带凝析气顶和边底水油藏流固全耦合数值模型，优化酸压裂缝规模实现了合理的避气和避水，侧钻水平井增油量由14.9 t/d提高到19.7 t/d。油藏数值模型与地质力学模型结合，确定了低压力保持程度下地应力和剩余油、气、水的分布，综合优选了侧钻水平井酸压改造的最佳缝高、裂缝半长、裂缝级数，有效提高了储层改造效果。

（4）完善了侧钻井安全高效钻井和低事故。

攻克开窗侧钻小井眼钻井技术难题，实现安全高效钻井，平均钻井周期缩短 10.56 天和 18.89%，复杂时率低至 0.26%。

（5）完善了侧钻井有效分段完井及分段改造施工。

形成难动用储层侧钻井分段完井及分段改造的操作规范与流程，并完成加强型遇油膨胀封隔器结构优化设计，确保完井管柱一次性下入成功率 100%，分段酸化封隔器坐封成功率 100%。完井一趟管柱完井工艺可以实现分层段测试、措施，节约工期，并可有针对性地对目的层进行储层改造。

2.5.2 直井多级选择性分层酸压工艺技术

直井多级选择性分层酸压可采用限流射孔、水力喷射、投球暂堵、液体胶塞、封隔器等技术，各种技术均有其适用条件，现场实施成本、周期、设备及施工人员要求也不尽相同。由于封隔器分层具有准确、针对性强的特点，成为分层酸压首选工艺技术。而当隔层较小，封隔器无法应用时，投球分层改造是主要选用的技术体系。当采用封隔器分层后，在各层还有较多小层时，考虑封隔器和投球组合工艺解决。针对地层天然裂缝发育区或重复改造时，采用纤维暂堵裂缝的工艺技术，对天然裂缝系统或者前期酸压裂缝进行暂堵，达到对其他低渗透储层的挖潜动用。以上分层工艺与前置液酸压、稠化酸多级注入酸压、乳化酸酸压等多种工艺技术相结合，可以达到最大改造效果。

2.5.2.1 选择性分层酸压工艺

海外项目结合油气藏储层特点和分层数需求，主要应用了以下三种选择性分层酸压技术。

（1）投球及多次投球工艺技术。

投球选择性酸压是通过投入适当橡胶球，暂堵已经改造过层段的射孔孔眼，强制酸液转向进入其他层段的工艺技术。其工艺原理是，依靠储层所有射开层段之间的破裂压力或者物性差异。在各射孔段计算孔密时考虑到破裂压力的差异，并考虑孔眼摩阻。根据储层特征，可以采用一次投球、二次投球和多次投球方法。如果储层同时满足双封隔器改造的条件，可以在封隔器分层的条件下，对下部层段投球选层酸压，实现更精细改造。

哈萨克斯坦阿克纠宾项目 R 油田储层石灰岩发育程度高，油层碳酸盐含量大于 97%，层段间岩性差异不大，钻井很难采取到完整的岩心样品，缺乏岩石应力试验结果。而酸压曲线分析获得的储层破裂压力又受到酸反应、天然裂缝起裂等的影响，井层之间差异较大。因此，对于投球选择封堵层段是以测井解释结果和产液剖面测试结果为主要依据。

根据测井解释和产液剖面统计分析,建立了投球选压工艺技术确定选择性封压层位的方法,具体见式(2.54)。

$$N=(h_{low}\alpha+h_{high})N_{den}\beta \tag{2.54}$$

式中 N——设计堵塞球数量,个;

h_{low}——较差射孔段厚度(单一层段>20 m);

α——非均质系数(一般根据测井剖面选取值在0.3~0.5之间);

h_{high}——较好射孔段厚度;

N_{den}——射孔孔密,16个/m;

β——封堵有效安全系数,取1.1~1.25。

对于没有测井解释结果和产液剖面的井层,则根据其层位的综合动用系数进行计算,具体见式(2.55)。

$$N=h_{total}\eta\beta \tag{2.55}$$

式中 h_{total}——射孔总厚度;

η——不同层位的综合动用系数;

β——封堵有效安全系数,1.1~1.25。

例如ΓⅢ层一口老井射孔层段总厚度为30 m,射孔密度16个/m,层位动用系数为67.4%,封堵有效安全系数,取1.25,则计划封堵的堵塞球个数为30×57.4%×16×1.25=344.4个,实际投球取数345个。

(2)封隔器分层酸压工艺技术。

封隔器分层管柱组合主要包括单封隔器、双封隔器和桥塞与封隔器组合3种方式。

① 封隔器分层酸压管柱。以R油田封隔器分层管柱组合举例,主要包括2个酸压封隔器、滑套开关和水力锚等工具(图2.41)。封隔器坐封后可以承受60~70 MPa的压差,并且装有正、反水力锚,能够固定封隔器的位置,防止施工过程中由于油管内外压力变化引起的伸缩错位,该工具组合可以满足完成下部改造目的后,在不动管柱的情况下投入钢球打开上部滑套并封堵下部射孔层段,对上部射孔层段进行改造,一次上下管柱作业达到针对性改造两个层位以上的目的,而几个层位的工艺、液体可以完全不同,改造针对性特点突出,有效性高。

② 封隔器分层坐封原则。封隔器坐封要求较为严格,必须满足的基本条件包括:固井质量合格;坐封位置避开套管接箍;封隔器下放前应采用配套通井规进行通井作业,防止下放过程中损害密封橡胶圈。

同时,从工艺要求角度而言,封隔器坐封位置必须能够保证使上下两个层段分别达到改造的目的,这就要求:两个射孔层段之间

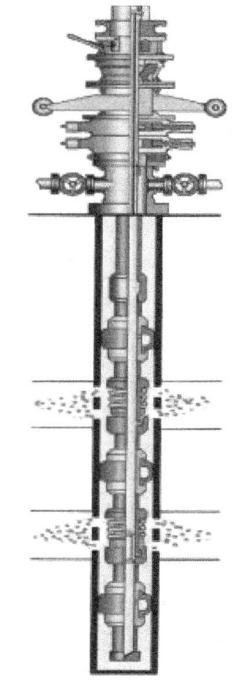

图2.41 封隔器分层酸压示意图

必须有足够的隔层，满足封隔器坐封的长度要求。封隔器器位置的设计必须合理、准确，有利于完成和优化储层改造达到最好的效果。隔层必须满足缝高遮挡的要求，防止施工过程中酸液沿着裂缝形成纵向的层窜，达不到封隔目的。

③ 封隔器分层酸压的井层优选和坐封深度优选。工具分层的上下层段划分不单是以储层物性的好坏为依据，还要根据射孔层段的分布特征、隔层厚度是否满足工艺要求进行。隔层的厚度一般大于 8 m，只要满足封隔器坐封条件和缝高控制要求，均可以根据井层的具体特点选定封隔器进行分层酸压改造。

另外，可以结合产液剖面测试结果、测井解释结果、试井解释结果、首次酸压施工曲线等，判断首次酸压裂缝起裂方位、裂缝尺寸、不同产层产液情况、动用程度、非均质性等因素，从而为封隔器坐封位置的确定提供较优的选择，达到提高纵向动用程度的目的。

（3）多封隔器 + 多次投球 + 多次纤维组合分层改造技术。

封隔器 + 投球分层 + 多次纤维组合分层改造技术是将封隔器分层、投球选择性酸压和纤维等暂堵剂相结合的工艺技术。其特点是用封隔器将隔层跨度较大的层段分开，然后针对下层符合投球分层改造条件的层段进行选择性酸压改造。封隔器投球分层是目前针对最复杂井层采取的对应性改造措施，从改造效果来看，工艺选择的井层适应性较强，改造效果显著，但同时复杂的井层状况和分段处理方式本身需要更为细致的优化研究。

① 井层跨距大、射孔总厚度大，封隔器卡封位置的合理选择成为关键。对于同时存在几个满足封隔器坐封工艺要求的井层，封隔器的具体坐封位置应该据储层特征进行优选，主要参考依据为封隔器封隔上、下部储层的射孔厚度、测井解释结果或者产液剖面的非均质性。

针对已经酸压改造的重复改造井，首先要根据产液剖面、测井解释结果、酸压施工曲线、试井解释结果等相关数据进行分析，确定首次酸压改造层位，结合邻井及油藏数据分析剩余可采储量及改造可行性，从而确定封隔器较优的坐封位置，达到纵向上均匀改造、最大程度动用储层的目的。

② 隔层厚度的下限选择。依靠岩性变化的隔层有效遮挡而达到封隔器上下两个层段的分别改造，缝高突破隔层的风险性较高，很有可能导致储层近井上下连通而使封隔器失效。因此，隔层厚度的下限选择应考虑岩性变化应力差、物性和缝洞发育引起的应力差以及储层亏空造成的附加应力差等对缝高延展的影响。

2.5.2.2 分层酸压气举生产一体化工艺

针对气举开发油田的特点，尤其是油藏动用程度低、产液 / 吸液剖面矛盾突出，改善剖面，提高动用，采用了分层酸压气举生产一体化配套工艺。

酸压后转气举井，如采用压差式封隔器，则为开式气举管柱；如采用机械旋转坐封封隔器，则为半开式气举管柱；而专门下入气举完井管柱的井，为半闭式气举管柱，只要向管柱中的坐放短节中投入平衡式单流阀即可将半闭式管柱转变为闭式管柱（图 2.42 和图 2.43）。

2 海外油田高速开发后综合治理特色工程技术

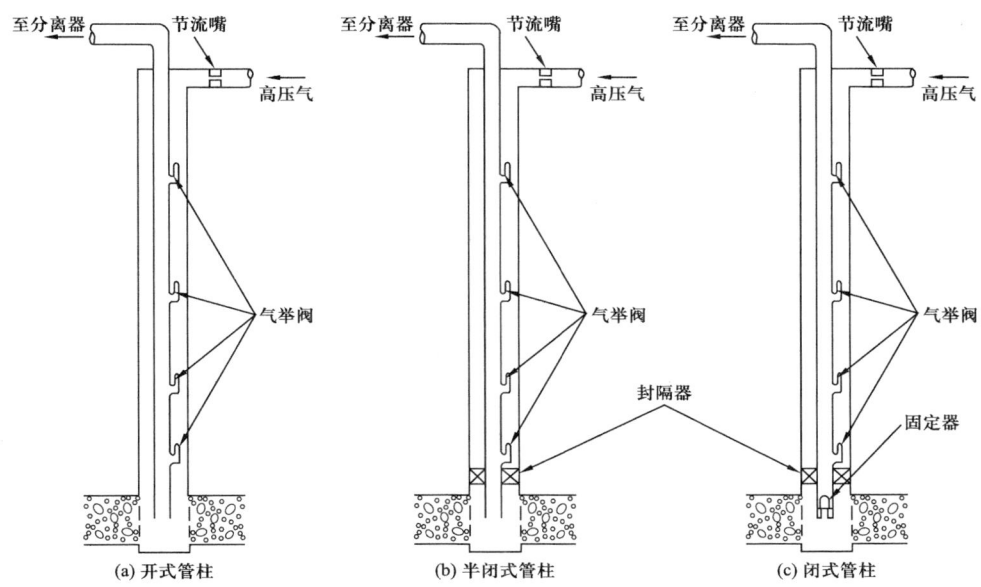

图 2.42 气举井单管柱组合

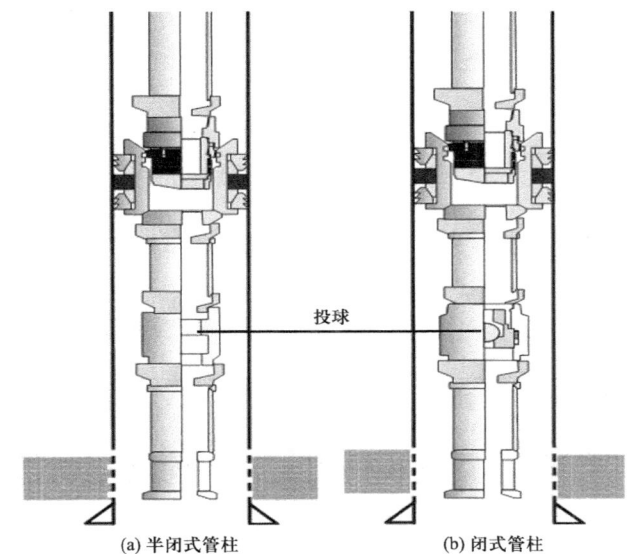

图 2.43 R 气举完井管柱工艺示意图

推荐使用的工具能满足以下井况条件的实施：
（1）适用于直井和井斜小于 30°的井。
（2）适用于 RTTS 封隔器下入深度小于 5000 m 的井。
（3）适用于施工压力高（井下最大工作压差 80 MPa）的井。
（4）适用于不同井下温度条件（根据井下温度需要配置，最高可配置到 150 ℃）的井。
（5）根据需要，可配置适用于 H_2S 腐蚀、CO_2 腐蚀的井和无腐蚀的井。

（6）适用于油井、气井。

（7）适用于压裂、酸化、压裂等不同改造工艺的井。

（8）适用于新井及老井重复改造。

2.5.2.3 多级选择性分层酸压参数优化设计

分层酸压参数优化包括了酸蚀裂缝导流能力、裂缝形态的控制以及施工参数的优选等，和常规酸压设计的目标一样，都是为了对酸液的选择，施工工艺和产量预测提供参考。

1) 酸蚀导流能力

R 油田主力产层均为碳酸盐岩，全岩分析表明方解石含量高，局部发育白云岩和灰质云岩，酸不溶物小于3%，适合开展酸压裂储层改造。岩板及闭合酸化导流实验表明整体酸蚀裂缝导流能力水平在 20～80 D·cm（图 2.44 和图 2.45）。

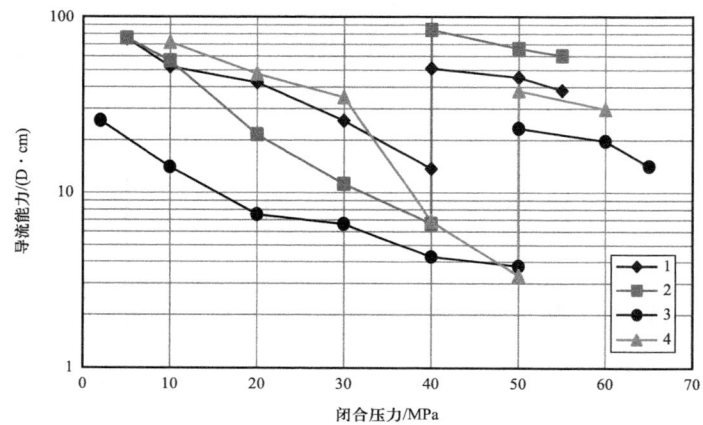

图 2.44　2399A 和 234 井岩心进行酸蚀裂缝导流能力曲线

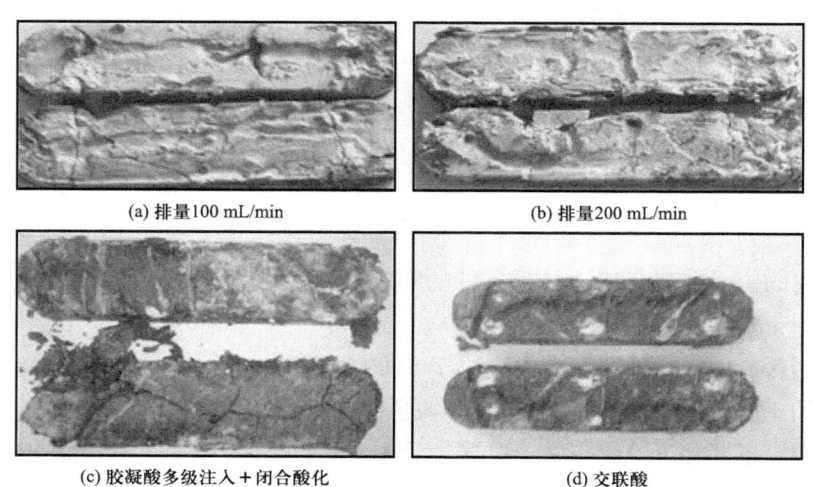

图 2.45　不同酸液工艺及排量岩板溶蚀孔槽

2）多级分压裂缝形态及控制因素

储层岩性较纯，层间应力差异小，缝高控制困难；储层破裂压力较高（表2.26），多段射孔井层缝高扩展并不能完全贯穿多个层段（图2.46）。两个看似矛盾的认识表明，对于大跨度直井酸压必须合理分层，合理分层的基础是地层的地应力对裂缝形态的影响。

表2.26 加砂压裂闭合应力分析结果（2002年）

井号	作业	ISIP/MPa	ISIP梯度/MPa/m	p_c/MPa	p_c梯度/MPa/m	缝高/m	L_f/m
2125	minifrac	63.5	0.017 6	57.3	0.015 9	>60.0	21
2125	加砂压裂	72.4	0.020 0	58.1	0.016 0	72.7	103
2077	加砂压裂	78.4	0.022 0	>58.0	>0.016 0	>65.0	

注：ISIP—瞬时关井压力；p_c—闭合压力；L_f—裂缝半长。

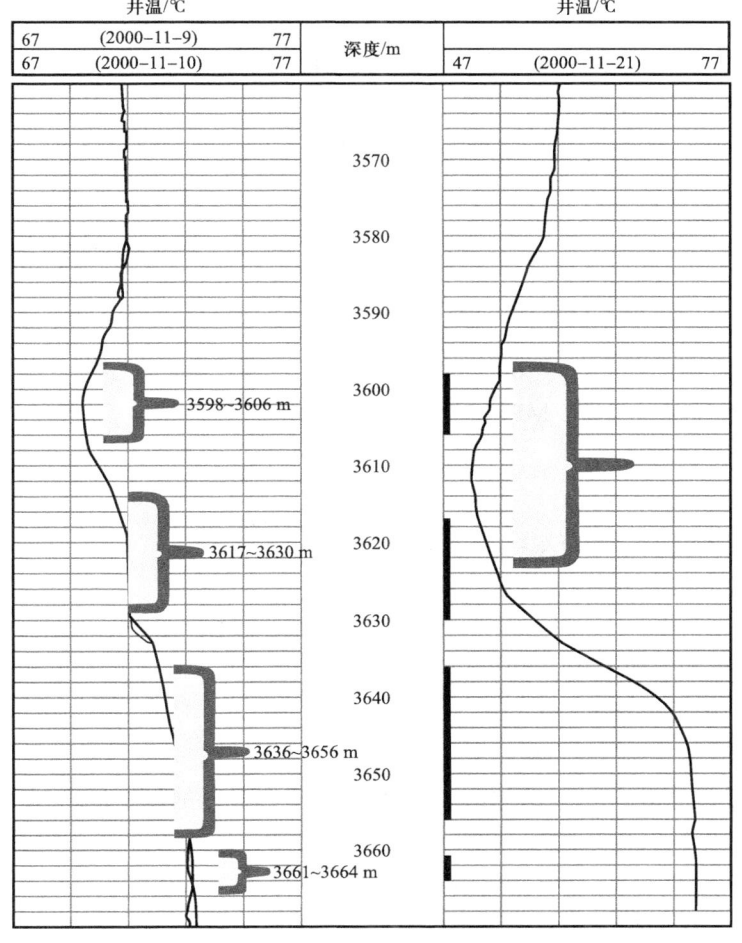

图2.46 2125井压裂测试前后井温测井成果图

但随着地层压力降低，有效最小主应力相应降低，并且由于闭合天然裂缝等的存在，潜在裂缝开启压力较低（表2.27）。

表2.27 现场监测瞬时停泵压力储层划分结果

类别	平均油压/MPa	停泵压力/MPa	排量/m³/min	吸液能力/MPa/(m³/min)	平均压前产量/t/d	平均单井产量/t/d	平均单井增产/t/d
ISTP=0（22%）	58.09	0.01	5.12	11.52	13.60	26.23	10.28
0＜ISTP＜10（47%）	68.92	5.00	4.00	17.95	7.00	37.25	19.17
10＜ISTP＜20（18%）	65.59	14.69	4.07	17.43	5.71	42.43	34.90
20＜ISTP（13%）	73.24	34.21	3.97	18.81	2.50	32.74	12.38

研究表明，闭合应力的大小会随着产层段不断产出亏空引起的孔隙压力降低而降低，对于生产层段，随着产出的不断增加导致上覆岩石应力全部作用传递到岩石晶粒框架上，这个过程导致储层水平有效应力（岩石晶粒间的应力）增加，Terzaghi经过多年对饱和多孔介质力学特性的研究，考虑两种力的综合影响提出了有效应力定理［式（2.56）］，而同时孔隙压力不断下降，远远低于初始值，因此需要判断总闭合应力随孔隙压力的衰减最终是增大还是降低，取决于两个值之间的变化差。

闭合应力的计算公式：

$$p_c = \frac{v}{(1-v)}(p_{ob} - \alpha p_o) + p_o + \sigma_x \quad (2.56)$$

式中　p_c——闭合应力，MPa；

v——泊松比；

p_{ob}——上覆岩石应力，MPa；

α——弹性系数；

p_o——孔隙压力，MPa；

σ_x——构造应力，在特定区块为常数，MPa。

岩石有效应力的计算公式：

$$\sigma = p_{ob} - p_o \quad (2.57)$$

式中　σ——岩石的有效应力，MPa；

p_{ob}——上覆岩层压力，MPa；

p_o——地层孔隙压力，MPa。

闭合应力计算式解释了经典岩石力单轴应力模型引起的储层闭合应力变化，所有影响该作用的但又不随孔隙压力变化的因素引起的力学效应均可以线性相加到闭合应力上，对该计算公式求孔眼压力变化的偏导数变化得：

$$\partial p_c = \partial p_o - \frac{v}{(1-v)} \partial p_o \quad (2.58)$$

$$\frac{\partial p_{c}}{\partial p_{o}}=1-\frac{\nu}{(1-\nu)} \quad (2.59)$$

最终变化得到的方程表明裂缝闭合应力将直接随着孔隙压力变化而变化，其变化率是直接与泊松比相关的函数，对于上覆岩石应力不变的储层条件，如果泊松比的值为0.2，则随着孔隙压力降低 1 psi，闭合压力将降低 0.75 psi，相当于孔隙压力变化值的 2/3，不同泊松比条件下的变化率如图 2.47 所示。

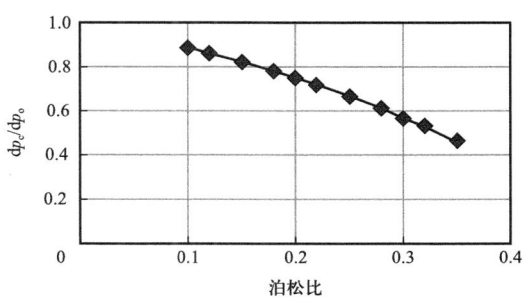

图 2.47 不同泊松比条件下孔压引起的闭合应力变化率

亏空的储层能在较低的压力下形成人工裂缝。实际油田生产过程中，累计产出与层段的物性直接相关，孔隙值大、渗透性好的储层产出较多，相对物性较差储层而言孔隙压力下降较快，闭合压力和裂缝延伸压力较物性差的层位要低，因此更易压开并延伸形成人工裂缝，而该变化引起的层间压力差，就成为物性分层缝高控制的基础，见表 2.28 和图 2.48。

表 2.28 岩性引起应力差计算结果

序号	井号	测井解释岩石密度 /（g/cm³）			有效应力差 /MPa	
		产层上部	产层	产层下部	Δp_{zs_s}	Δp_{zs_x}
1	3474	2.724	2.448	2.733	1.87	1.91
2	3443	2.655	2.535	2.759	1.21	1.67

注：Δp_{zs_s} 代表产层上部层段与产层的应力差；Δp_{zs_x} 代表下部层段与产参的应力差。

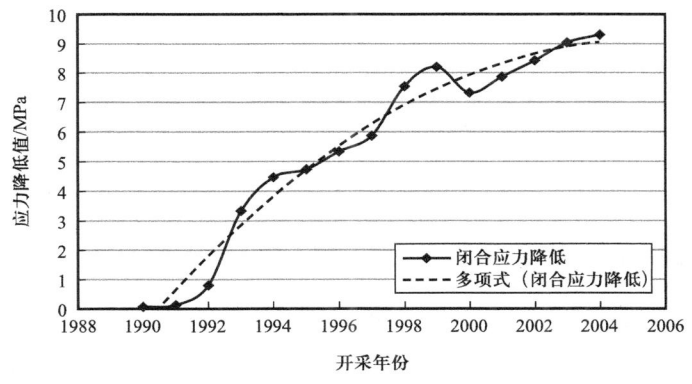

图 2.48 ΓⅢ层不同开采年份下的储层应力降低值

3）多级分压施工参数优化

对不同储层条件下的单井产能进一步进行分析，数值模拟预测表明，对于渗透率小于 0.5 mD，储层动用厚度小于 15 m 的产层，单井 3 年累计产量较低（表 2.29）。

表 2.29　直井不同动用储层厚度产能分析

有效渗透率/mD	动用厚度 H_e/m	缝长 50m 产能			
		日产（3个月末）/m³	累计产量（3个月）/m³	日产（3年）/m³	累计产量（3年）/m³
0.1	5	1.66	202	1.26	1 558.0
	15	5.03	608	3.77	4 676.0
	30	10.06	1215	7.54	9 360.0
0.2	5	3.14	342	2.33	2 874.0
	15	9.04	1025	7.00	8 622.0
	30	16.88	1913	13.08	16 095.0
0.5	5	3.19	365	2.47	3 040.0
	10	13.64	1446	10.05	12 786.0
1.0	5	12.77	1312	7.77	11 189.0
	10	25.54	2624	15.54	22 379.6

渗透率小于 0.5 mD 的储层，优化缝长 70~90 m，大于 1 mD 的储层，优化缝长 40~60 m，优化模拟结果如图 2.49 至图 2.52 所示。

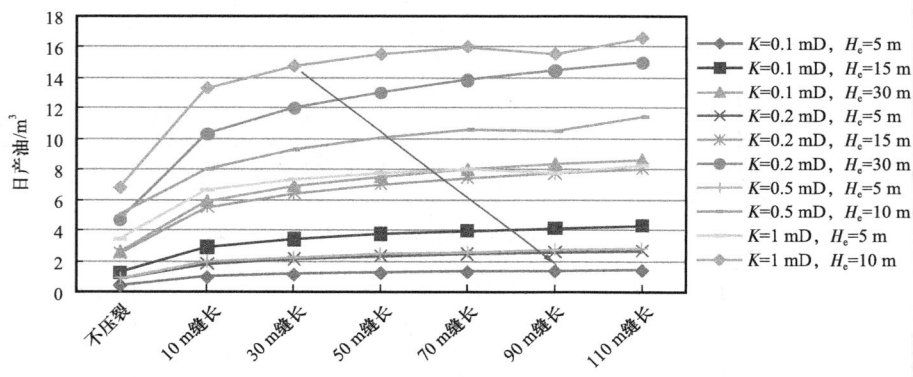

图 2.49　直井不同动用储层厚度产能分析（3年末）

2.5.3　长水平段固井完井分段改造工艺

大于 1000 m 的水平段为长水平段，对于套管固井完井可选的施工工艺主要有机械坐封封隔器＋可开关滑套、速钻桥塞多级分段改造、可溶桥塞多级分段改造、连续油管喷砂＋底封拖动分段改造等，不同的施工工艺特点及适用井层各有差别。

2.5.3.1　机械坐封封隔器＋可开关滑套分段改造工艺

机械坐封封隔器＋可开关滑套分段改造工艺（图 2.53）可以实现改造后直接投产，

是真正改造投产一体化技术,它使用分级投不同直径的树脂球等打开滑套、分段改造,具有连续施工,节约时间的特点,且滑套可根据需要重复开关,也可实现后期找堵水和二次作业。此种工艺一趟管柱可实现15~45段压裂,可实现射孔、管柱投送、坐封、丢开、逐段压裂、压后管柱回收一次完成。

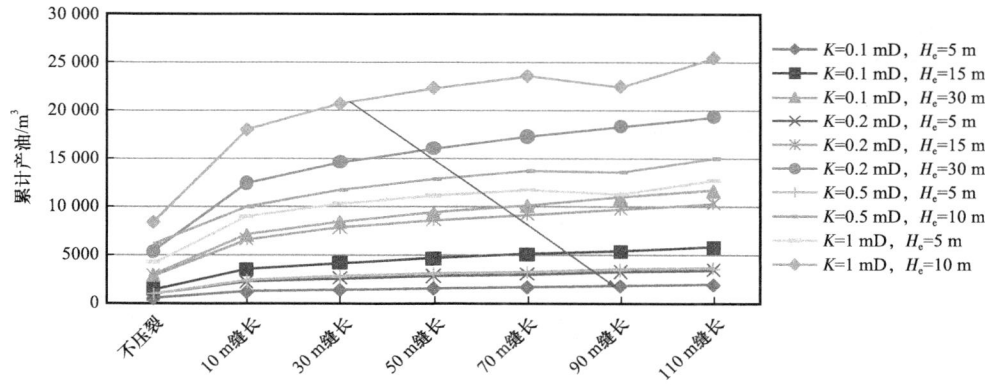

图2.50 直井不同动用储层厚度累计产能分析(3年末)

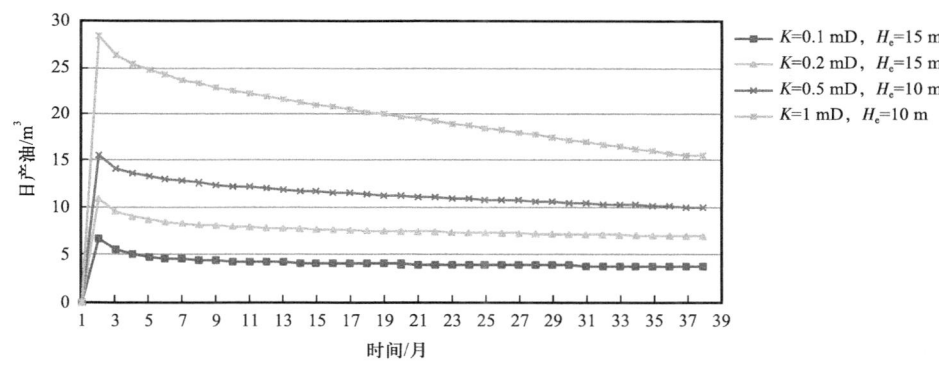

图2.51 直井10~15 m层厚不同渗透率下日产产能分析(50 m缝长)

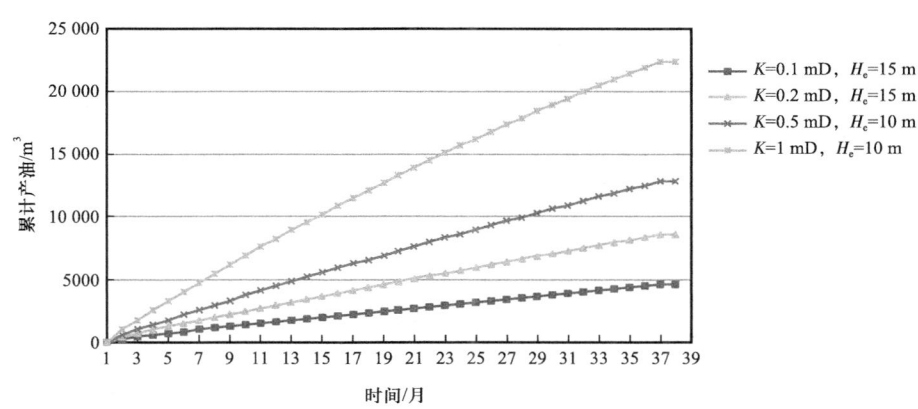

图2.52 直井10~15 m层厚不同渗透率下累计产能分析(50 m缝长)

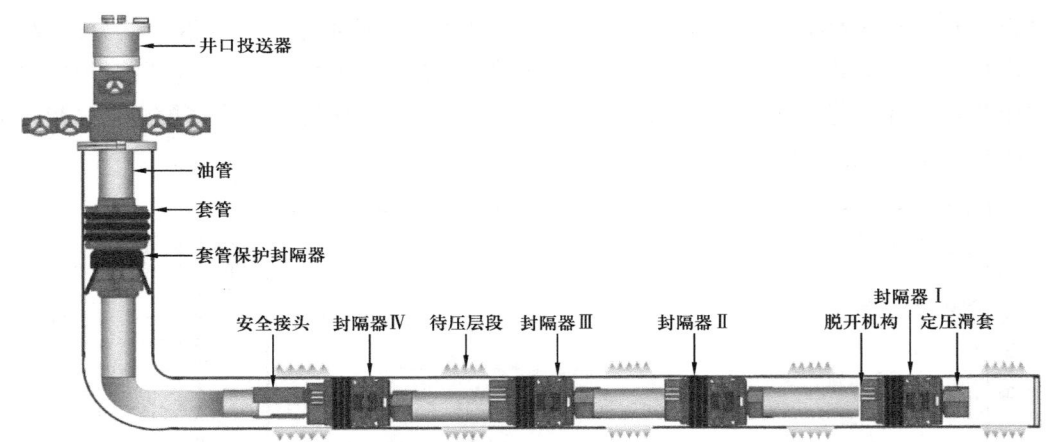

图 2.53 机械坐封封隔器 + 可开关滑套工具图

但是该工艺需要首先射开所有层段,且由于提前沟通了储层,下管柱过程中需要压井作业。对前期射孔段优化要求高,且后期再次进行优化调整的可能性小。

2.5.3.2 速钻桥塞多级分段改造

速钻桥塞多级分段改造工艺将桥塞坐封与射孔连作(图 2.54),一次作业实现下部已改造层位的封堵和下一层段的射孔沟通。具有压裂段数不受限制、可靠性较强的优势,且压裂后可一次钻掉所有桥塞,实现井筒的全通径,有利于后期修井、测试等生产作业工具的下入。

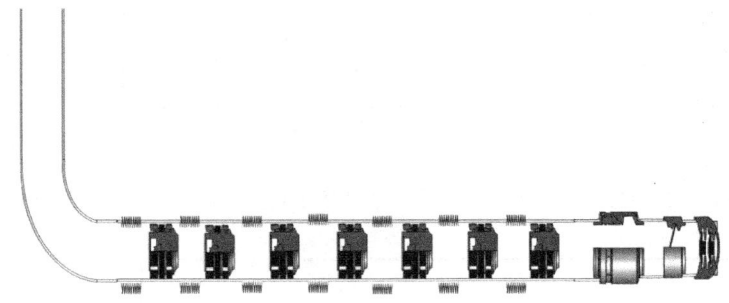

图 2.54 速钻桥塞多级分段改造工艺图

但是该工艺需要多次泵入桥塞作业(图 2.55),作业时间较长,且存在的不确定性较大,同时,作业后需要进行钻塞作业,费用高、钻塞效果往往不理想。

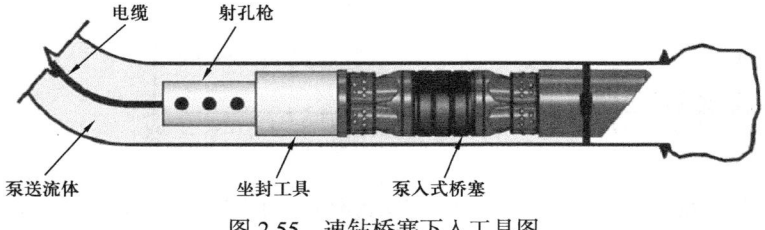

图 2.55 速钻桥塞下入工具图

可溶性桥塞采用高强度可溶的金属材料,由可溶复合卡瓦和快速可溶胶筒组成,压裂段数不受限制,且压裂后无须钻塞,可以直接投产。但是,此项技术目前应用较少,可靠性暂时不能保证。

2.5.3.3 连续油管喷砂+底封拖动分段压裂或酸压

连续油管(CT)喷砂+底封拖动分段压裂或酸压工艺(图2.56)是依靠底部封隔器实现上下段的隔离,同时依靠连续油管对封隔器实现重复解封、上提、坐封、喷砂射孔、环空加砂等作业,实现连续施工的目的。施工结束后连续油管可留在井内作为生产管柱或者气举管柱,避免压井作业,也可提出井筒,根据生产需要重新下入生产管柱。

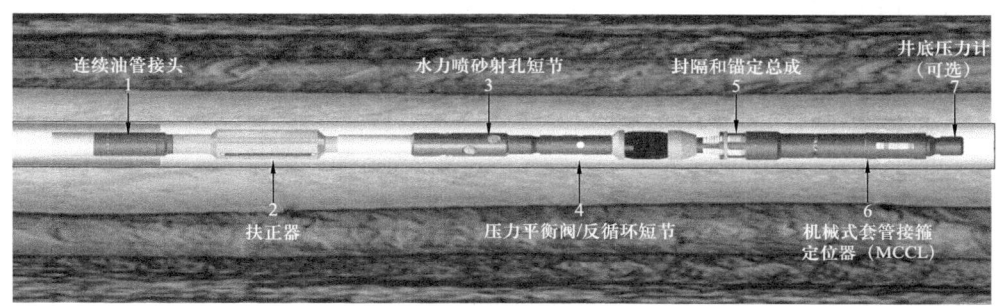

图 2.56 CT 拖动工具结构

连续油管内水力喷射工具结构如图 2.57 所示。

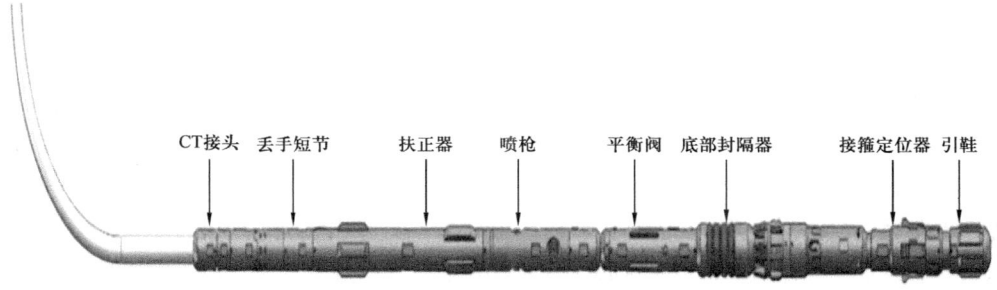

图 2.57 CT 射孔工具结构

2.5.4 海外早期裸眼完井的酸化酸压工艺

2.5.4.1 裸眼分段改造一体化完井优势

裸眼完井是海外项目早期开发最常见的一种完井方式,主要用于碳酸盐岩等坚硬地层和不坍塌致密地层,特别是一些垂直裂缝地层。对于岩石疏松的储层、存在明显的泥页岩夹层储层、钻遇断层的储层、水平裂缝储层、需要后期改造的中低渗透油气层等情况,从防止井眼坍塌和提高产液量两方面考虑,不宜采用裸眼完井。

裸眼分段改造一体化完井,在水平井段利用裸眼封隔器分段,满足分多段独立进行改造和作业功能，以达到不同储集类型储层都有产能贡献、提高采收率的目的。

水平段采用 2 只以上遇油膨胀封隔器 + 分层压裂滑套 + 永久封隔器（或悬挂器）等完井工具对该井裸眼井段实现分段设置。分段完井的配套工具包括：井下安全阀、膨胀尾管悬挂器、遇油膨胀封隔器、层间滑套等，其结构图如图 2.58 所示。

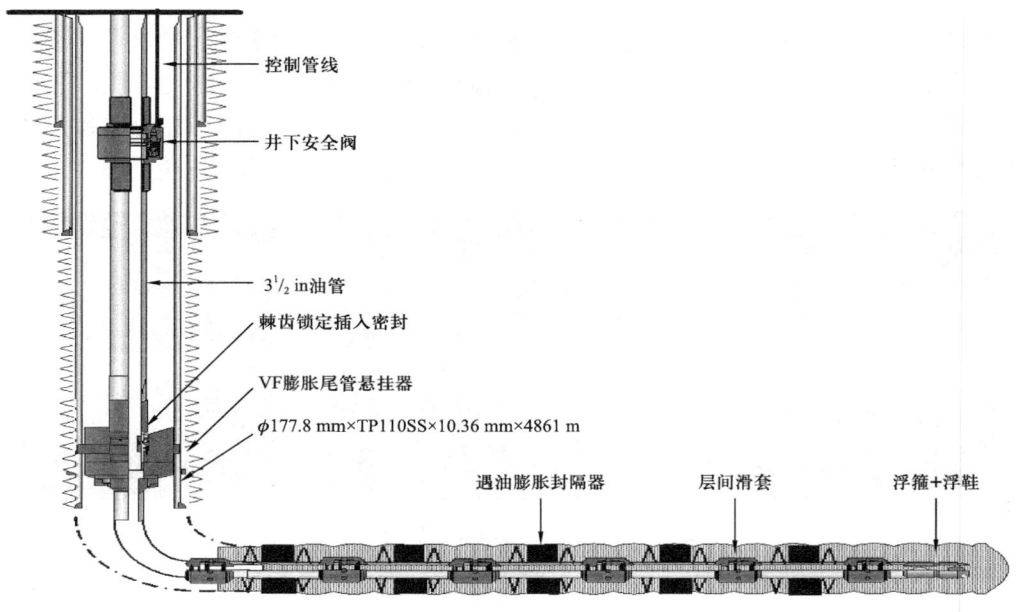

图 2.58　分段完井一体化管柱结构

（1）膨胀悬挂器：采用 VF 膨胀式尾管悬挂，不用固井。该悬挂器利用金属挤压变形的原理通过胀锥使悬挂器的可膨胀本体发生径向形变紧贴于上层套管内壁上，从而实现挂管。它能够成功地解决尾管顶部封固质量差以及常规尾管悬挂器存在的潜在提前坐封的风险问题。此类悬挂器在国外已经开始大规模推广应用，且取得了良好的应用效果，并成功地在尾管钻井中应用。

（2）遇油膨胀封隔器：多只膨胀封隔器分段，技术成熟。膨胀封隔器的个数根据分段需要而定。

（3）层间滑套：采用球座式压裂滑套可实现自下而上逐段独立进行酸压改造。

2.5.4.2　裸眼分段完井工艺

一次完成的分段酸压施工通常包括：井筒准备，分段完井管柱入井，替液，ABV 悬挂器坐封，脱手、起出送入管柱，完井生产管柱入井、回插，酸压措施准备等。分段完井工序为：

（1）原钻头通井，通至井底时上提钻柱 2 m，开泵循环钻井液至进出口钻井液性能一致。

（2）用刮削器刮壁、反复刮削悬挂器位置 3～5 次。

（3）下双螺旋扶正器模拟管柱通井，通至井底后循环钻井液2周之后在裸眼段进行一次短起下。

（4）下由双螺旋扶正器+通井短节组成的模拟管柱通井，通到人工井底后上提2 m，循环钻井液，之后在裸眼段进行一次短起下。

（5）下由双螺旋扶正器+通井短节组成的模拟管柱通井，通到人工井底后上提2 m，循环钻井液，之后在裸眼段进行一次短起下；短起完成后配置稠浆扫井眼，循环完成后，根据井眼状况调整钻井液性能，用原钻井液配置裸眼段润滑封闭浆顶替稠浆。

（6）下全通径可控分段压裂管柱，下入过程要缓慢，每30根套管或10柱钻杆灌一次浆、接入的管柱每根都需要通管。

（7）用完井液替浆，替浆结束后投球，待球至管柱球座内憋压胀封裸眼封隔器与悬挂封隔器，之后继续加压至悬挂器丢手，起出送入钻柱。

（8）安装井口，装大四通，下气举分段完井一体化管柱，待密封回插管插入到位后环空及管内打压20 MPa验封，验封合格后进行酸压施工。

2.5.4.3 气举和酸压一体化管柱及酸化酸压技术

（1）下完井分层酸压和气举一体化管柱需要注意事项。

① 按管柱结构顺序组接工具入井。

② 连接MHR封隔器入井，特别注意防止MHR胶筒、卡瓦碰挂到V字门、钻台等处。

③ 下管柱。油管内螺纹不抹螺纹油，只在油管外螺纹端抹少量螺纹油。所有油管、变扣等入井前均使用73 mm的通径规通径合格。下钻过程中每15根灌浆一次；每1000 m正循环打通1次，井口返浆即可。

④ 圆头盲堵出7 in套管鞋之前，测上提、下放悬重，循环钻井液一周。

⑤ 将水平分段酸压管柱按照管柱表下入到设计深度，坐入油管挂。进行试循环，在没有后效的情况下进行下一步。

⑥ 井队做好准备，快速拆防喷器，装采油树，减少期间井口井控风险。

（2）裸眼分段改造优化设计考虑的因素。

一套完整的水平井水力裂缝优化程序应该包括如下三部分：以产能为优化目标函数的水平井压裂油藏数值模拟、裂缝模拟和经济评价。

裸眼酸化酸压设计需要关注的因素主要是裂缝方位，不同的地应力方向与井筒方位的匹配会影响裂缝形态。当然裂缝参数，包括裂缝条数、裂缝长度和裂缝导流能力是影响压后水平井产能的重要因素，储层本身的渗透率越高，对裂缝段数的需求越小，其压力在储层中的传递速度越快，同样对缝长的需求越小，但相对于渗透率低储层，缝长太短则影响其稳产效果。但在工艺允许的情况下应尽量使得压裂裂缝沿着水平井筒均匀分布并适当加大外侧裂缝的压裂规模，形成"均匀布缝、外长内短"型裂缝，有助于进一步提高分段压裂水平井产量。

（3）分段酸压施工程序如下：打开采油树清蜡阀，投最下一级压裂滑套对应规格树脂球到主阀上，关闭清蜡阀。泵车补压至原油平衡压力，打开主阀球入管内；用前置液以 0.5 m³/min 的稳定排量泵送树脂球入座；当油压突然升高 13 MPa 后又降回原泵送压力说明第一级球座打开。对第一层进行酸压施工。施工结束关闭主阀，油套泄压至零；依次由下至上投入各级压裂滑套对应规格树脂球，打开压裂滑套、对目的层按设计进行酸压措施；气举排液、放喷求产，结束施工。

2.6 自适应 AICD 筛管控水技术

自适应控水工艺技术是以均衡产吸液剖面为目标的分段液流控制完井优化设计方法。根据油田储层特性、油藏状况、井口产量等参数，通过对各段生产压差来针对性地布置的完井方案或配置相应的控制阀大小，使得油井每段的流动阻力均衡，并且使油井各段生产压差相同，从而达到产液量均衡的目的。控水完井有多种形式：管外膨胀封隔器（ECP）+ 筛管/压裂滑套完井、选择性射孔完井/变密度射孔、变密度筛管完井、调流控水筛管完井、特殊的流动控制装置（ICD、AICD）完井以及智能完井等，这些方式的共同点都是通过控制各段的流动压降达到出液平衡。

2.6.1 有关 ICD/AICD 控水完井装置的基本原理

ICD 最初是作为流入控制装置（Inflow Control Device）的一个理念或通用名词出现的，后来当 ICD 的理念被引入完井技术后，各大油气服务公司制造了各种专用的 ICD 工具，可以在采油控水、井筒防砂和均衡注入等技术上使用。ICD/AICD 控水完井作为智能完井的一部分，往往包括了早期的被动式流入控制装置（Inflow Control Device，ICD）、流入控制阀（Interval Control Valve，ICV）和自动流入控制装置（Autonomous Inflow Control Device，AICD）。根据 ICD 控水单元限流方式的不同，ICD 控水单元分为通道式、喷嘴/孔板式和混合式。AICD 根据调节限流强度的机理不同，分为三种类型，浮力调节式、膨胀调节式和水力旋转式。

ICD/ICV/AICD 三者之间存在区别。ICD 控水完井最大的特点是控水能力强，但 ICD 是被动的井筒流入控制装置，其限制是下井前需要确定控水段的位置和控水压差，一旦下井后则无法更改；ICV 控水完井，是一种通过在井下安装传感器侦测流体信号，地面控制单元根据流体信号并按照需要实时调节阀的开启度，通过井下节流调节各段注入与产出达到均衡剖面和控水的目的；AICD 控水完井，在被动 ICD 基础上开发的自动选择控制阀，可以根据所在完井段的流入流体的相改变（密度和黏度）自动调节内部限流机构的开度或自动选择节流路径，起到对油气水调节作用。而 ICV 的工作需要在井下调节流入控制阀开启度，对井下电机和电源的要求高，发展不如 ICD/AICD 控水完井成熟。

因此，海外项目使用了自适应 AICD 筛管的控水装置。自适应调流控水装置具有"主动式"调流控水功能。能够根据产层产液的变化自动调整所产生的附加阻力，达到均衡产液剖面、控制底水锥进的目的。

2.6.2 自适应 AICD 试管控水装置整体结构

海外应用的自适应调流控水装置由基管、内嵌导流套、节流控制器、内保护盖及整体外保护套等部分组成。其中,基管主要用于连接筛管及输送流体;内嵌导流套用于导流、定位及节流控制器的固定;节流控制器是整套装置的核心部分,主要起到控水稳油的作用;内保护盖是节流控制器上盖,用于保证进入流控水装置的流体流入节流控制器;整体外保护套用于保护整套控水装置的内部结构不受井内环境的干扰,并保证由筛管内流出的流体流入自适应调流控水装置。

自适应调流控水 AICD 阀装置采用特殊几何流道设计,不含任何活动部件。其工作原理为:由于油与水的密度和黏度不同,在特殊几何流道流动时,油和水在旋流过程压力能与动能的转化过程中,能量损失不同,水的流动压降较大,而油的流动压降较小,这样就起到"节流"低黏度的水、"开源"高黏度油的作用。

带有 AICD 阀的自适应控制装置是自适应控水的核心部分,决定装置的控水效果,为此,进行了装置对油水压力、流动速度、流线的影响研究。装置主要包括入口通道、节流喷嘴、节流通道、导流通道和中心出口喷嘴。装置的主体部分为圆形,可以促使密度相对较小的油在旋流过程中向中心流动,而密度较大的水在外侧旋转,其圆盘结构也进一步保证了整个装置具有自适应调节的特点。自适应控水装置节流控水性能测试结果如图 2.59 所示。

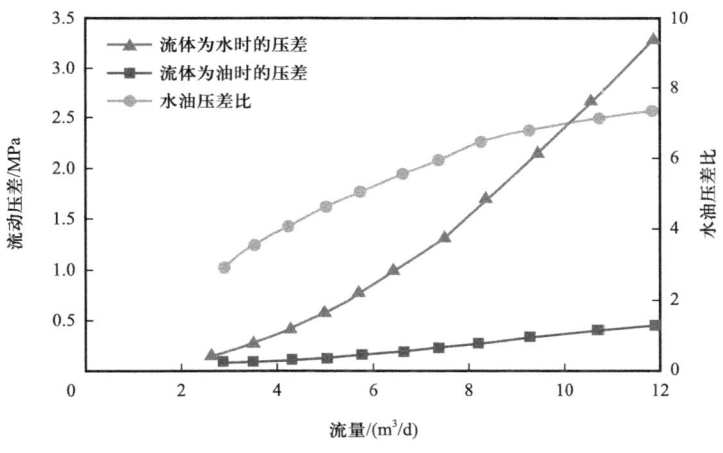

图 2.59 自适应控水装置节流控水性能测试结果图

见水前,封隔器将控水筛管和井壁之间的环空分隔为几个相对独立的流动单元,这样单元的流体不会窜流,控水筛管将各流动单元的流量控制均衡,保证油水界面比较整齐推进,延长无水产油期和无水产油量。

某流动单元见水后,水无法窜到其他流动单元,控水筛管降低了由于水的黏度大大小于油而引起的含水率大幅度提高的问题。假若油水黏度比为 100,同样条件下普通筛管中水的产量几乎是油产量的 100 倍,而控水筛管能将水的产量降低十几倍甚至更多,这样就大大降低了含水率,达到控水的目的,从而提高采油效率。

当自适应控水装置内的流体为纯油时,流动产生的流动压差始终保持在非常低的水平,随着流量增大,流动压差小幅度增加;而当通过流体为水时,流动产生的压差随流量增大而迅速增大。自适应控水装置具有对水高敏感性而对油低敏感性的特性。采用自适应控水装置分段完井后,在水平井未见水前,原油流经该装置时产生一定的流动压差,通过合理配置各水平段的自适应控水装置参数,使各生产井段内各位置处的生产压差基本一致,从而达到沿整个生产井段自动均衡生产压差和产液剖面、延缓边底水突进、延长油井无水产油期目的;油井见水后,自适应控水装置可以根据各个生产井段产液含水率的变化自动调节地层产液流经时的压差,可有效降低高含水率井段的产水量,使整个生产井段的油相入流剖面均衡。

自适应控水装置不仅可以有效地调整产液入流剖面,而且能根据各井段产水率的变化自动调节压差,从而实现均衡油相入流剖面的作用。

2.6.3 控水筛管结构优化研究

2.6.3.1 普通筛管的缺点

由于一般的筛管阻力较小,在高渗透段或者低渗透段消耗的压降变小,生产压差基本消耗在地层上。并且对于普通筛管来说,高渗透段流量远远大于低渗透段,造成水的流量大于油的流量,降低油层采收率。对于普通筛管,如果把生产压差由最初的 1 MPa 增加到 10 MPa,无论渗透率的高低,由于筛管的阻力小,压降也较小,增加的生产压差几乎全落在地层上。而控水筛管通过设置不同直径和尺寸的喷嘴,以实现油井各区段液体均匀生产的目的。

2.6.3.2 控水筛管基本原理

当流体通过喷嘴时,流体将产生不同的流动阻力,并且喷嘴可以控制大流量流体的流动,形成均匀有效的生产压差剖面及产液剖面。控水筛管对筛管内流体的速度很敏感。如果某分段见水或产生油水混合物中水的指进现象,流速就会上升很快,此时管内的调流喷嘴就会对这类高速流体产生阻力,从而降低该分段的产液量,达到调节流量的目的。

控水筛管的三个阶段分别为无水采油阶段、井筒见水阶段、控水阶段。在无水采油阶段,油相自防砂过滤套管进入夹层,油相逐渐聚集,流速增大,当流经喷嘴时,由于流道收缩,油相速度急剧上升;喷嘴出口产生高速射流,在黏性剪切力作用下,使得喷嘴上方形成涡流;另外,由于基管壁面湍流发展不充分,流体分子的黏性影响处于主导作用,而刚流出连接管的油相流速较高,因此便逐渐形成涡流。井筒见水阶段和井筒控水阶段,防砂过滤套管入口逐渐有水相进入基管。进入基管内的混合相在黏性剪切力作用下,流动受阻,混合相动能降低,油水两相之间扰动减弱,水相微团逐渐从油相中聚集形成流束,流束中心水相体积分数达到1,形成明显的油水界面。

2.6.3.3 控水筛管结构选型

研究不同直径的喷嘴和不同突缩比的连接管对控水筛管的影响。通过数值对比分析得出,基管出口平均流速随喷嘴直径的变化而变化,喷嘴直径越小,基管出口平均流速越低,控水筛管的调流效果明显。随着喷嘴直径的缩小,进入基管内的水相分布逐渐集中,呈细带状,且不存在明显的油水分界面,这是由于进入基管的混合相流速较高,水相与油相之间的扰动作用增强,使得水相流体微团难以聚集。因此,调节喷嘴直径大小,能够使控水筛管对水平井起到控水作用。

研究分析突扩形连接管、直管形连接管和突缩形连接管对控水筛管的影响。选用突缩形连接管时,基管出口水相体积分数最低,有利于降低水平井出口产液的含水量。连接管突缩比越大,基管出口水相体积分数越低,当突缩比为 5 时,基管出口平均水相体积分数降低至 0.123 8,降幅达到 26.65%。因此,突缩比较大的连接管,能够增强控水筛管的控水作用。

对控水筛管结构性能进行优化。在喷嘴出口设置挡板,以减少喷嘴射流的动能,从而降低混合相的压力,达到降压的目的。挡板式调流控水筛管中的挡板阻碍射流流动,扰流作用增强,使得油相微团和水相微团难以聚集,仍以微团的形式存在流束当中。由于挡板间隔分布,将直管道变为曲折流道,流道等效水力直径缩小,使喷嘴喷射出的流束不易发散,流束中心的混合相速度仍较高,黏性剪切力作用强于壁面黏性影响,逐渐形成涡流,水相微团便在涡流中心聚集,从而形成明显的油水界面。

对比分析直板式控水筛管和斜板式控水筛管的调流能力。直板式控水筛管出口平均水相体积分数较高,甚至高于无挡板时的控水筛管出口水相体积分数,因而采用直板式挡板削弱了控水筛管的调流作用。而当采用斜板式挡板时,控水筛管出口平均水相体积分数较无挡板时降低 6.07%。因此,在防砂过滤套管与基管之间的夹层内设置斜板式挡板,可进一步降低水平井产液的含水量,提高控水筛管的控水能力。

对夹层内挡板结构进行优化设计,包括挡板倾角和挡板数量。通过数值模拟得出,挡板倾角越小,基管内的湍流耗散越高,控水筛管出口混合相越不稳定,易产生回流,削弱控水筛管的控水作用。当挡板倾角为 30°时,基管出口平均水相体积分数最低,较无挡板时基管出口水相体积分数降低 6.98%。另外,随着挡板数量增多,进入基管内的混合相流速不断提高,与基管内主流束的速度差值就越来越大,在黏性剪切力作用下,造成基管出口混合相不稳定流动,并消耗混合相动能。当夹层内只设有 3 块挡板时,基管出口平均水相体积分数最低。因此,在夹层内设置 3 块倾角为 30°的挡板时,控水筛管的能力最优,从而进一步降低水平井产液的含水率。

2.6.4 自适应控水工艺配套工具

2.6.4.1 悬挂封隔器

悬挂封隔器可用回收工具解封、回收;压缩式胶筒,可耐受更高的压差;配合坐封工具,锁定机构可有效预防提前坐封或提前脱手。

该封隔器配合坐封工具使用，坐封方式为管内投球液压坐封。当球落到球座位置后，从油管内打压，防坐封锁定机构释放，活塞传力将坐封销钉剪断，随后将卡瓦牙推出牢牢地卡在套管内壁上。继续打压稳压，将胶筒胀开，油套环形空间被密封，此时就完成了封隔器坐封。随即可以进行套管打压验封。验封合格后，根据不同坐封工具选择丢手形式，配合坐封工具可实现油管打压丢手或套管打压丢手、机械正转丢手三种丢手方式。

解封时，下入回收工具捞住打捞接头，上提管柱至解封力，解封销钉剪断，封隔器卡瓦牙释放，在卡瓦弹簧的作用下自动收回，封隔器释放，再继续上提打捞管柱就可将井内所有的防砂管柱起出地面。其具体结构如图 2.60 所示。

图 2.60　HR152-101 悬挂封隔器示意图

模拟井下高温高压特殊工作状况，检测封隔器在浸泡 24 h 后，密封承压的可靠性。经封隔器高温高压试验，证明封隔器性能指标均满足设计要求，具体见表 2.30。

表 2.30　HR152-101 悬挂封隔器高温高压油浸试验记录表

介质		工作压差/MPa	自由浸泡时间/h	额定坐封载荷/MPa
名称	温度			
柴油	150 ℃	50	24	11

序号	1	2	3	4	5	6	7	8	9	10
上压 /MPa	35		35		40		45		50	
下压 /MPa		35		35		40		45		50
稳压时间 /h	2	2	2	2	2	2	2	2	2	2
累计稳压时间 /h	20					压缩距 /mm		60		
试验简述	封隔器经自由浸泡 24 h 后液压 11 MPa 坐封，压缩距 55 mm，经换向交替试压 35～50 MPa，观察试验情况，没有渗漏，稳压时间内压力微降，取出胶筒观察，无明显变化，封隔器解封力 12.0 tf									
结论	该封隔器在 150 ℃，压差 35～50 MPa 下密封性能较好，达到了设计指标，满足现场使用要求									

2.6.4.2　隔离封隔器

隔离封隔器是一种液压式坐封封隔器，主要用于多层井段的层间隔离，可用于调流控水完井及普通层间隔离或卡层。

隔离封隔器的主要特点是大通径，结构简单；压缩式胶筒，可耐受更高的压差；无锚钉卡瓦，解封可靠；坐封工具有定位信号装置，位置准确。

该层间隔离封隔器可根据封隔器位置精确地将坐封服务工具上提至隔离封隔器的上、下密封筒,通过定位套判读位置准确后,从操作管内打压验证,压力上升,说明坐封工具导入密封筒,这时继续分台阶打压至 18.0 MPa,稳压 10 min。第一个隔离封隔器坐封完成。油管缓慢放压,然后继续上提管柱,重复以上坐封过程,依次坐封上部其余隔离封隔器。

解封时下入顶部封隔器回收工具对接打捞接头上提管柱,这时解封销钉剪断,卡瓦牙在卡瓦弹簧的作用下自动收回,顶部封隔器释放,再继续上提打捞管柱就可将井内所有的隔离封隔器释放,释放负荷 150~170 kN,将全部防砂管柱起出。

以现场应用的 IP152 隔离封隔器为例(图 2.61),对其进行室内坐封、耐高温高压、解封试验。模拟井下井况,封隔器坐封后胶筒承压能力试验(表 2.31)。

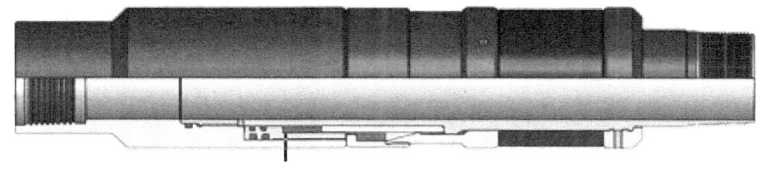

图 2.61　IP152 隔离封隔器示意图

表 2.31　IP152 隔离封隔器承压能力试验记录

序号	1	2	3	4	5	6	7	8
上压 /MPa	35		40		45		50	
下压 /MPa		40		43		48		50
稳压时间 /h	2	2	2	2	2	2	2	2
累计稳压时间 /h	16				坐封载荷 /MPa	20		
试验结论	自由浸泡 24 h 后,坐封试验,启动压力均为 5~6 MPa,20 MPa 坐封完全,压缩距 30 mm,双向交替试压 35~50 MPa,稳压观察封隔器,不渗不漏,胶筒完好,向外拉(上提)封隔器,18 tf 解封,测量胶筒、双向卡瓦完好。试验结论:封隔器在 150 ℃,压差 35~50 MPa 下密封性能较好,达到设计指标,满足现场使用,符合设计值							

(1)将导热油加热至 150 ℃循环加入试验套管内,循环 2 h。
(2)从封隔器一端加压,坐封封隔器。
(3)将封隔器置于试验套管内,封隔器一端和套管两端连高压管线。
(4)从试验套管两端分别加压,试验胶筒耐温、承压能力。

2.6.4.3　控水筛管

自适应控水装置是整套自适应控水完井技术的核心工具,该装置可分为基管、节流件、外套三大部分,整个自适应控水装置无活动部件,节流件上盖采用真空焊接,节流件与基管采用精细氩弧焊接,如图 2.62 所示。

图 2.62　自适应控水筛管实物图

智能控制技术是通过设置特殊的几何形状流道，利用油水基本物性差异使油水在流动中产生不同阻力，自动识别，控制产出，有效提高油的产出占比。通过下入自适应控水工具到预定储层，实现控水完井。调流控水筛管尺寸见表 2.32。

表 2.32　调流控水筛管尺寸数据表

型号 /in	$2\frac{3}{8}$	$2\frac{7}{8}$	$3\frac{1}{2}$	4	$4\frac{1}{2}$	$5\frac{1}{2}$
最大外径 /mm	96	110	123.0	136.0	148.0	175.0
基管外径 /mm	60	73	88.9	101.6	114.3	139.7
螺纹类型	NU	NU	NU	NU	NU	NU
基管材质	N80/13Cr/超级13Cr	N80/13Cr/超级13Cr	N80/13Cr/超级13Cr	N80/13Cr/超级13Cr	N80/13Cr/超级13Cr	N80/13Cr/超级13Cr
长度 /m	10±	10±	10±	10±	10±	10±
挡砂精度	可定制	可定制	可定制	可定制	可定制	可定制
承压 /MPa	35	35	35	35	35	35

控水筛管的结构如图 2.62 所示，控水筛管一般由上接头、基管、恒流器、防砂过滤器、下接头组成。其中恒流器对油井采油主要起到如下三个作用：

（1）恒流器能够防止渗透率较高的水平段提前见水，从而延长油井无水采油阶段。

（2）当油井见水后，黏度较低的水向油井附近突进，可以通过改变恒流器大小从而控制进入筛管的水量，大大降低了油井产液的含水量，延长低含水生产阶段。

（3）当进入筛管的流量低于恒流器设定的流量时，恒流器前后几乎没有压差，这将较大程度的提高低渗透区域的生产压差，进而提高油井的采收率。

控水筛管作为水平井均衡产液的节流装置，通过设置不同直径大小的喷嘴对地层流体进行控制，以达到地层流体均衡流入的目的。

由于控水筛管的诸多优势，国内许多油田水平井均采用可调流水筛管进行分段控水生产，同时起到防砂、控水作用。

2.6.5　防砂控水工艺技术

2.6.5.1　防砂控水工艺原理

防砂控水工艺使用一种具有很强的亲水性且自身可固结的颗粒性复合材料，具有较好的油水渗透选择性。现场应用时针对防砂目的层孔道的大小和油井出水状况，选择相适应粒径的防砂控水复合材料封堵大孔道,改变水流方向和渗油阻水的表面性质的双重作用,从而降低油井的含水量,然后再应用砾石充填实现防砂控水的双重目的。

2.6.5.2 技术特点

采用机械防砂和化学防砂相结合的工艺技术,具有防砂控水的效果。防砂控水复合材料固结温度范围大(30~80 ℃),可满足不同井温高含水井防砂的需求。

常规防砂设备即可满足施工要求,不需增加额外的施工工序。

2.6.5.3 防砂控水复合材料研究与实验

(1)防砂控水复合材料控水渗油机理研究。

① 材料机理。利用控水复合材料强亲水的表面性质达到控水渗油的目的。材料润湿性室内实验,采用中性煤油与3%KCl盐水溶液,采用自吸吸入法,测定该材料人造岩心润湿性(控水复合材料颗粒0.4~0.7 mm,实验温度30 ℃)。测定结果:吸水百分数远大于吸油百分数,吸水百分数的幅度范围为42.16%~59.27%,平均值为49.93%,岩心表面为强亲水。在水驱油层中,若岩石表面亲水,则水附着于岩石的孔隙表面,可使原油更容易地被水驱出,从而提高原油采收率。

② 措施工艺机理。控水复合材料在水环境中具有胶结固化性能,施工时它被首先泵入高渗透、大孔道、实体亏空严重的层段中并形成紧密充填。经过24 h的胶结固化反应,在亏空的地层中形成一个连续的胶结固化体,对松散的地层砂起到屏障与稳定作用,而进入目的层后充填了实体亏空带,大大降低了措施前地层的渗透率,进而改善了层间、层内矛盾的差异性。当再次恢复生产时,原高渗透、大孔道不再是液流的主流通道。另外,从室内研究结果可知,控水复合材料人工岩心润湿性为强亲水性;对相渗透率研究发现其油相渗透率远远大于水相渗透率,上述表面性质是控水渗油的有利条件。

(2)控水复合材料配方研究。

应用正交试验设计L9(34)进行配方优选,根据试验材料确定影响指标因素为:特种硫酸铝盐水泥、有机降水表面活性剂、偶联促进剂(表2.33)。

表2.33 控水复合材料配方

序号	A-颗粒粒径/mm	B-特种水泥/%	C-降水剂/%	D-偶联剂/%
1	0.3~0.5	8.0	0.5	1.0
2	0.5~0.7	8.0	0.5	1.0
3	0.7~1.4	8.0	0.5	1.0

① 控水复合材料颗粒性能评价实验。固结温度对控水复合材料抗压强度和渗透率的影响,以下评价实验以0.5~0.7 m颗粒作样品。30 ℃时,岩心抗压强度大于3 MPa,满足设计要求;温度对岩心渗透率基本没有影响(图2.63)。

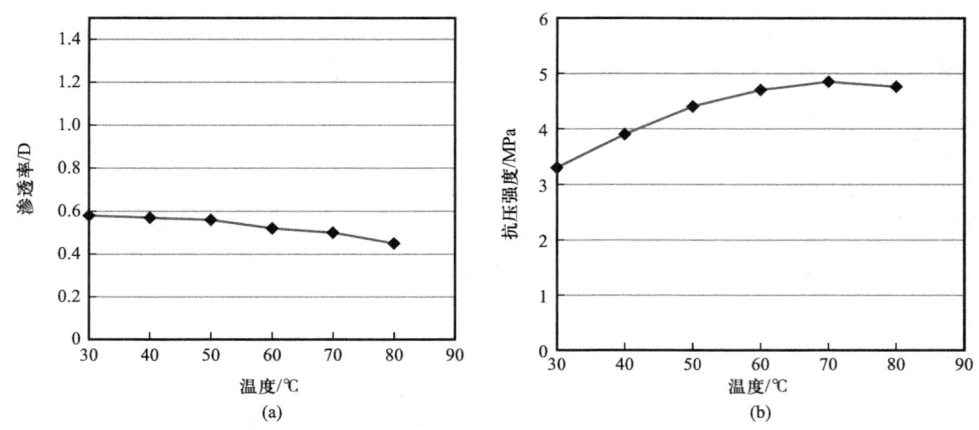

图 2.63 温度对控水复合材料渗透率及抗压强度的影响

人工岩心在 30 ℃ 下，1 天固结强度就可以达到 3 MPa 以上，且 3 天后强度不再有明显变化，最终抗压强度大于 4 MPa 以上（图 2.64）。

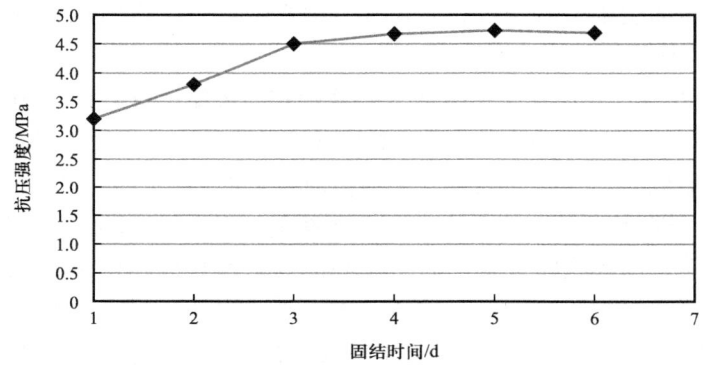

图 2.64 固结时间对岩心抗压强度的影响

由表 2.34 和表 2.35 可知，该降水颗粒，耐水和耐碱良好，耐酸性能一般。

表 2.34 耐酸碱介质性能

介质	清水		地层水		1% 盐酸		1%NaOH	
性能 （时间 5 d）	抗压强度/ MPa	渗透率/ D	抗压强度/ MPa	渗透率/ D	抗压强度/ MPa	渗透率/ D	抗压强度/ MPa	渗透率/ D
	3.81	0.55	4.18	0.51	1.58	0.65	3.84	0.48
浸泡温度/℃	30							

② 防砂控水复合材料性能指标。防砂降水复合材料（图 2.65）粒径：0.3～0.5 mm、0.5～0.7 mm、0.7～1.0 mm 和 1.0～1.2 mm；抗压强度：≥3 MPa；液相渗透率：0.3～0.8 D；防砂后单井降水率≥8%。

表 2.35　耐老化介质性能

性能	不同养护时间下的性能			
	3 d	10 d	15 d	30 d
抗压 /MPa	4.53	4.62	4.59	4.78
渗透率 /D	0.58	0.56	0.50	0.46
养护条件	50 ℃，水浴			

图 2.65　制备好的防砂控水复合材料及人工岩心

2.7　复合射孔与爆燃压裂深穿透解除伤害技术

2.7.1　高孔密复合射孔深穿透解除伤害技术

2.7.1.1　复合射孔

在射孔枪上加上高能复合推进剂，利用射孔弹产生的爆轰波将推进剂点燃，推进剂燃烧产生高温高压气体。一方面，高温高压气进入射孔孔眼，在孔眼周围产生压裂作用，形成裂缝。裂缝一般可以长达几米，透过射孔压实带和近井伤害带，从而提高孔眼周围的渗透率，降低其表皮系数，提高采油指数，增加油气井产量。另一方面，复合射孔还可以提高井的注入性，保证支撑剂和酸液到位，为后续的水力压裂、酸化提供一种预压裂作用，提高其作用效果（图 2.66）。

2.7.1.2　二次增效射孔

二次增效射孔气体的升压速度快，且气体压力的作用时间长，对裂缝的生成就有利，一体式和分体式两种工艺都无法同时满足这两个方面的要求。因此，为进一步提高复合射孔的压裂效果，提出一种新型的工艺方式——二次增效射孔，即将一体式和分体式二

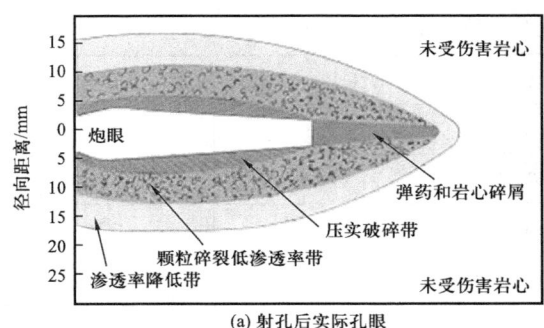
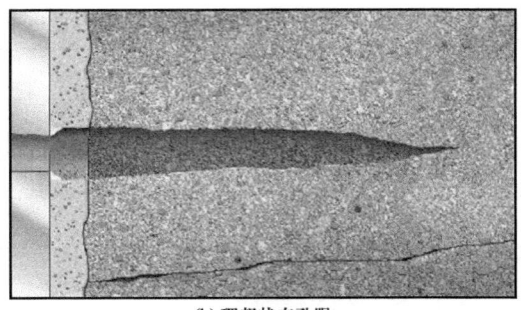

(a) 射孔后实际孔眼　　　　　　　　(b) 理想状态孔眼

图 2.66　深穿透射孔与常规射孔井眼对比

者联合应用于同一射孔作业中，在原一体式复合射孔器下部安装分体式的能量转换装置和火药压力发生器。作业时，上部一体式复合射孔器首先对目的层射孔、压裂，对地层进行一次加载，然后通过能量转换装置作用于火药压力发生器，引燃火药压力发生器内的火药，对地层持续加载，形成二次压力冲击，提高裂缝的长度和导流能力。二次增效射孔技术保留了一体式和分体式原有各自的优势，同时又补充了双方的不足之处，达到了既提高升压速度又延长了气体压力作用时间的目的，这是射孔技术发展的又一个进步。

2.7.1.3　高孔密复合射孔技术

深穿透高孔密复合射孔技术则主要通过射孔弹壳体材料的燃烧和气化产生高能气体，其过程也可以通过壳体材料的配方调整来控制。高孔密复合射孔器射孔孔密设计在 26 孔/m 以上，射孔弹壳体采用低熔点复合材料，在射孔弹爆轰过程中，壳体由于受高温高压作用，燃烧和气化，产生大量气体，释放热量，在枪身内产生高温高压气体。通过枪身射孔孔眼形成高压气流，对射孔孔眼冲刷、加深，并在射孔孔眼前端地层形成多条裂缝，达到复合射孔的目的。

在复合射孔作业中，希望能够获得持续时间较长、峰值较高的压力。但是，由于复合火药的燃烧特性，压力持续的时间一般在毫秒级内；而压力过高则会对井筒内的仪器、设备造成破坏。由于目的井的地质结构、井筒大小、射孔层深度、射孔段长度以及施工工艺不同，需要的压力也不同，复合火药装药量的装药量也就不同。

在过去的复合射孔作业中，出现过由于复合火药装药量过大，产生压力过高，造成封隔器解封、桥塞泄漏、夹层枪被压扁、压力计被震坏等现象。若复合火药装药量过低，产生压力过小又不能达到预期的效果。如何根据不同的井况、不同的施工工艺，来确定合理的装药量是当前需要解决的问题。

为了满足乍得项目的实际情况，优化设计采用了高孔密复合射孔技术，复合火药装于弹架外形式。在管柱中，采用了 2 个纵向减震器来减弱射孔时产生的震动，以保护封隔器和其上部的 2 个电子压力计。在射孔枪尾部安装了压力释放装置，用来控制井筒内压力，使压力不超过设计最高值（图 2.67）。

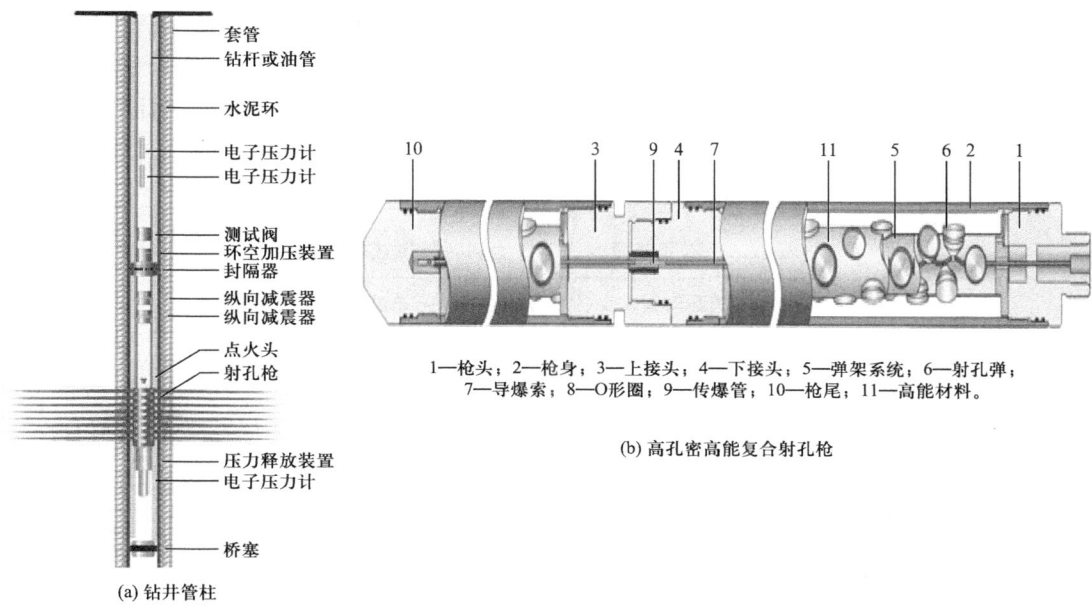

图 2.67 乍得项目试验采用的深穿透射孔工艺设计

2.7.2 爆燃压裂深穿透解除污染技术

2.7.2.1 基本情况

爆燃压裂，是一种利用火（炸）药在短时间内燃烧产生的冲击波和高温高压气体来压裂地层，从而改善井筒附近地层渗流能力的技术。爆燃压裂技术属于高能气体压裂（HEGF）领域的最新技术，能在水平井、垂直井或斜井实施全产层压裂，具有能量利用率高、压裂效果好、零污染、成本低等优势。高能气体压裂技术在深井、近水储层和海上油田使用具备独特的优势，但地下情况的复杂及测试手段的限制使得其在机理研究方面还非常欠缺，这一缺点制约了其进一步推广。尽管如此，该技术的施工工艺已经很成熟并且在国内外各个种类的油藏和井型中有广泛运用。

2.7.2.2 技术适用性对比评价

爆燃压裂是利用脉冲加载并控制压力上升速度，使迅速释放的高温高压气体在井筒附近压开多方位的径向裂缝，使储层中的天然裂缝能够与井筒连通，从而达到增产的目的。

层内爆炸压裂：先生成一个水力裂缝，把固体炸药送入裂缝深处，然后点燃炸药，在主裂缝附近生成压碎带或剪切裂缝，同时保持井筒完好无损，达到提高油井产能的目的。

水力压裂：利用地面高压泵，通过井筒向油层挤注具有较高黏度的压裂液。当注入压裂液的速度超过油层的吸收能力时，则在井底油层上形成很高的压力，当压力超过井底油层岩石的破裂压力时,油层将被压开并产生裂缝。这时继续地向油层挤注压裂液,裂缝就会向油层内部扩张,接着向油层挤入带有支撑剂(通常石英砂)的携砂液,携砂液进入裂缝之后,一方面可以使裂缝继续向前延伸,另一方面可以支撑已经压开的裂缝,使其不至于闭合。

不同压裂方式下压力和裂缝形成的区别见表2.36。

表2.36 不同压裂方式下压力和裂缝形成的区别

压裂方法	缝值压力/MPa	升压时间/s	加载速度/MPa/s	总过程/s	裂缝数量/条	缝长/m
爆炸压裂	10^4	10^{-7}	$10^6 \sim 10^7$	10^{-6}	大于10^2	1
爆燃压裂	10^2	10^{-3}	$10^3 \sim 10^4$	10^1	大于2	10以上
现代水力压裂	10^1	10^2	$10^{-1} \sim 10^{-2}$	10^4	主缝2	可达10^3

2.7.2.3 爆燃压裂增产理论研究

假设地层均质等厚、各向同性,裂缝渗透率假设为无限大,缝长为L的裂缝的产量公式为:

$$q = \frac{2\pi Kh(p_e - p_{wh})}{\mu\left(\ln\dfrac{r_e}{L} + \dfrac{2}{n}\ln 2\right)} \tag{2.60}$$

可得爆燃压裂的增产倍数:

$$\eta = \frac{\lg\dfrac{r_e}{r_w} + 0.434\,3S}{\lg\dfrac{r_e}{L} + \dfrac{0.602\,0}{n}} \tag{2.61}$$

式中 q——产量,m³/s;

K——渗透率,m²;

h——厚度,m;

p_e——油藏压力,Pa;

p_{wh}——井底压力,Pa;

μ——黏度,m²/s;

r_e——泄油半径,m;

r_w——井筒半径,m;

η——爆燃压裂后的增产倍数;

S——表皮系数;

L——裂缝长度,m;

n——裂缝条数。

从表 2.37 可以看出，在缝长一定的条件下，增加缝数的增产效果并不明显。一般高能气体压裂的增产倍数为 1.5～2.5 倍，在沟通天然裂缝的条件下，增产倍数会有明显提高。

表 2.37 裂缝增产倍数、缝长和裂缝数量之间计算关系

缝长 /m	裂缝数量 / 条	增产倍数	缝长 /m	裂缝数量 / 条	增产倍数
15	3	2.49	6	3	1.91
	4	2.59		4	1.97
	6	2.69		6	2.03
	8	2.75		8	2.07
10	3	2.2	4	3	1.74
	4	2.27		4	1.78
	6	2.36		6	1.83
	8	2.4		8	1.86

爆燃压裂设计的基本原则是采用低燃速、大药量的装药，压出 3～5 条较长的径向裂缝，裂缝条数取决于升压的速度，已经有了接近实测结果的设计方法，可以有效地避免套管和水泥环的损坏。

参 考 文 献

[1] 郑新权, 师俊峰, 曹刚, 等. 采油采气工程技术新进展与展望 [J]. 石油勘探与开发, 2022 (3): 565-576.
[2] 侯玉培, 杨耀忠, 孙业恒, 等. 油藏—井筒—管网一体化耦合模拟方法及应用 [J]. 油气地质与采收率, 2021 (5): 124-130.
[3] 郁永章. 容积式压缩机技术手册 [M]. 北京: 机械工业出版社, 1999.
[4] 徐志敏, 齐韦林, 孙冰恒. 让那若尔油田低压井加深注气深度方法研究及优化 [J]. 中国化工贸易, 2014 (14): 48-48, 27.
[5] 魏瑞玲, 袁晓贤, 张贵芳, 等. 多目标气举系统优化配气方法 [J]. 中国石油和化工标准与质量, 2013, 34 (1): 111.
[6] QI D, ZOU H L, CHEN T, et al. A method for comparison of lifting effects of plunger lift and continuous gas lift [J]. Journal of Petroleum Science and Engineering, 2020, 107101: 1-9.
[7] QI D, ZOU H, LUO W, et al. Engineering Simulation Tests on Multiphase Flow in Middle- and High-Yield Slanted Well Bores [J]. Energies, 2018, 11 (10): 2591.
[8] 齐丹, 邹洪岚, 陈挺, 等. 气举井效率定量评价方法及影响因素研究 [J]. 大庆石油地质与开发, 2020, 39 (6): 97-103.
[9] 刘合, 肖国华, 孙福超, 等. 新型大斜度井同心分层注水技术 [J]. 石油勘探与开发, 2015, 42 (4): 512-517.

[10] 刘合,裴晓含,罗凯,等.中国油气田开发分层注水工艺技术现状与发展趋势[J].石油勘探与开发,2013,40(6):733-737.

[11] 刘合,裴晓含,贾德利,等.第四代分层注水技术内涵、应用与展望[J].石油勘探与开发,2017,44(4):608-614,637.

[12] 赵艳萍.油田注水井分层注水工艺技术的现状与发展趋势[J].中国石油和化工标准与质量,2014,34(6):108.

[13] 赵立强,刘欣,刘平礼,等.新型碳酸盐岩油气层酸压技术——固体酸酸压技术[J].天然气工业,2004(10):96-98,15.

[14] 祝琦,蒋官澄,兰夕堂.固体硝酸CA-1的性能实验研究[J].钻井液与完井液,2013,30(3):70-72,97.

[15] 王绍先,陈学,吴文刚,等.微胶囊固体硝酸酸化液实验研究[J].西南石油大学学报(自然科学版),2008(5):129-132.

[16] 陈冀嵋,赵立强,刘平礼.固体酸性能评价及与碳酸盐岩反应特性的研究[J].西南石油学院学报,2005(2):57-60.

[17] 李楠,罗志锋,鄢宇杰,等.智能控制固体酸SRA-1释放研究[J].石油与天然气化工,2019,48(1):86-90.

[18] 赵旭.自适应调流控水技术研究与试验[J].石油机械,2019,47(7):93-98.

[19] 苏莹.调流控水筛管内部流场的数值模拟[J].辽宁化工,2017,46(6):590-591.

[20] 宋正聪,李青,何强.自适应调流控水防砂工艺在塔河油田的研究与应用[J].钻采工艺,2018,41(4):115-116.

[21] 赵崇镇.水平井自适应调流控水装置研究与应用[J].石油钻探技术,2016(5),95-98.

[22] 强晓光,姜增所,宋颖超.调流控水筛管在冀东油田水平井的应用研究[J].石油矿场机械,2011,40(4):77-78.

[23] 王金忠,肖国华,陈雷,等.水平井管内分段调流控水技术研究与应用[J].石油机械,2011(1):30-61.

[24] 王庆,刘慧卿.水平井调流控水筛管流体流动耦合模型研究[J].渗流力学与工程的创新与实践,2013(1):48-50.

3 南苏丹 3/7 区油田综合治理技术应用及开发效果

南苏丹 3/7 区主力油藏属于具有一定能量的边水层状和块状底水的砂岩油藏。经历早期利用天然能量高速开发后，主要面临压力保持水平较低、递减较大、含水高、纵向动用程度有待提高等难题，工程上面临举升优化待加强、分注测调难、防砂控水差、卡堵水要求高的技术难题；同时，资源国物资匮乏，一些专业化的服务队伍如注水投捞测试队伍很难组建，经过多年实践形成了分注、防砂控水和卡堵水特色技术，保障了油田稳产。本章主要阐述了特色技术在南苏丹 3/7 区油田的综合治理应用情况、针对性策略及效果。

3.1 项目概况

3.1.1 油田地质特征

3.1.1.1 地层和构造特征

1）地理位置与区域构造位置

P 砂岩油田地理位置上属于南苏丹东南部的上尼罗州，距南苏丹首都朱巴约 640 km。白尼罗河由南向北横穿该油田，区内地势较为平坦，海拔一般在 400 m±20 m。P 油田构造上位于中非剪切带 Melut 盆地北部凹陷中部的东斜坡，为一被断层复杂化的短轴背斜构造带（图 3.1）。

2）地层特征

P 油田钻遇地层为下白垩统、上白垩统、古近系、新近系和第四系。上白垩统、下白垩统、古近系 Adar 组与 Jimidi 组之间存在不整合面。

主力储层为新生界古近系 Yabus—Samaa 组砂岩，由上至下分为 4 段：

（1）Yabus Ⅰ—Yabus Ⅲ 砂组，岩性为红褐色泥岩夹薄层浅灰色中粒或细粒粉砂岩，砂岩厚度薄而且不发育。声波时差表现为平直段、高密度、高伽马（GR）。

（2）Yabus Ⅴ—Yabus Ⅵ 砂组，岩性上部为泥岩夹薄层砂岩，下部为泥岩砂岩等厚互层。砂岩电性特征为高声波时差、低密度，GR 曲线呈箱形或钟形，幅度中等。隔层比较发育。

（3）Yabus Ⅶ—Samaa Ⅱ 砂组，岩性为厚层中粗粒砂岩夹薄层泥岩，砂岩分选好—中等。电性特征为高声波时差、低密度和低 GR，GR 曲线主要为典型的齿化箱形，局部为齿化钟形。夹层比较发育。

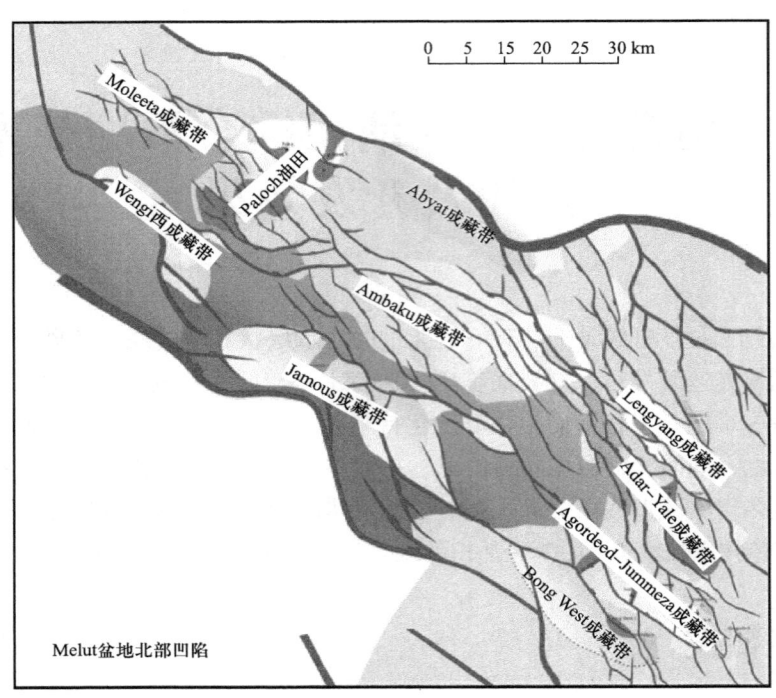

图 3.1　P 油田构造位置

（4）Samaa Ⅱ 砂组以下，为块状中粗粒砂岩夹薄层泥岩，电性特征表现为高声波时差、低密度和低电阻率，GR 曲线为箱形，厚度大，泥岩夹层不发育。

3）构造特征

P 油田是在基底隆起的背景上形成的大型披覆背斜构造带，被后期断层改造后复杂化。主要断裂系统为张力作用形成的北西—南东向或北北西—南南东向延伸的正断层，掉向南西—南西西向或北东—北西西向。由于受东西两个边界断层的影响，该地区断层发育，构造复杂（图 3.2）。东边界断层西倾，走向为北西向；西边界断层东倾，走向为北北西向。

P 油田被二级断层分割形成 5 个构造带：Anbar 断鼻构造带、Pal 断背斜，Fal 断背斜、Teima 断背斜和 Assel 断背斜。一些三级或更小的断层又将这些构造带复杂化，形成一系列更小的构造。其中 Fal 背斜面积最大，约 30 km²，走向为北北西向，因此北北西方向是其长轴方向，约 7 km，北东东向为短轴，约 4 km；背斜核部在 Fal-2 井区，目的层埋深在 1200 m 左右；控制断层在西边，但对油气没有控制作用；地层南陡西缓，东西两侧受断层影响形成反向断块。

3.1.1.2　沉积和储层特征

1）岩石学特征

P 油田储层岩性主要为长石石英砂岩及岩屑石英砂岩，少量的石英砂岩及岩屑长石砂岩，成分成熟度较高。根据 Fal-2 井的岩心样品分析资料，砂岩的石英含量为

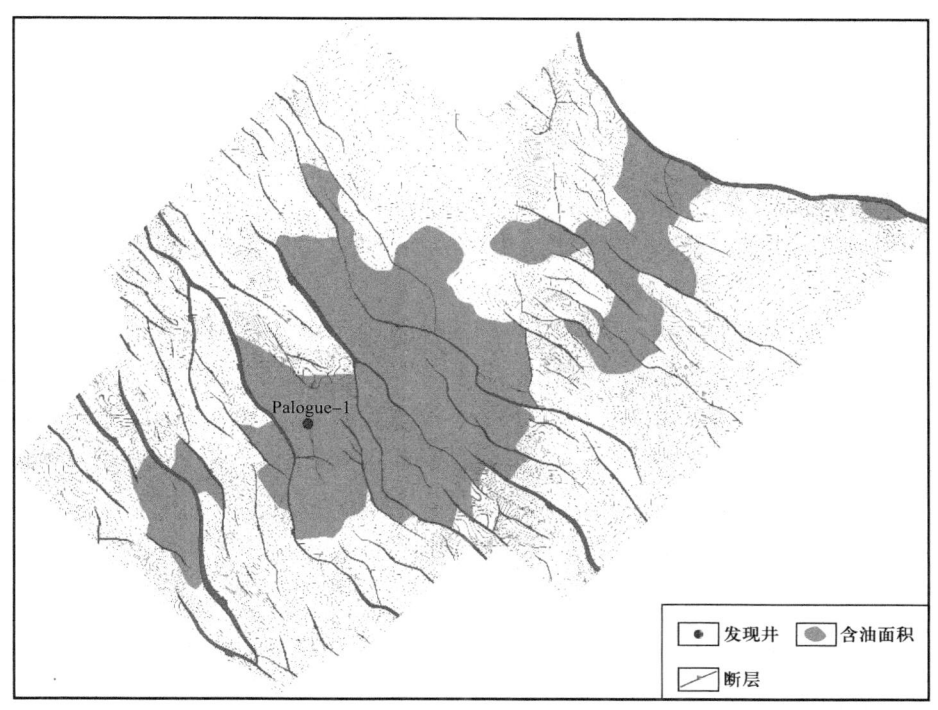

图 3.2　P 油田 Yabus Ⅳ 砂组顶面构造图

69%～93%，多在 75% 以上，平均可达 80.0%；长石含量为 2%～21%，平均为 10.9%；岩屑含量为 4%～14%，平均为 9.0%，均以变质石英岩岩屑为主，几乎没有岩浆岩及沉积岩岩屑。填隙物成分包括泥质、灰质、石英加大，其中石英加大、灰质含量低，泥质含量为 7%～35%，平均 10.3%。据 X 衍射资料分析，泥质杂基主要为高岭石。高岭石呈团块状分布，可能是碎屑颗粒（长石）蚀变而来。石英平均含量为 1.5%，一般为 1%～2%。矿物成分成熟度中等，表明为陆相河流相沉积。

2）沉积特征

P 油田主力储层 Yabus 组—Samaa 组为河流相沉积，自下而上由辫状河演化为曲流河，YⅠ—YⅣ砂组为曲流河沉积，YⅥ—Samaa 为辫状河沉积，YⅤ砂组为过渡类型。曲流河沉积可划分为河道亚相和河道间亚相，其中河道亚相包括曲流河道和边滩微相，河道间亚相包括决口扇、天然堤及泛滥平原微相。辫状河沉积可划分为河道和河道间亚相，其中河道亚相包括辫状河道和心滩微相，河道间亚相包括溢岸沉积和泛滥平原微相。

3）储层特征

P 油田各小层渗透率平面非均质性严重，渗透率级差 7.1～970，突进系数 5.7～26.8，变异系数 1.0～2.0。纵向上砂体连续性越差的小层，渗透率平面非均质性越强；砂体连续性越好，渗透率平面非均质性则相对较弱。Yabus Ⅳ 砂组以上小层的渗透率级差、突进系数及变异系数基本上大于 Yabus Ⅳ 砂组以下的各小层。

Yabus 组平均孔隙度 24%，平均渗透率为 887 mD，为中—高孔隙度、高渗透率储层。

分别以砂层组和小层为单元统计 Palogue 油田储层物性层间非均质性。Yabus II—Samaa I 砂组平均渗透率为 180～1671 mD，砂组间渗透率级差 9.3，突进系数 1.64，变异系数 0.41，表明砂组间非均质性较弱。

小层间非均质性较强，Yabus II-1—Samaa-1 小层的平均渗透率为 77～1859 mD。小层间渗透率级差为 24.1，突进系数为 2.13，变异系数为 0.55，表明油田内小层间非均质性中等。但分区块统计表明，各区块小层间非均质性严重，渗透率级差为 19.1～1150，突进系数为 1.8～8.2，变异系数为 0.51～1.70。

P 油田 Yabus 组储层砂岩孔隙发育，包括粒间孔、粒内溶解孔、超大孔、杂基微孔等，以原生粒间孔为主，次生孔不发育，孔隙分布不均，平均面孔率为 13.5%。粒间孔的颗粒边缘大多有溶解现象，溶解颗粒为长石，被黏土矿物胶结。孔隙孔径大，孔隙连通性好。喉道类型大多为孔隙缩小型和缩颈型。根据压汞资料，Palogue 油田 Yabus 组储层孔喉以中细孔喉为主，平均最大连通孔喉半径为 27.7 μm，平均孔喉半径中值为 4.7 μm，平均孔喉半径均值为 8.1 μm。毛细管曲线以倾斜和陡峭形态为主，孔喉半径分布曲线形态以平峰型和多峰型为主，表明孔隙结构非均质性较严重。

3.1.1.3 流体和油藏特征

（1）流体特征。

P 油田油品性质复杂，纵向上上部稀，下部稠；平面向上两边稀，中间稠。具有"四高"特点，即凝点高、黏度高、含蜡量高、胶质沥青质含量高。稠油分布在 Fal-3 块、Fal-8 块、Fenti 块及 Fal-1 块和 Palogue South 块的底部；高凝油分布在主力区块 Fal-1 块、Pal-1 块及 Assel 块、Palogue South 块、Teima 块等断块的 Yabus 组。原油含蜡量 10.7%～46.6%，凝固点 22.2～45.0 ℃，胶质沥青质含量 0.2%～36.2%，酸值 0.1～10.4 mg(KOH)/g，黏度 10.0～495.1 mPa·s，API 重度范围为 15.3°～30.0°API，属于中—重质油。

油藏为低饱和油藏，原始地层压力 10.8～15.1 MPa，平均 12.2 MPa；饱和压力 1.6～5.3 MPa，平均 3.2 MPa；地饱压差 8.6～10.2 MPa，平均 9.0 MPa。溶解气中 CO_2 含量较高（35.8%～67.9%），相对密度大于 1。地层水矿化度平均为 10 140 mg/L，水型为 $NaHCO_3$，黏度为 0.368 mPa·s，相对密度为 1.008。

（2）油藏类型。

P 油田主力含油层 Yabus IV—Samaa 的油层分布主要受构造控制，但受沉积影响，由 Yabus IV 至 Samaa，各层含油面积逐渐减小。上部 Yabus IV 和 Yabus V 油层在各个断块均有分布，下部油层则主要集中于中部 Pal-1 和 Fal-1 块。纵向上油水界面以上所有井在主力砂组均钻遇油层，单井钻遇有效厚度分别为：Yabus IV 砂组 2～22 m，Yabus V 砂组 4～25 m，Yabus VI 砂组 7～42 m，Yabus VII 砂组 2～28 m，Yabus VIII 砂组 4～24 m，Samaa 砂组 12～70 m，厚度呈逐渐增大趋势。油层位于构造较高部位，其中 Yabus IV—Yabus VI 砂组受沉积相影响明显，油层厚度较大区域并不完全集中于构造高部位，呈斑块状分布；Yabus VII—Samaa 砂组主要由构造控制，厚度较大的区域处于构造高部位，分布连片。

从油藏结构分析，Yabus Ⅱ—Yabus Ⅲ 砂组为岩性油藏，Yabus Ⅳ—Yabus Ⅷ 组油藏均为有稳定隔层阻挡的边水油藏，而 Samaa 油藏内部没有稳定分布的隔层，且砂体厚度很大，存在大规模的底水，为块状底水油藏（图 3.3）。

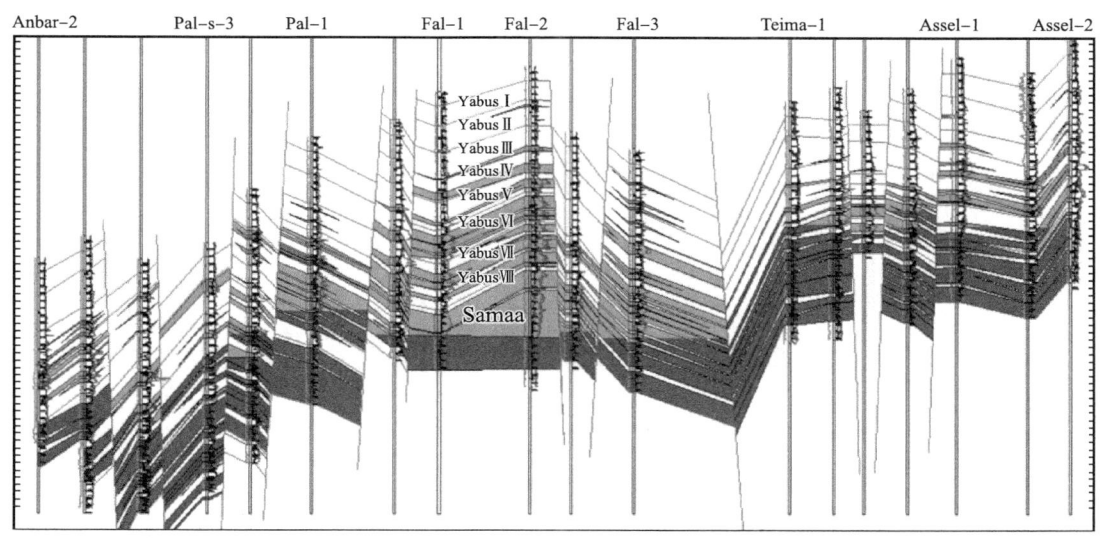

图 3.3　P 油田油藏剖面图

（3）油藏天然能量不均衡。

主块 Fal-1、Fal-3、Fal-5、Pal 上部 Yabus Ⅳ 和 Yabus Ⅴ 层为层状边水油藏，含油面积大，边水能量有限，水体倍数 10～20 倍，需注水补充能量；Yabus Ⅵ 层也为边水油藏，水体倍数 20～25 倍，具有一定的天然能量，局部区域需注水补充能量；Yabus Ⅶ—Yabus Ⅷ 层为边底水油藏，天然能量较强；Samaa 层位块状底水油藏，天然能量充足。边部断块 Anbar、Assel、Pal-s、Teima 和 Fal-8 等含油面积小，边水活跃，天然能量充足。

3.1.2　油田开发历程与开发状况

P 油田是南苏丹 3/7 区项目的主力油田，油田 2006 年投入开发，大致分为快速上产、稳产、停产和递减 4 个阶段。其中快速上产阶段为 2006—2007 年，油田采用大段合采、稀井高产策略，快速上产至 880×10^4 t；稳产阶段为 2008—2010 年，经过调整加密、初步划分层系等措施，油田 880×10^4 t 以上稳产 3 年；2011 年油田含水上升加快，产量略有递减，年产油 815×10^4 t；停产阶段为 2012 年 2 月至 2013 年 4 月，因政治原因油田全面停产；2013 年 5 月油田复产，当年产油 448×10^4 t，自 2014 年起油田原油产量开始逐年减少，油田进入开发中后期的产量递减阶段（图 3.4 和图 3.5）。

到 2017 年 10 月底，油田共有开发井 328 口，油井 314 口，开井 288 口；注水井 14 口、开井 13 口。油田平均日产油水平为 78 718 bbl，平均单井日产油 273 bbl，累计产油 475.8×10^6 bbl，综合含水率为 79.3%；地质储量采油速度 0.9%，剩余可采储量采油速度

6.3%；原油地质储量采出程度 14.3%，可采储量采出程度 54.7%。油田日注水量 88 920 bbl，累计注水量 156×10^6 bbl，注水区块累计注采比 0.22。

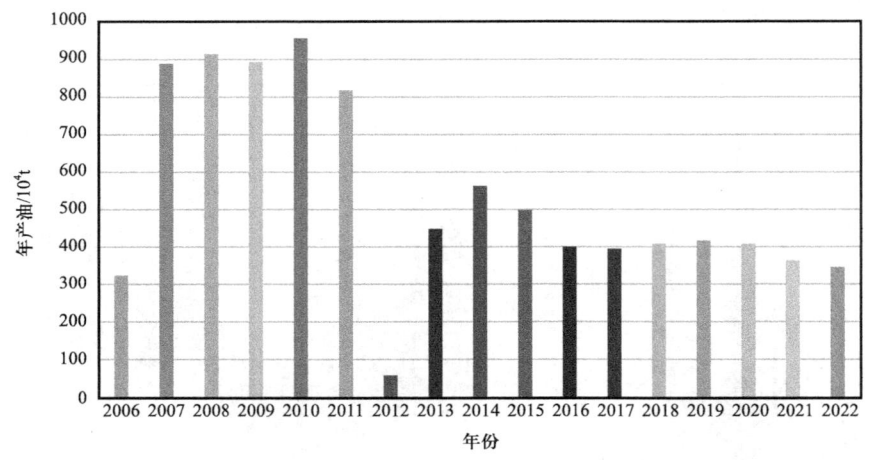

图 3.4　P 油田历年产量变化

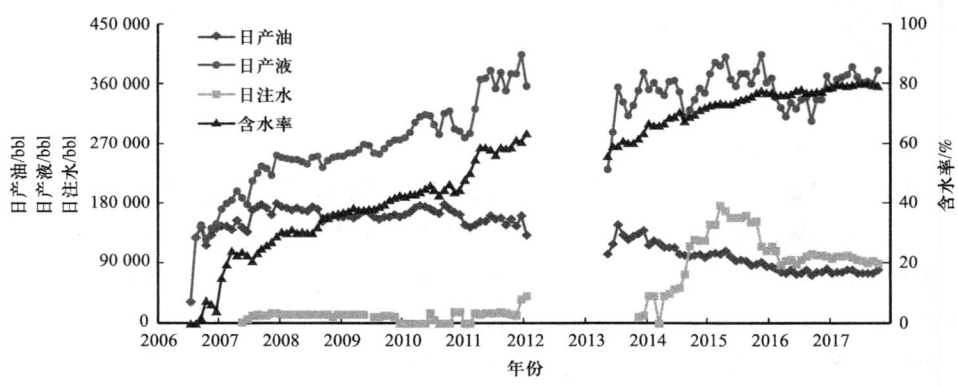

图 3.5　P 油田开发曲线

3.1.3　油田开发面临的难题

在经历早中期利用天然能量高速开发后，P 油田主要面临压力保持水平较低、递减较大、含水高等难题。

（1）油田高含水井多，综合含水率高。

随着开发的进行，P 油田高含水井越来越多，油井产量也逐步下降。截至 2017 年 10 月，因高含水关停井 11 口，占总油井数的 3.5%；在生产井中含水率大于 90% 的油井有 31 口，占总油井数的 10%；在生产井中含水率大于 80% 的油井有 121 口，占总油井数的 38.5%；含水率大于 60% 的油井有 204 口，占总油井数的 65%。

2017 年 10 月 P 油田综合含水率为 79.3%，接近 80%。P 油田及其主力区块 Fa1 块含水与采出程度关系曲线如图 3.6 所示，采出程度与含水率关系趋势变差。

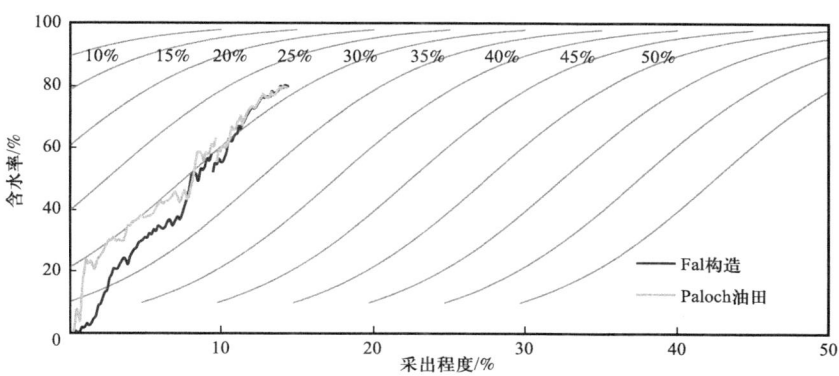

图 3.6　P 油田及其主力区块 Fal 含水与采出程度关系曲线

（2）油田自然递减大，产量下降快。

2013 年复产后，受安全形势、低油价等多重因素影响，P 油田新井、措施工作量大幅减少，且部分高含水井因地面污水处理能力限制而关井，造成油田产量持续下降。复产初期产油水平 130 000 bbl/d，2017 年 10 月产油水平下降至 79 000 bbl/d，下降 40% 左右。

P 油田历年自然递减较大，停产前油田产量主要靠新井弥补产量，年自然递减率在 20%～30%。复产后新井、措施工作量大幅降低，油田采油速度降低，年自然递减率有所减缓，但 2017 年 P 油田递减加大，年自然递减率上升至 18.6%（图 3.7）。

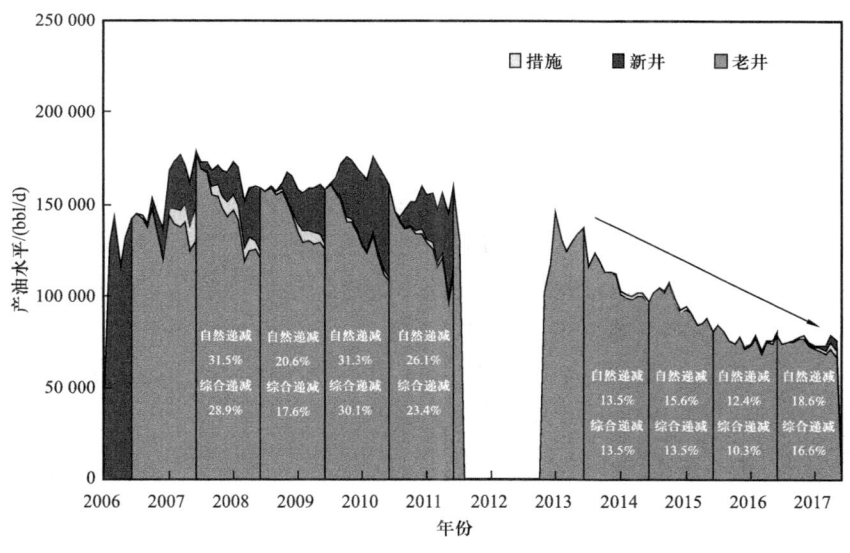

图 3.7　P 油田历年产量构成图

（3）油田开发进入中后期，多数井合采合注，层间矛盾突出。

P 油田纵向上储层性质、天然能量供给、流体性质非均质性较强，且主块 Fal 和 Pal 块仍有 50% 以上的油井合层开发，造成纵向上储量动用不均，层间矛盾日渐严重。Fal-1 块 Yabus Ⅳ、Yabus Ⅴ、Yabus Ⅵ、Yabus Ⅶ、Yabus Ⅷ、Samaa 层的地质储量采出程度分别为 11.7%、13.3%、16.1%、21.5%、16.5% 和 6.3%。

如主块 Fal-2 井和 FG-29 井 Yabus Ⅳ、Yabus Ⅴ、Yabus Ⅵ、Yabus Ⅶ和 Yabus Ⅷ五层合采，但 Yabus Ⅳ和 Yabus Ⅴ层物性相对较差，压力低，产液比例仅占全井的 1.9%～4.9%，Yabus Ⅶ、Yabus Ⅷ层能量充足，储层物性好，是主力产液层，产液比例占全井的 80% 以上（图 3.8）。

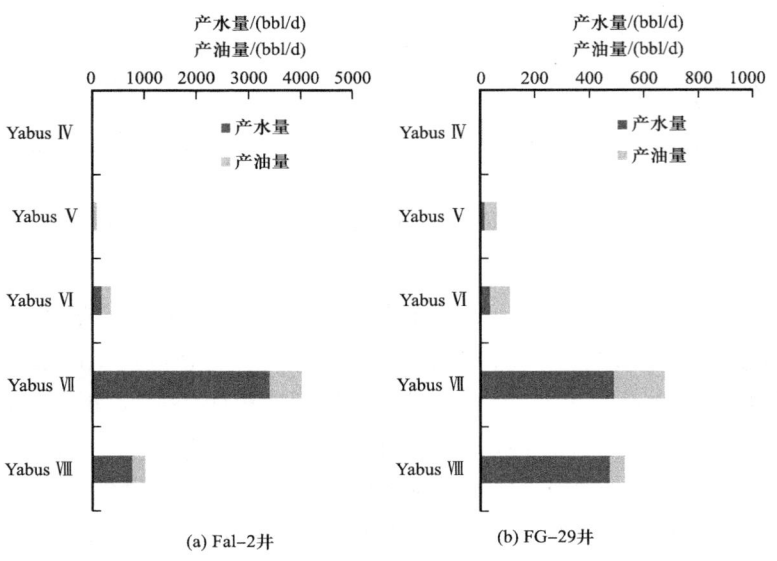

图 3.8　P 油田合采井产液剖面

（4）笼统注水，能量补充不均衡，现有注水面临诸多挑战。

P 油田 2014 年底扩大注水规模，注水井由 1 口试验井增加至 15 口，采用笼统注水方式，注水层位为 Yabus Ⅳ—Yabus Ⅶ。注水初期平均单井日注水量 10 500 bbl，井组范围内日注采比高达 1.0～1.2。注水效果明显，一线受效井 84 口产量递减减缓。并且测试表明注水井周围油井静液面低于 200 m，说明注水补充了地层能量。

但笼统注水导致注入水沿高渗透层突进，能量补充不均衡，导致周围油井出现窜流现象。如生产井 FI-27 与注水井 FI-25 井 Yabus Ⅴ-3 层连通性好，注入水沿该层快速突进，FI-27 井含水快速上升；FI-27 井 PLT 测试表明在关井状态下出现窜流，Yabus Ⅴ-3 层为出液层，Yabus Ⅳ和 Yabus Ⅵ为吸液层（图 3.9）。

油田整体地层压力保持水平较高，但平面和纵向上地层压力保持水平差异大。纵向上自上而下地层压力保持水平逐渐上升，Yabus Ⅳ—Yabus Ⅴ层平均地层压力保持水平 60%～70%，Yabus Ⅵ层 80%，Yabus Ⅶ—Yabus Ⅷ层 85%～90%，Samma 层 90% 以上。平面上 Yabus Ⅳ—Yabus Ⅴ层构造高部位注采井网不完善区域地层压力保持水平 50%～60%，边部区域 80%～90%，注水井周围 80% 以上。

注采井网不完善，水驱储量控制程度低。Yabus Ⅳ层水驱控制程度仅 40%～50%，Yabus Ⅴ层 55%～65%，Yabus Ⅵ层 70%～90%。因此 Yabus Ⅳ-Yabus Ⅴ构造高部位需调整完善注采井网，提高水驱控制程度。

3 南苏丹 3/7 区油田综合治理技术应用及开发效果

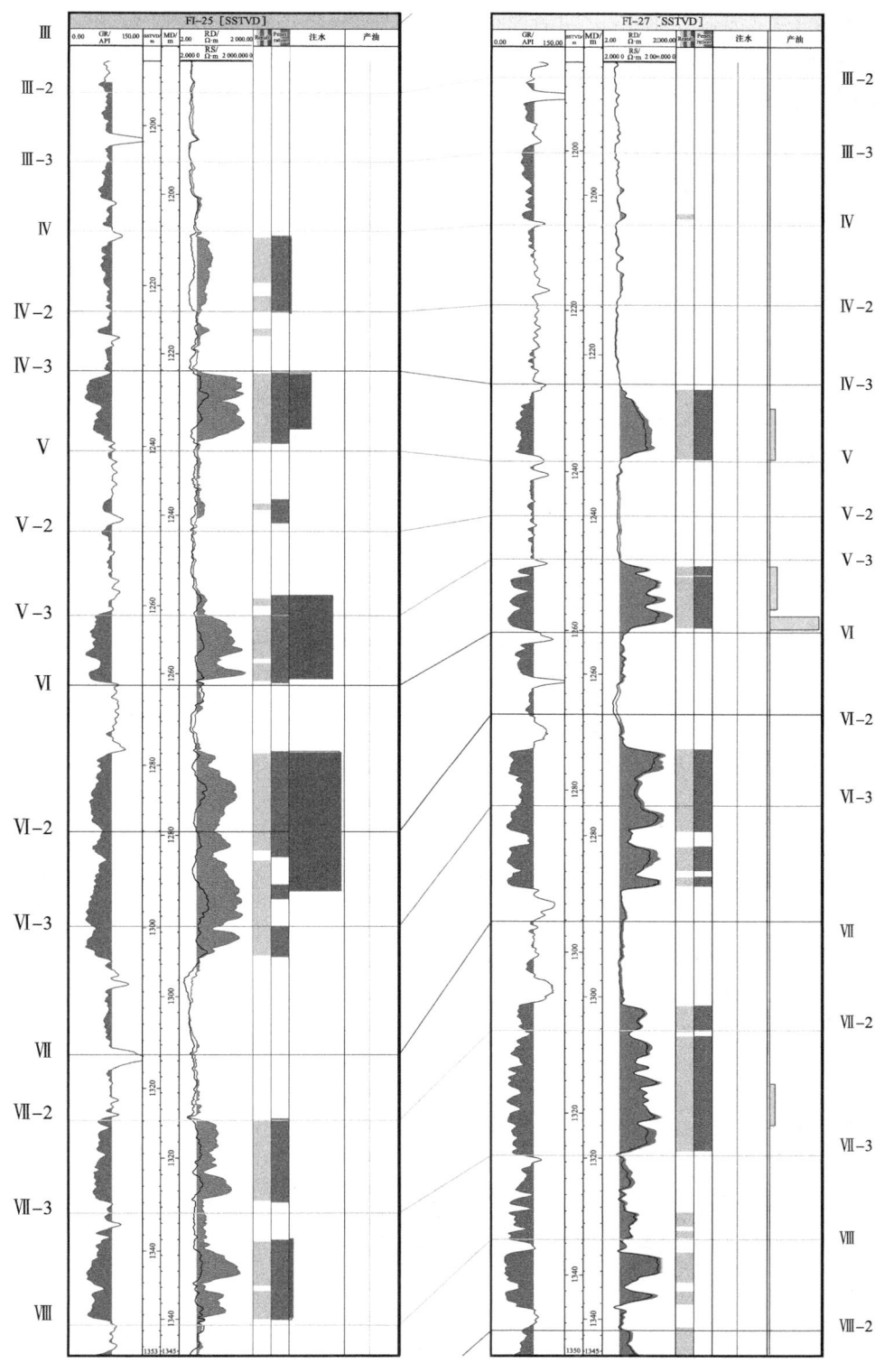

图 3.9　FI-27 与 FI-25 井对比剖面图

(5）水平井普遍高含水，后期治理难度大。

自 2008 年 3 月以来 P 油田共实施水平井 70 口，其中 56 口位于稠油油藏开发，大大提高了稠油油藏采油速度。水平井初产高，中低含水期相比直井有明显的产量优势，但见水后产量递减快，递减速度是直井的 2~3 倍。但随着油田含水率上升，新投水平井效果逐渐变差，初产逐年降低，初始含水率逐年上升。水平井含水率一旦突破，含水率上升速度很快。2018 年水平井含水率已超过直井含水率，产量递减较大（图 3.10）。

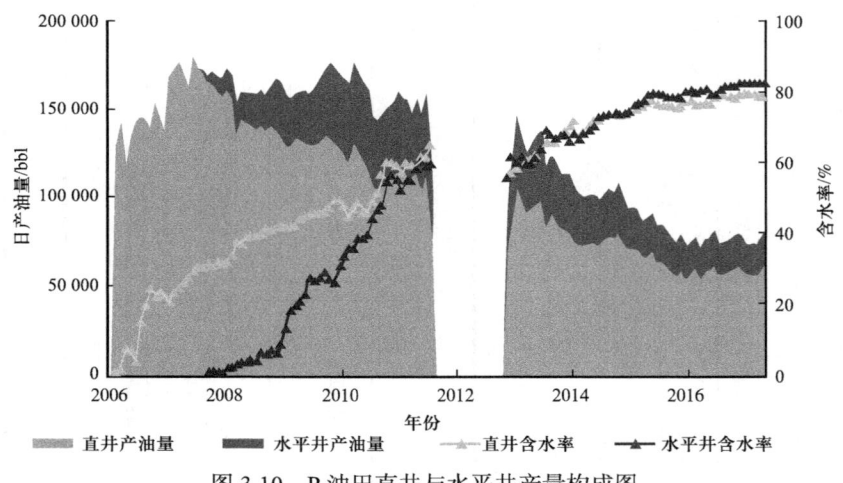

图 3.10　P 油田直井与水平井产量构成图

2017 年 10 月，水平井开井 62 口，平均单井日产油 280 bbl，平均含水率 82.7%。含水率大于 90% 的水平井有 14 口，占开井数的 22.5%；含水率大于 80% 的水平井有 42 口，占开井数的 68%；含水率大于 60% 的水平井有 56 口，占开井数的 90%。日产油不足百桶的低产水平井有 10 口，占开井数的 16%。

（6）储层非均质性强，经历早中期利用天然能量高速开发后，局部注水开发，剩余油分布复杂。

P 水驱类型多，包括边底水侵入、断层导水、注入水沿高渗透突进等类型（图 3.11）。

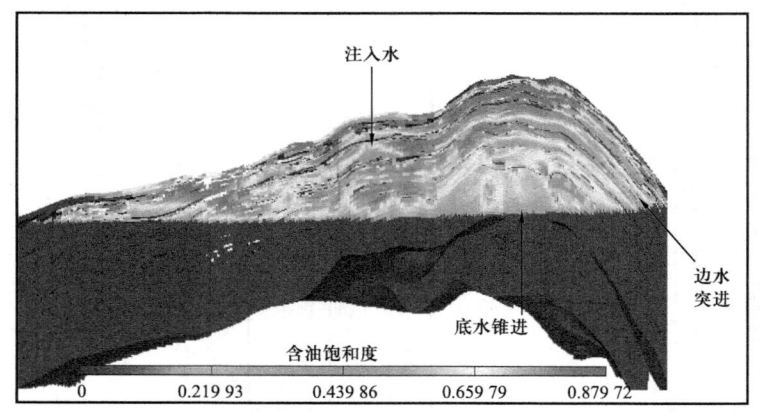

图 3.11　P 油田主块 Fal-1 含水饱和度图

且压力分布不均,边水、注入水突进及底水锥进快、不均一,油层水淹状况复杂,剩余油分布复杂。加上多数井合采开发,产吸剖面等动态监测资料少,剩余油分析难度大。

3.2 综合治理技术应用

3.2.1 人工举升优化技术应用

南苏丹3/7区P油田人工举升方式主要为电潜泵和螺杆泵两种。采用油藏—井筒—地面一体化优化技术对P油田某区块进行了系统分析,单井优化配产在60~300 m³/d,根据分析对举升参数优化调整,获得了较好的效果。

对Fal-1、Fal-3、P、A等10个区块的34口典型井的电潜泵工况进行了分析表明,24口井工况不理想,见表3.1。

表3.1 南苏丹3/7区P油田人工举升设备工况

序号	井号	频率/Hz	日产液/m³	对应频率最小排量/m³/d	对应频率最大排量/m³/d	是否处于排量范围内
1	FL-26	34	64.70	156	360	否
2	FM-29	44	91.57	202	462	否
3	FN-29	46	102.54	211	486	否
4	FO-22	42	119.55	190	437	否
5	Fal-10	45	144.67	206	471	否
6	FL-24	46	70.43	211	486	否
7	Pal-S-1	44	99.52	202	462	否
8	PQ-25	42	148.17	190	437	否
9	Anbar-5	60	270.42	438	819	否
10	Assel-2	44	294.75	466	873	否
11	Assel-7	44	187.28	325	605	否
12	Fal-7	47	346.89	348	643	否
13	FG-23	46	303.02	744	1351	否
14	FG-31	40	164.23	653	1163	否
15	FH-20	52	38.79	375	706	否
16	FH-24	48	138.31	358	658	否

续表

序号	井号	频率/Hz	日产液/m³	对应频率最小排量/m³/d	对应频率最大排量/m³/d	是否处于排量范围内
17	FI-19	55	90.30	404	750	否
18	FI-29	57	366.93	603	1123	否
19	FM-27	35	170.74	264	484	否
20	PM-24	42	128.61	177	352	否
21	PM-25	46	238.47	744	1351	否
22	PP-24	51	366.61	540	1010	否
23	PP-28	50	134.97	213	424	否
24	Fenti-2	52	80.28	379	704	否

据分析结果，筛选出PP-28、FM-29、FL-24、FI-19、FH-24和Anbar-5等10口典型井进行油藏—井筒—地面一体化举升系统优化。

10口井生产数据见表3.2。10口典型井进行一体化举升系统优化，并成功应用于现场，单井日增油14~50 t。

表3.2 南苏丹3/7区P油田2012年1月电潜泵生产数据

序号	井号	泵型	级数	频率/Hz	油嘴尺寸/mm	油压/MPa	产液量/bbl/d	含水率/%	优化措施
1	PP-28	SN2600	73	50	25.40	1.21	849	2.2	提高电动机频率
2	Pal-s-1	QN30	110	44	47.23	1.19	626	50.1	提高电动机频率
3	FM-29	QN30	110	44	25.40	1.17	612	18.3	换小泵
4	FL-24	QN30	110	46	25.40	1.45	443	35.5	换小泵
5	FI-19	SN3600	52	55	50.80	1.45	568	5.5	提高电动机频率
6	FH-24	SN3600	68	48	47.63	1.28	870	17.2	换小泵
7	Anbar-5	SN3600	44	60	48.82	1.17	1701	87.3	提高电动机频率
8	FL-26	QN30	130	34	19.45	1.24	407	54.0	提高电动机频率
9	Fal-7	SN3600	60	47	39.29	2.45	2182	56.0	提高电动机频率
10	FI-29	SN3600	88	57	25.40	1.14	2308	60.0	提高电动机频率

3.2.2 分注工艺技术应用

南苏丹3/7区P油田纵向非均质性强、小层多，实施分注提高注水效果。油田前期主要采用笼统注水工艺。由于没有配备专业化的投捞测试队伍，也不具备组建投捞测试队伍条件，现场开展了免投捞分注工艺技术试验，即地面分注工艺技术试验。

以 FI-25 井为例，基础数据见表 3.3。该井于 2007 年 5 月起出电潜泵，转为注水井。2009 年 3 月，注入量为 12 829.4 bbl/d。井口压力为 700~800 psi。吸水剖面显示 1 269.7~1 295.1 m 为主力吸水层段，注入量为 8110 bbl/d（图 3.12）。

表 3.3 FI-25 井完井基础数据

参数	数据	参数	数据
完钻井深 /m	1 480.0	套管内径 /in	6.276
人工井底 /m	1 457.0	套管外径 /in	7
固井质量	Good	套管钢级	N80
油层温度 /℃	74	油层压力 /psi	1798（1300 m）
油层套管 /m	1 476.50	套补距 /m	0.4

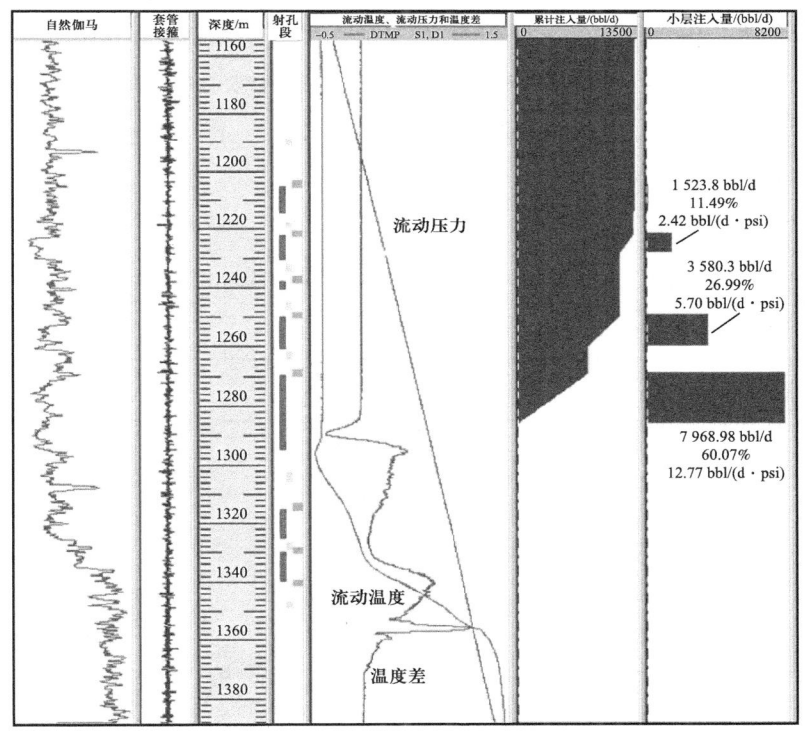

图 3.12 FI-25 井吸水剖面图

使用封隔器分层，实施油套分注，通过井口调节控制高渗透层注水量，加强低渗透层的注水量。考虑现场施工条件，本着施工简便和"合理限压、有效保护套管"的原则，优选的是地面一级两段分注工艺。所用工艺管柱结构如图 3.13 所示。

FI-25 井实施分层注水后，累计注水 1148×10^4 bbl，相邻采油井受效明显，井组产液量由 6972 bbl/d 上升至 8213 bbl/d，平均流压由 600 psi 上升至 1160 psi，取得了较好的效果。

3.2.3 防砂控水工艺技术应用

防砂控水工艺技术在 3/7 区 M 油田完成了 2 井次的先导性试验，取得了良好的效果。防砂成功率 100%，防砂有效率 100%，降水率 28.61%（表 3.4）。

Hammal-5 井于 2009 年 4 月投产，生产 Yabus Ⅵ 层，井段 1 355.5～1 369.5 m，1 373.0～1 388.0 m。2009 年 4 月 15 日至 2010 年 12 月 20 日，进行检泵冲砂作业 6 次，共冲出地层砂 20 m³。2010 年 12 月 25 日采用树脂预包砂防砂工艺，防砂有效期达 4 年，至 2015 年底累计恢复产油 23.3×10^4 t（图 3.14）。

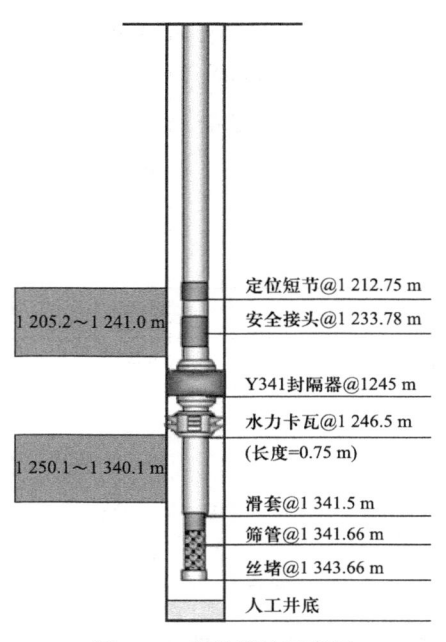

图 3.13 完井管柱示意图

表 3.4 Hammal-5 井和 Hammal-2 井防砂前后生产情况

序号	井号	砂埋前正常生产数据			防后生产数据			降水率/%
		日产油/t	日产液/m³	含水率/%	日产油/t	日产液/m³	含水率/%	
1	Hammal-5	7.95	11.23	29.9	59.73	63.15	5.5	24.4
2	Hammal-2	10.68	34.11	68.74	8.23	23.97	65.66	3.08

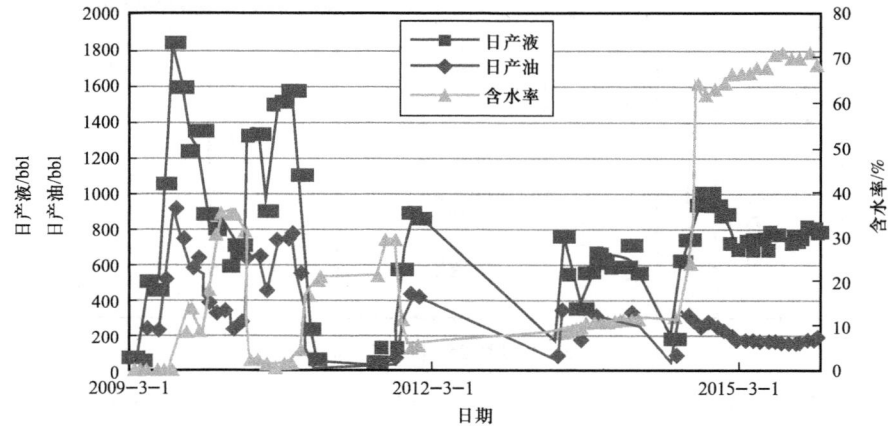

图 3.14 Hammal-5 井生产曲线

Hammal-2 井日产油高达 1356 bbl，2009 年 4 月作业冲砂 2.7 m³，2010 年 5 月作业冲砂 2.0 m³，2010 年 6 月 21 日作业探砂面在 1 060.14 m，电潜泵砂卡，从 1 060.14 m 冲砂至 1 453.0 m（人工井底）（砂量 7.84 m³）。累计冲出地层砂量为 12.54 m³。2011 年 1 月 13 日采用树脂预包砂防砂工艺。至 2015 年底累计恢复产油 12.5×10⁴ bbl（图 3.15）。

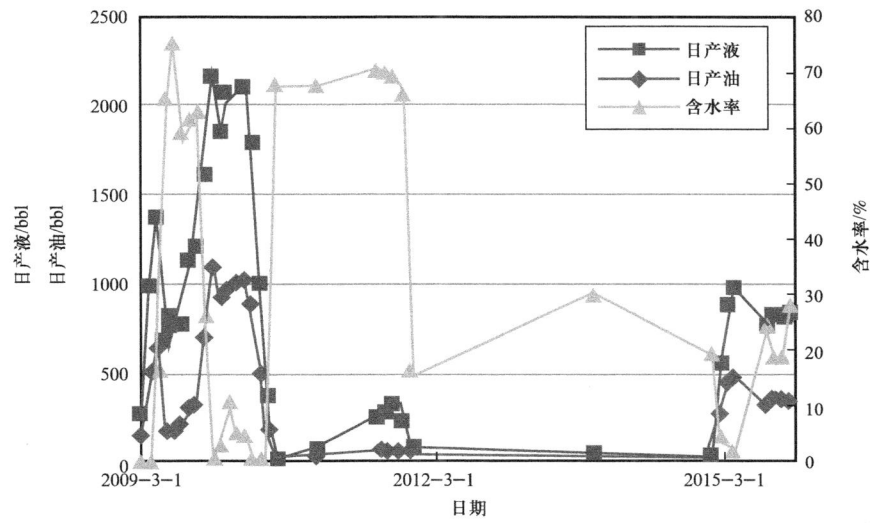

图 3.15　Hammal-2 井生产曲线

2017 年在南苏丹完成 Hammal-26、Hammal-28 和 Hammal-29 三口井防砂作业；在苏丹完成 FNE-46（热采井）、FN-06 和 FN-133 三口井防砂作业，这些井防砂前均因出砂无法正常生产，防砂后恢复正常生产（表 3.5）。

表 3.5　南苏丹和苏丹项目历年防砂作业效果对比

井号	时间点	产油量/bbl/d	产水量/bbl/d	产液量/bbl/d	含水率/%	备注
Hammal-26	防前	—	—	—	—	防前关井
	防后	474.00	266.00	740.000 0	36.00	
Hammal-28	防前	—	—	—	—	防前关井
	防后	477.00	14.00	491.000 0	2.90	
Hammal-29	防前	—	—	—	—	防前关井
	防后	580.00	72.00	652.000 0	11.00	
FNE-46	防前	92.00	92.00	184.123 5	50.00	稠油热采井
	防后	180.00	111.00	291.000 0	38.00	

续表

井号	时间点	产油量/bbl/d	产水量/bbl/d	产液量/bbl/d	含水率/%	备注
FN-06	防前	—	—	—	—	防前因出砂严重关井2年
	防后	100.00	2.00	102.000 0	1.90	
Hammal-2	防前	—	—	—	—	防前因出砂严重关井3个月；生产3个月因战争原因关井
	防后	49.00	61.00	110.000 0	55.50	
Hammal-5	防前	41.66	16.67	58.330 0	28.60	
	防后	375.00	28.00	403.000 0	6.95	
FNE-13	防前	145.70	0	145.700 0	0	
	防后	221.20	17.60	238.800 0	7.30	

Hammal-26井于2017年9月26日防砂，累计产油41 829 bbl；Hammal-29井防砂后累计产油27 840 bbl；Hammal-28井防砂后累计产油21 160 bbl。

深度砾石充填防砂技术在南苏丹3/7区应用15井次，施工成功率100%，防砂有效率100%。所有因出砂停产井全部成功复产，措施后恢复产油3000 bbl/d。截至2022年6月，防砂后平均检泵周期超过1267天，最长已近1800天，有效解决了南苏丹3/7区的出砂难题。

3.2.4 卡堵水工艺技术应用

3.2.4.1 机械卡水工艺

机械卡水工艺是由封隔器为主要工具组成卡水工艺管柱，实现对高含水层的封堵。该工艺分为2类，单卡封堵出水层工艺和双卡封堵出水层工艺，管柱结构如图3.16和图3.17所示。

3.2.4.2 找卡水一体化工艺

找卡水一体化工艺原理是采用封隔器分隔各油层，压控开关控制各油气层的生产和关闭。当需要换层生产时，地面油套环空加打压力波码，控制压电开关，实现换层生产。找卡水一体化管柱结构如图3.18所示。

技术特点有4个：（1）施工管柱和生产管柱一次完成，集卡层、换层、抽油生产为一体。（2）地面设置分采工具开关状态，生产（或关闭）任意层。（3）可不动生产管柱实现任意层重复换层生产。（4）电子式分采工具可设置定时自动开启或关闭任意一层或几层生产。

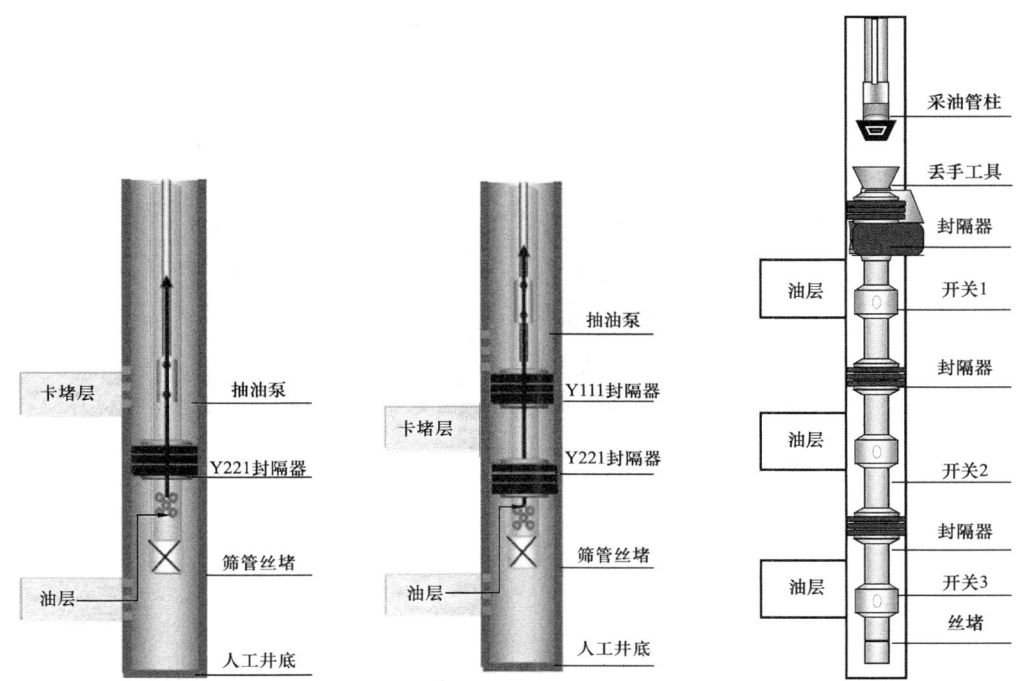

图 3.16 单卡堵水管柱示意图　　图 3.17 双卡堵水管柱示意图　　图 3.18 找卡水一体化管柱示意图

对 G-11 井进行现场应用，效果良好。该井施工后取得了明显的分层生产效果。完井前生产下层（2814～2821 m），完井后先生产上层（2773～2777 m），开井后，产油量由完井前 125 bbl/d 提高到 397 bbl/d，含水率由完井前 71% 降至 0；上层由于供液不足，生产后日产油量逐渐降低，泵吸入口压力逐渐下降，直至关井；2017 年 1 月 15 日地面加压人工换层，上下层合采，日均产油量 281.27 bbl，含水率 40.7%；2017 年 2 月 27 日地面加压人工换层，生产下层，日均产油量降至 53.07 bbl，含水率 89.6%；2017 年 6 月 8 日地面加压人工换层，上下层合采，日均产油量升至 246.7 bbl，含水率 24.2%（图 3.19）。

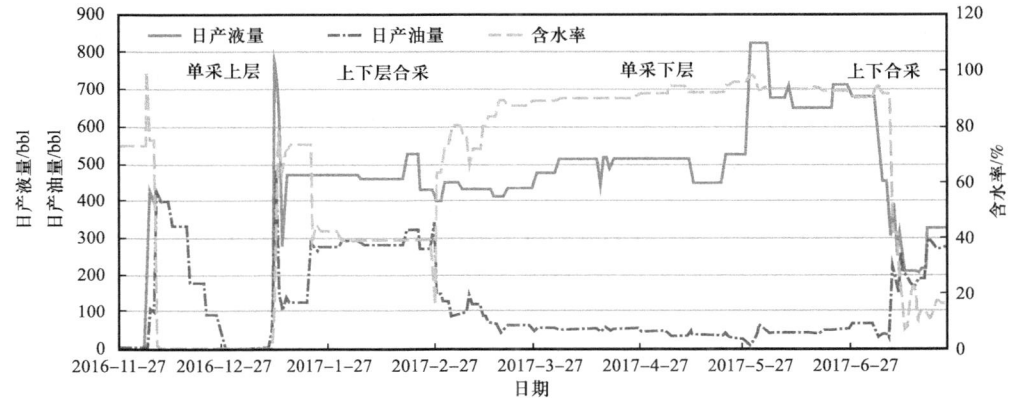

图 3.19　G-11 井分层采油生产曲线图

3.2.4.3 深部化学堵水工艺

深部化学堵水工艺针对压力系数低、产水高、地层亏空严重的井，先注入深部固化颗粒堵剂进行先期深部封堵处理，然后用多级粒径组合防漏失高强度堵剂封堵，再根据剩余油分布重复射孔（图3.20）。

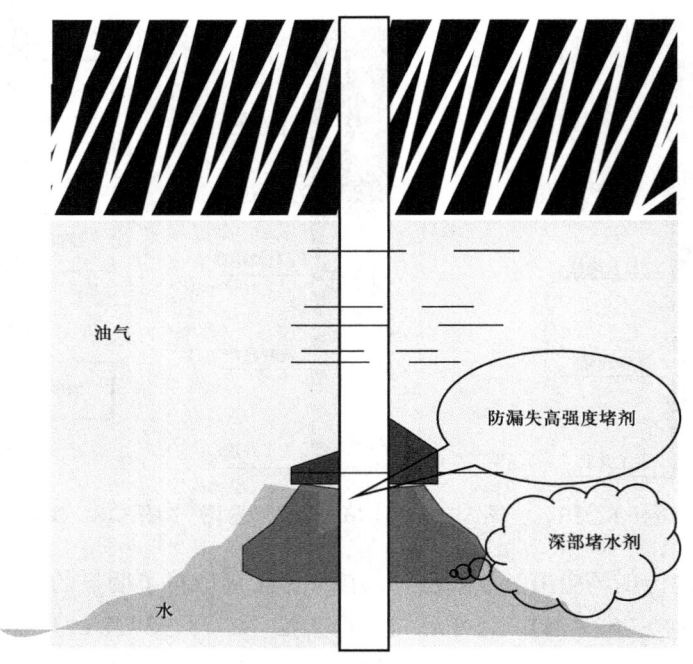

图 3.20　深部化学堵水工艺原理示意图

技术特点是堵剂优先封堵高产水段，避免伤害油层；深部固化颗粒堵剂用悬浮液携带挤入水淹层段高渗透带，达到深部堵水的目的，扩大封堵半径，延长措施有效期。

堵剂体系是由耐温聚合物，酚醛树脂交联剂组成。具有良好的热稳定性和抗盐水解性能。基本配方是 0.4%~0.6% 抗温耐盐聚合物 + 浓度 0.3%~0.4% 交联剂。

PLA-1A 井应用深部化学堵水工艺后获得较好效果。该井设计耐温抗盐聚合物凝胶 500 m^3，高强度封堵剂 20 m^3；实际注入聚合物溶液 170 m^3，高强度堵剂 4 m^3（表3.6）。开井后初期含水仅 5%，有效期超过 7 个月。

表 3.6　南苏丹 PLA-1A 井堵水现场试验结果

层号	层段 /m	解释结果
Yabus Ⅵ	1 294.6~1 299.1	油
Yabus Ⅵ	1 300.6~1 301.3	油
Yabus Ⅵ	1 304.4~1 306.4	油
Yabus Ⅶ	1 311.4~1 324.5	油

续表

层号	层段 /m	解释结果
Yabus Ⅶ	1 325.3～1 335.3	油
Yabus Ⅶ	1 335.9～1 350.3	油
Yabus Ⅶ	1 351.9～1 361.5	油
Yabus Ⅶ	1 361.5～1 362.5	油水过渡带
Yabus Ⅷ	1 362.5～1 374.3	水

3.3 开发效果

通过综合治理技术的应用，P油田稳油控水见成效，产量稳中有升，含水上升率减缓，开发效果得以改善。

（1）油田产量保持 400×10^4 t 稳产，含水上升率小于 2%。

P油田产量稳中有升，重上 400×10^4 t 并稳产。2017年年产油 396×10^4 t，2018年产量上升至 410×10^4 t，2019年产量再上升至 420×10^4 t。2018—2019年P油田含水上升率保持在2%以下，分别为1.8%和1.9%，综合含水率保持在80%左右（图3.21）。

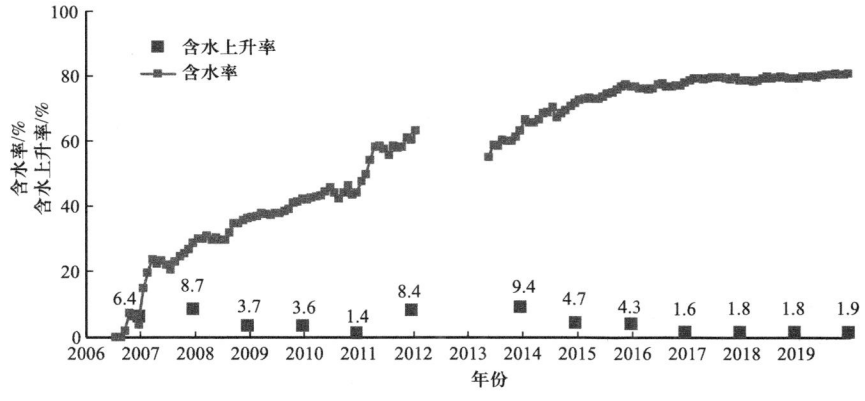

图 3.21　P油田历年含水率与含水上升率曲线

至2019年底，P油田及其主力区块Fa1块含水与采出程度关系曲线如图3.22所示，采出程度与含水关系趋势明显变好。

（2）综合治理措施效果好，稳油控水成效显著。

2017—2019年共实施防砂措施7井次，恢复产能1400 bbl/d；实施堵水措施30井次，计量25井次，有效率96.0%，平均单井初增油103 bbl/d，平均单井初降水862 bbl/d，油田日产水降低 2.1×10^4 bbl/d；实施堵水补孔措施72井次，计量68井次，有效率92.6%，平均单井初增油238 bbl/d，平均单井初降水408 bbl/d，油田日产水降低 2.9×10^4 bbl/d（表3.7）。

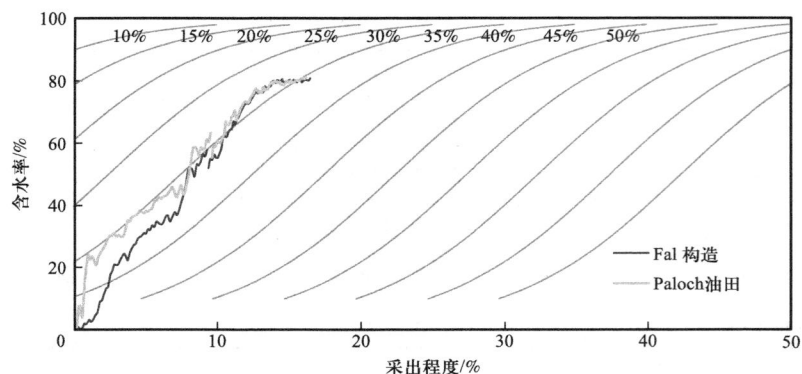

图 3.22　P 油田及主块含水率与采出程度关系曲线

表 3.7　2017—2019 年 P 油田措施实施效果统计表

措施类型	措施井次	计量井次	有效井次	有效率/%	平均单井初增油/bbl/d	平均单井初降水/bbl/d
防砂	7	7	7	100	200	—
堵水	30	25	24	96.0	103	862
堵水补孔	72	68	63	92.6	238	408

参 考 文 献

[1] 李方明, 计智锋, 赵国良, 等. 地质统计反演之随机地震反演方法——以苏丹 M 盆地 P 油田为例 [J]. 石油勘探与开发, 2007, 34 (4): 451-455.

[2] 袁楠. 位移水平井钻井工艺技术在南苏丹 3/7 区 PP-29H 井的应用 [J]. 化工管理, 2015 (5): 197-198.

[3] 赵旭. 自适应调流控水技术研究与试验 [J]. 石油机械, 2019, 47 (7): 93-98.

[4] 苏莹. 调流控水筛管内部流场的数值模拟 [J]. 辽宁化工, 2017, 46 (6): 590-591.

[5] 宋正聪, 李青, 何强. 自适应调流控水防砂工艺在塔河油田的研究与应用 [J]. 钻采工艺, 2018, 41 (4): 115-116.

[6] 赵崇镇. 水平井自适应调流控水装置研究与应用 [J]. 石油钻探技术, 2016 (5): 95-98.

[7] 强晓光, 姜增所, 宋颖超. 调流控水筛管在冀东油田水平井的应用研究 [J]. 石油矿场机械, 2011, 40 (4): 77-78.

[8] 王金东. 南苏丹 3/7 区高渗低压层固井质量研究 [J]. 西部探矿工程, 2019 (3): 59-61.

[9] 王金忠, 肖国华, 陈雷, 等. 水平井管内分段调流控水技术研究与应用 [J]. 石油机械, 2011 (1): 30-61.

[10] 王庆, 刘慧卿, 张红玲, 等. 水平井调流控水筛管流体流动耦合模型研究 [C]. 渗流力学与工程的创新与实践——第十一届全国渗流力学学术大会, 2013: 57-62.

4 乍得项目油田综合治理技术应用及开发效果

乍得项目1期油田属薄层层状弱边水的砂岩油藏。早期由于急需原油产量保持在较高水平，已开发区块保持了较高的采油速度。开发呈现出油藏压力下降快，水驱控制程度低，含水上升速度较快，油、气、水关系进一步复杂化，油田仍有较大的开发潜力。工程上面精细注水调整迫切、控水堵水难度大、酸化复杂实施难的技术难题，然而精细注水在乍得项目早期因无专业测调试队伍难于应用，非洲内陆国家不能使用酸化液体。经过实践形成了电潜泵螺杆泵优化技术、缆控智能分注技术、自适应控水技术和固体酸酸化解堵技术，保障了开发效果。本章主要阐述了这些特色技术在乍得项目1期油田的综合治理应用情况、针对性策略及效果。

4.1 项目概况

乍得项目1期油田是中国石油2007年获得H区块100%权益后，在Bongor盆地实现勘探突破发现的第一批油田。Bongor盆地位于乍得西南部，呈近东西走向，长约280 km，宽40~80 km，面积约1.8×10^4 km^2。区域构造上位于中非剪切带中段北侧，是一个受中非剪切带影响发育起来的中—新生代陆内裂谷盆。

盆地基底为前寒武系变质岩，前寒武系结晶基底经历了寒武纪—侏罗纪长期的风化剥蚀，于早白垩世开始发生断裂，开始了其中新生代盆地演化史。Bongor盆地的演化经历了早白垩世裂陷期、晚白垩世稳定沉降期、晚白垩世末期—始新世抬升剥蚀期、始新世—早中新世弱裂陷期、中新世末抬升剥蚀期和新近纪坳陷期。经过三次裂谷和两次反转，盆地保留了上万米的中—新生界陆相碎屑岩地层，包括下白垩统、古近系、新近系和第四系。下白垩统厚度大、层系多，是盆地的主要含油目的层。乍得一期油田位于Bongor盆地北部斜坡带的中段，主要包括Ronier、Mimosa和Prosopis油田，主要目的层位为下白垩统K组砂岩，其次为P组、M组砂岩（图4.1）。

4.1.1 油田地质特征

乍得项目1期油田位于Bongor盆地油气富集的北部斜坡带，以压扭应力下基底凸起背景上发育的背斜、断背斜、断鼻、断块圈闭为主，Ronier、Mimosa和Prosopis等油田受近东西向断裂控制，呈近东西向展布。主要含油层系K组砂岩为辫状河三角洲砂体，呈砂泥岩频繁互层，单层砂岩厚度较薄，但分布范围较广，纵横向较为稳定。次要目的层P组砂岩为扇三角洲、近岸水下扇或湖底扇沉积体系，砂岩单层厚度较大，分布范围相对较小，横向变化快。M组砂岩为深陷阶段沉积，以湖底扇—近岸水下扇为主，砂体单层厚度较大但分布局限。

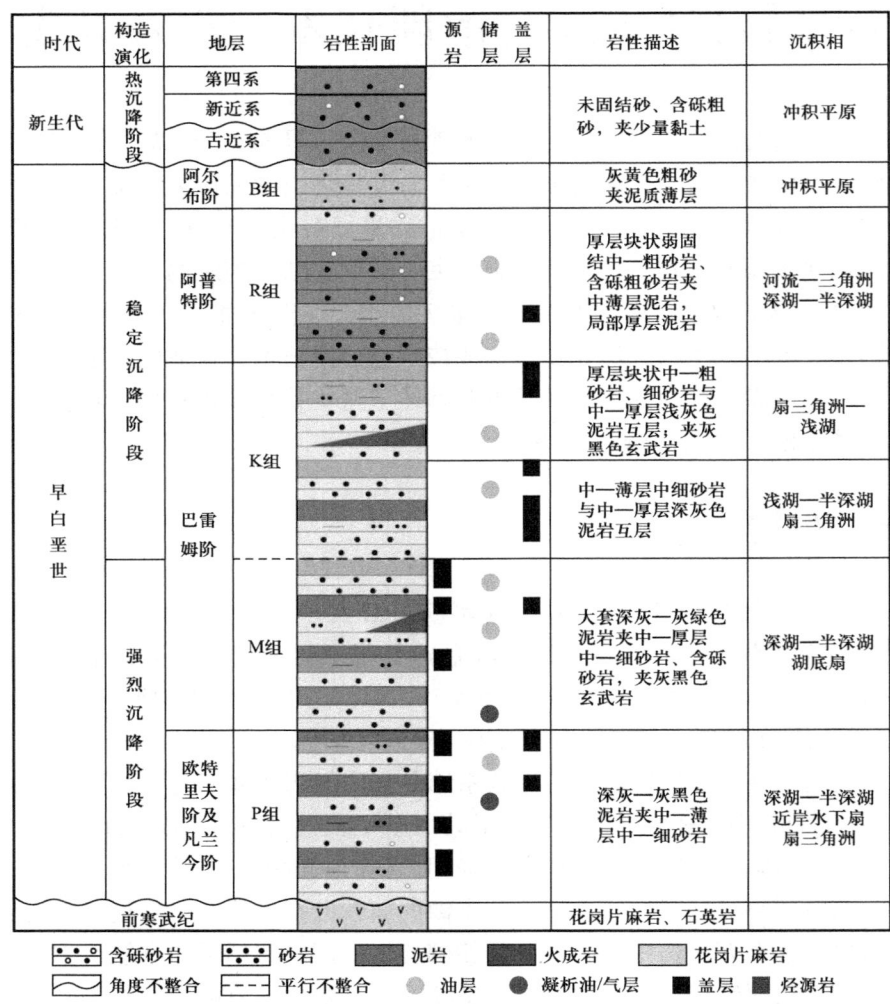

图4.1 Bongor盆地地层综合柱状图

4.1.1.1 Ronier油田

Ronier油田为背斜构造油藏，在基底凸起上发育的背斜圈闭被多条近东西走向的断层将背斜复杂化，形成"负花状"构造，构造核部的主控断层将背斜构造切割为南、北两个断背斜构造。北部断背斜又受断层切割形成Ronier-1和Ronier-3两个断块，圈闭面积9.9 km^2；南部断背斜则被多条斜交的断层切割，形成Ronier-4、Ronier-6和Ronier C-4等断块，圈闭面积11.2 km^2。

Ronier油田主要含油层系为下白垩统K组砂岩，其次为P组、M组砂岩。K组砂岩为中高孔隙度、中高渗透率储层，孔隙度14.7%～26.8%，渗透率13.3～1653 mD。

P组砂岩孔隙度14.6%～21.3%，渗透率50～310 mD，为中孔中渗储层。K组原油具有中—高密度、较高黏度、高含蜡、低凝点、低含硫等特征，地面原油密度0.857～0.922 8 g/cm³，黏度157.1 mPa·s，含蜡11%～16%，含硫0.089%，凝点−5～6 ℃。P组和M组为轻质油藏，具有低黏度、高含蜡、低含硫和凝点较高的特征。K组油藏原始地层压力11.71～15.39 MPa，原油饱和压力7.4～11.41 MPa，地饱压差较小。

Ronier-4区块为一受北侧断层控制的断背斜构造，为中孔隙度、中渗透率储层，油藏类型为层状边水常温常压的常规稀油油藏，纵向上具有多套油水系统，主要目的层为KⅢ4、KⅣ1、KⅣ3和KⅣ4砂层组（图4.2）。

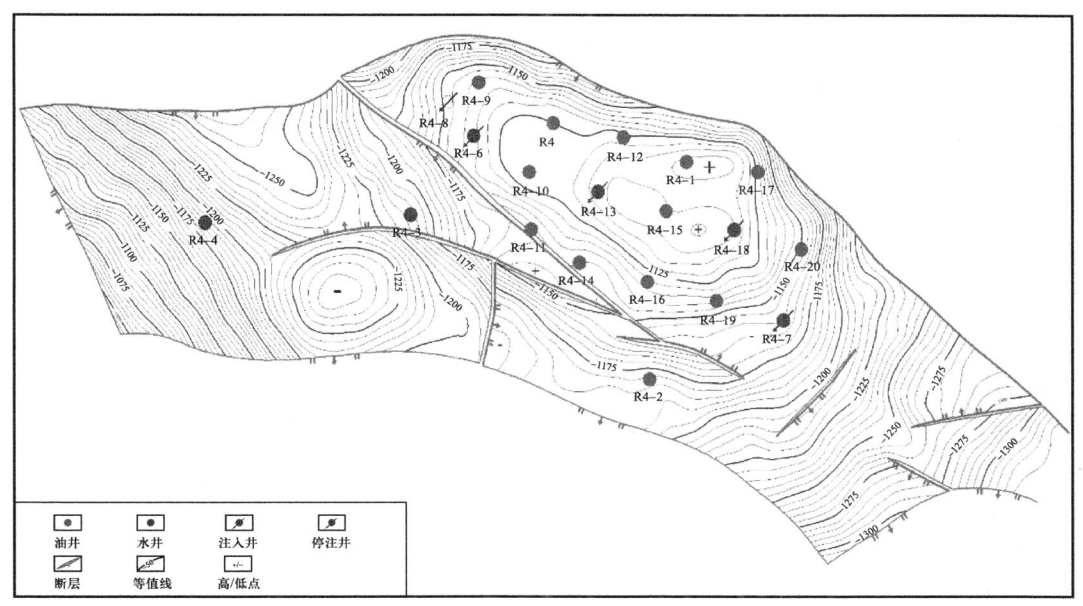

图4.2 R4断块KⅣ油组顶部构造图

4.1.1.2 Mimosa 油田

Mimosa 油田为一近东西走向的被断层复杂化的挤压长轴背斜，由一个断背斜和多个断鼻构造组成。Mimosa-4为断背斜构造，圈闭面积11 km²，为该油田主力含油构造。

Mimosa油田主要含油层系为下白垩统K组砂岩，其次为P组和R组砂岩。K组砂岩为中孔隙度、中低渗透率储层，孔隙度16%～23%，渗透率10～100 mD；P组砂岩孔隙度18.2%～25.3%，渗透率55～259 mD，为中孔隙度、中低渗透率储层；R组砂岩孔隙度分布在22%～35%，渗透率50～2000 mD，为中高孔隙度、中高渗透率储层。三套含油层系具有不同的原油性质，K组和P组油藏为轻质油藏，具有低密度、低黏度、低含硫和较高含蜡的特征，原油密度0.855 0～0.867 7 g/cm³。R组油藏原油则具有高密度（0.959 0 g/cm³）、高黏度（1953 mPa·s）、高酸值（5.91～8.28 mg/g）、低含蜡等特点。原始地层压力11.71 MPa，原油饱和压力8.09 MPa，地饱压差较小。

Mimosa-4区块为一北侧被断层控制的构造—岩性油藏，油藏类型为层状边水常温常压的常规稀油油藏，纵向上具有多套油水系统，主要目的层为ＫⅠ2、ＫⅠ3和ＫⅠ4砂层组。

4.1.2 开发历程与开发状况

4.1.2.1 开发历程

（1）天然能量开发阶段。

乍得项目1期油田于2011年4月投产，先期投产的4个区块为Ronier-1区块、Ronier-4区块、Ronier-6区块和Mimosa-4区块，4个区块共钻开发井47口，为一套井网开发，布井方式为近正方形井网，井距350~500 m。初期开发井全部作为生产井投产，未注水。为了保证向乍得炼厂足量供油，根据油藏特征，适度提高了各区块的采油速度，其中Ronier-4区块投产后的前三年地质储量采油速度在2.5%~3.1%之间，可采储量采油速度在7.1%~8.7%之间；Mimosa-4区块投产后地质储量采油速度在1.32%~1.73%之间，可采储量采油速度在4.77%~6.28%之间。

由于上述两个主力区块采油速度偏高，而油藏地饱压差小，边水能量较弱，投产后陆续出现地层压力下降快、气油比上升快和快速见水等情况。受油、气、水处理能力和作业条件限制，稳产难度大。为了保障炼厂原油供给，又先后对Prosopis-1、Prosopis C和Mimosa N三个区块低气油比、不含水的11口探井进行试采，弥补产量递减。

（2）注水开发阶段。

Ronier-4和Mimosa-4区块于2015年5月和7月相继转入注水开发，采用反九点法面积注水和边外注水相结合的方式，补充地层能量。初期两个区块分别有注水井3口、油井13口，注采井数比均为1∶4。经过新钻注水井、转注等方式，进一步完善注采井网，使Ronier-4区块注采井数比达到1∶3，Mimosa-4区块达到1∶2.3。随着注水开发的推进，Ronier-4区块注水见效明显，Mimosa-4区块则见效相对缓慢。注水虽见到效果，但受储层垂向和平面非均质性影响，水驱控制程度较低，两个区块分别为56.9%和43.3%；Ronier-4区块含水上升较快，受效不均匀，出现单层突进和局部油井水淹现象；受效井产量递减减缓甚至回升，但区块整体产量月递减率仍在1.8%以上，项目1期油田日产水平呈现下降趋势（图4.3和图4.4）。

4.1.2.2 开发状况

截至2021年12月底，乍得项目1期油田在生产的有3个油田14个断块，主力规模建产断块6个，累计建成产能 60×10^4 t，累计产油 411×10^4 t。总井数86口，油井72口，开井40口，注水井14口，开井13口。油田日产油1350 m³，平均单井日产油33 m³，日注水150 m³。气油比58 m³/m³，综合含水率44%，地质储量采油速度1.08%，地质储量采出程度10.3%（图4.5）。

4 乍得项目油田综合治理技术应用及开发效果

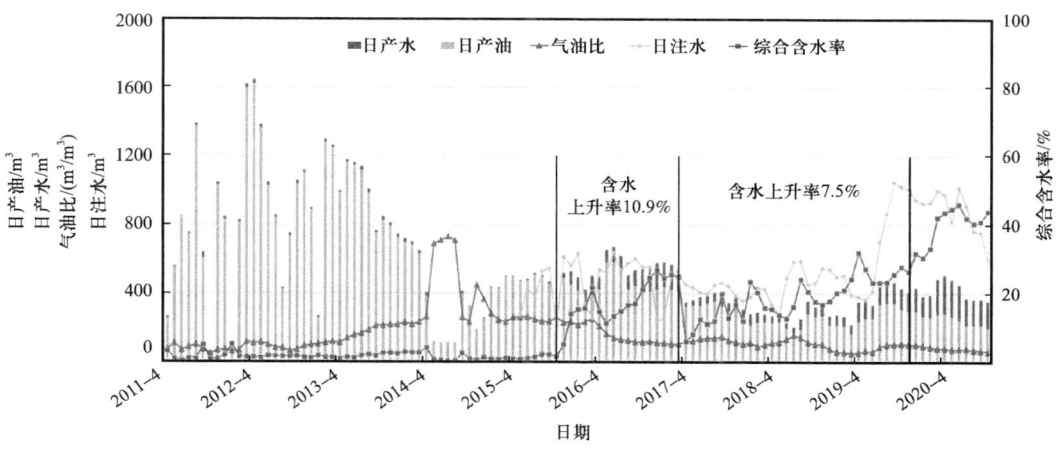

图 4.3　Ronier-4 区块历史生产曲线

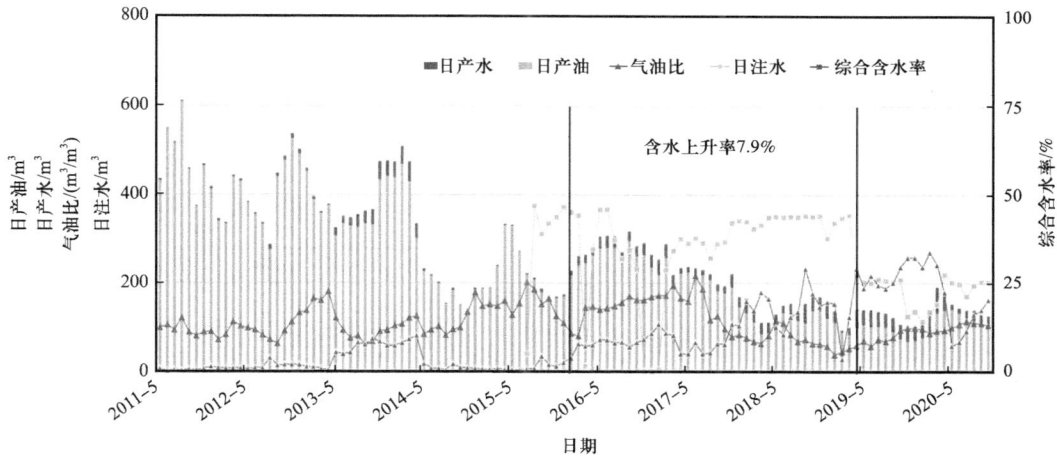

图 4.4　Mimosa-4 区块历史生产曲线

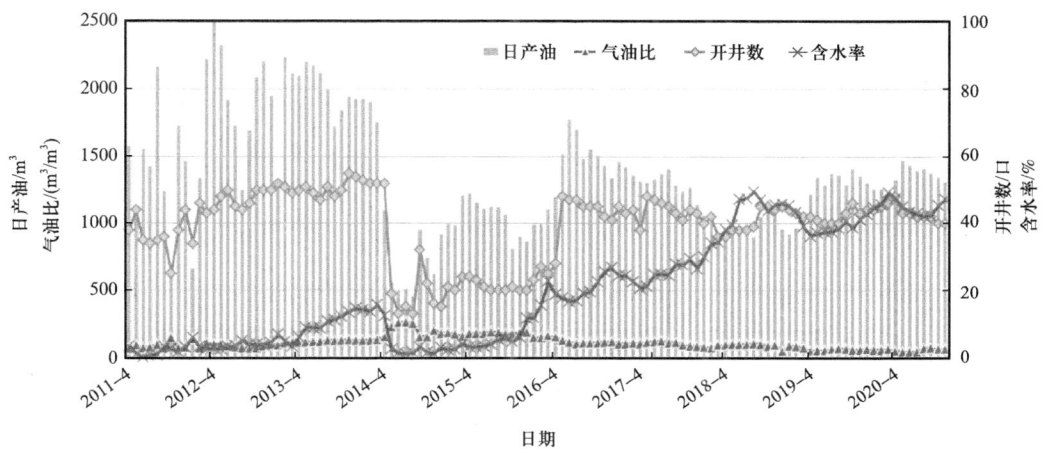

图 4.5　乍得项目 1 期油田生产曲线

4.1.3 油田开发面临的难题

乍得项目1期油田属薄层层状弱边水油藏,层间和平面非均质性较强,地饱压差小,边水能量弱。早期由于急需原油产量保持在较高水平,已开发区块保持了较高的采油速度,明显高于其合理采油速度,导致一系列的开发矛盾和难题,体现在以下几个方面:

(1) 油藏压力下降快,导致产量递减快,气油比上升快。

尽管油藏地饱压差小,边水能量较弱,但由于需要为炼厂供油,油田早期未能同步注水,而是依靠天然能量开发。Ronier-4 区块于 2011 年 4 月投产后,经过一年多的高速开发,地层压力快速下降,从 2012 年 11 月开始,区块产量递减加快,年递减率达 50% 以上,油藏脱气导致气油比快速上升,达 800 m³/m³ 以上(图 4.6)。

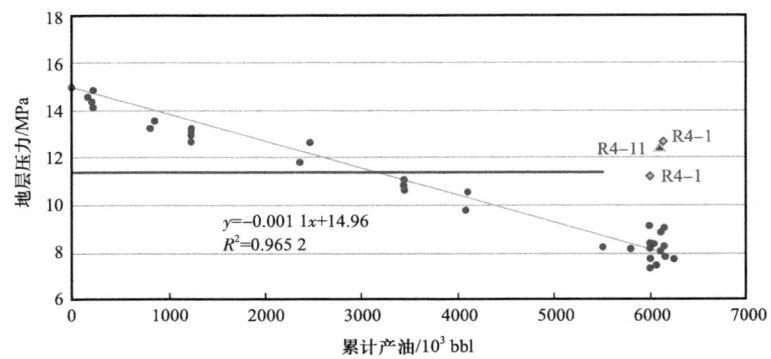

图 4.6 Ronier-4 区块累计产油与压力关系曲线

Mimosa-4 区块于 2011 年 4 月投产后,尽管采油速度低于 Ronier-4 区块,但由于其三面受断层遮挡,仅西南方向存在弱边水,且储层物性较 Ronier-4 区块差,天然能量较 Ronier-4 区块更弱,因此地层压力下降更快,从 2012 年 5 月开始,油藏产量递减加快,年递减率达 41%,但气油比上升幅度不大(图 4.7)。

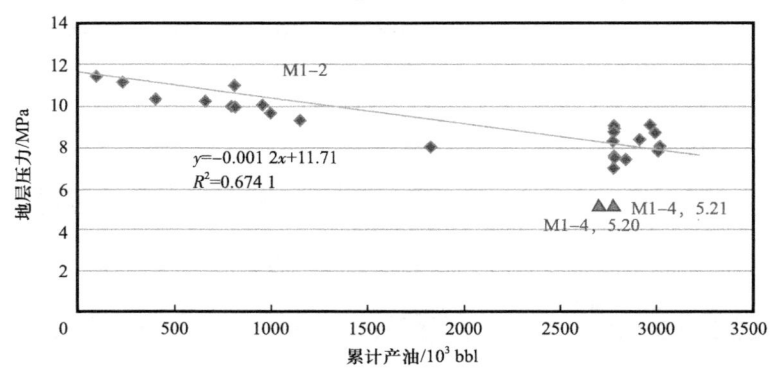

图 4.7 Mimosa-4 区块累计产油与压力关系曲线

(2）笼统注水及早期注水量偏高，导致水驱控制程度低，含水上升速度较快，甚至局部油井水淹，停产井较多。

笼统注水导致层间矛盾突出，纵向上多套油层往往只有1～2个层吸水，注采对应差；平面上辫状河三角洲砂体非均质性较强，分支河道砂体成为水驱的优势通道，造成生产井水淹，其他相带砂体则尚未波及。纵向和平面的注采矛盾叠加，导致注水开发水驱控制程度低，高渗透油层和平面高渗透条带上的生产井部分由于水淹而关井，水驱波及程度低的油层或条带，则由于没有足够的能量补充，压力快速下降，油层脱气导致油井低产，甚至停产。

乍得项目1期油田累计投产油井72口，由于上述两方面原因，导致仅开井40口，开井率不足56%，绝大部分关停井是水淹或供液不足造成的。

（3）油、气、水关系进一步复杂化，认识剩余油分布规律难度大。

剩余油分布主要受构造、储层物性及非均质特征、井网控制程度、采出程度、天然水体分布及大小、注水强度及剖面吸水程度、水驱波及范围等因素影响。

乍得项目1期油田Ronier-4区块和Mimosa-4区块，受储层纵横向非均质性强、天然能量不足、多层系一套井网开发、笼统注水层间及平面矛盾突出等因素影响，高速开发导致油田的油、气、水分布产生重大变化，油、气、水关系更加复杂，剩余油分布受多重因素影响，其规律的认识难度更大。

（4）油田虽采出程度低，但油、气、水关系复杂，单井产量较低，综合含水较高，提高采油速度难度大。

经过早期的天然能量高速开发、近年的笼统注水和调整，乍得项目1期油田油水关系和剩余油分布较为复杂，局部压力保持水平较低，气油比较高；局部虽压力恢复较好，但出现注水单层突进，油井水淹现象，油田综合含水率上升至44%，开发矛盾较为突出。另外，油田采出程度仍较低，地质储量采出程度10.3%，可采储量采出程度34.9%，仍有较大的开发潜力。

尽管有较大的开发潜力，但目前油田开井率低，单井产量低，综合含水较高，采油速度较低。要提高油田开发效果和采收率，亟待从精细注水调整、控水作业、剩余油挖潜、措施作业等多方面入手，对乍得项目1期油田开展综合治理。

4.2 综合治理技术应用

4.2.1 人工举升优化技术应用

乍得项目1期油田于2011年4月26日投产，投产时有56口油井，见表4.1。投产时，有自喷和人工举升两种采油方式，人工举升采用电潜泵（简称ESP）和地面驱动螺杆泵（简称螺杆泵或PCP）两种机械采油方式。随着地层压力下降，10口自喷井一年后相继停喷，转为电潜泵或螺杆泵机械采油方式。所以，乍得项目1期油田人工举升优化技术包括电潜泵采油优化技术和螺杆泵采油优化技术。

表 4.1　乍得项目 1 期油田油井采油方式统计表　　　　　　　　　单位：口

类别	R-1 区块	R-4 区块	R-6 区块	M-4 区块	全油田
自喷井		5		5	10
电潜泵		8		7	15
螺杆泵	19	5	2	5	31
小计	19	18	2	17	56

4.2.1.1　电潜泵采油优化技术

乍得项目 1 期油田电潜泵采油优化技术包括使用先进的电潜泵配套技术、电潜泵井单井优化设计和电潜泵井生产现场的优化管理。

1）电潜泵配套技术

乍得项目 1 期油田电潜泵配套技术以技术上先进成熟、使用上可靠耐用、管理上适应海外油田管理模式的原则，进行电潜泵系统组配。

电潜泵系统由地面系统和井下系统两大部分组成。

（1）ESP 地面部分。ESP 地面部分主要包括输入滤波器、变频器、输出滤波器、升压变压器、地面电缆、井口接线盒等，如图 4.8 所示。

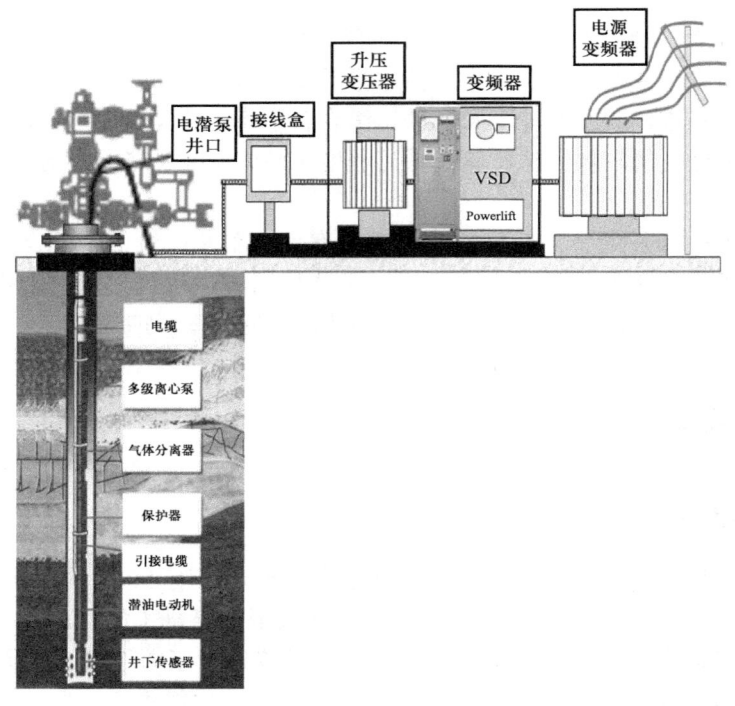

图 4.8　乍得项目 1 期油田电潜泵系统应用图

鉴于现场所处的自然环境以及工业基础，要求地面电器系统具备极高的可靠性，各部件经久耐用，因此，采用低压 6 脉冲以上脉宽调制变频器；采用专用的宽频升压变压器以防止谐波影响；采用输入/输出滤波器降低谐波对电网和机组的影响；采用适应热带或沙漠环境的防护及散热设计；所有地面设备组装在便于运输和安装的整体橇装上。

（2）ESP 井下部分。ESP 井下系统主要包括井下传感器、潜油电动机、保护器、吸入口/分离器、潜油离心泵、潜油电缆和一次性下井件等。根据乍得项目 1 期油田单井产量，以及采用的 7 in 和 $5\frac{1}{2}$ in 套管尺寸，设计了 6 种规格的 101/114 系列潜油电泵机组。

① 泵及分离器。泵采用非防砂防腐常规泵型（图 4.9）。排量范围 120～1200 bbl/d；扬程范围 800～1500 m；根据油井参数配套吸入口/分离器，采用旋转式分离器，可有效处理气液比 30% 的游离气，分离效果 90% 以上。

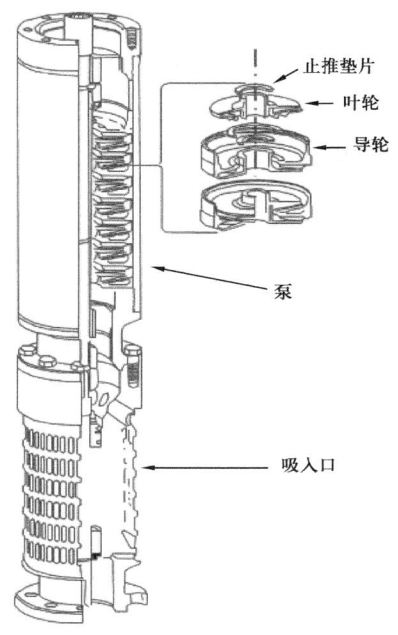

图 4.9　泵、吸入口示意图

② 电动机、保护器、电缆。电动机耐温等级 150 ℃，功率满足 65 Hz 运行要求；保护器采用双节双胶囊；电动机、保护器用高承载轴承；电缆采用 AWG4 号扁电缆；电缆为镀锌铠装、耐温 120 ℃（图 4.10）。

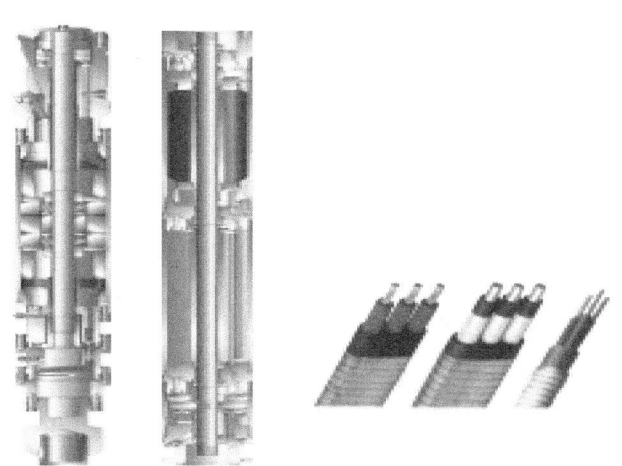

图 4.10　潜油电动机、保护器、电缆示意图

③ 传感器。采用双通道压力温度传感器。电潜泵运行期间，可以实时测取井下温度、压力；如果需要测取油井压力恢复，则关停电潜泵，利用测取的压力折算地层恢复和地层静压。

2）电潜泵井单井优化设计

根据油田开发方案、各区块油井投产时的日产量以及采油参数，如生产气油比、生产压差等，进行了油藏—井筒—地面一体化的优化。通过各个采油井钻井及测井的具体情况，确定单井地层参数，包括油层厚度、孔隙度、渗透率、原始地层压力等，进行单井投产完井地质设计，确定单井的具体完井参数和生产参数，如射孔参数和日产量、气油比等，采油工程依据单井地质设计进行电潜泵设计，见表4.2和表4.3，然后下泵投产。

表 4.2 R4-17 潜油电泵选择所需资料

项目	序号	名称	单位	数据
基本数据	1	套管尺寸	in	$5\frac{1}{2}$
	2	油管		$2\frac{7}{8}$EUE
	3	射孔顶界	m	1 547.81
	4	射孔井段	m	1 547.81～1 581.03（17.06 m/7层）
	5	井底温度	℃	81
	6	饱和压力	MPa	11.4
	7	是否斜井	（最大井斜角）	2.68°/1 299.68 m
	8	含水率	%	0
	9	比采油指数	$m^3/(d \cdot MPa \cdot m)$	2.22
	10	地层压力	MPa	15.6
原油物性	11	原油相对密度（20 ℃）	g/cm^3	0.867 8
	12	原油黏度（50 ℃）	$mPa \cdot s$	19.6
	13	气油比	m^3/m^3	30
	14	含砂量	%	0
	15	H_2S 含量	%	—
	16	CO_2 含量	%	—
其他资料	17	供电网络电压	kV	33
	18	变频控制装置（VSD）输入电压	V	415
	19	供电频率	Hz	50
	20	泵挂深度（设计）	m	1480
说明		预测投产第一年里的产量水平：76～55 m^3/d		

从电潜泵特性曲线上（图4.11）可以看出，优化设计就是使电潜泵能在最佳工作范围运行，即尽可能使电潜泵在最高效率点附近、在最佳排量范围内运行。实际设计中，不能仅仅依据投产时的日产量，需要兼顾当前情况和长期生产情况。一般油井投产后随

着累计产油量增加，地层压力下降（一般投产1~2年后开始注水补充地层能量），日产量逐渐下降，单井呈现日产能力逐渐递减的趋势。因此，尽量要求预测出12个月的单井产量包含在最佳排量范围内，使电潜泵排量与单井生产能力长期匹配，电潜泵能够长期高效生产。

表 4.3　R4-17 电潜泵系统设计

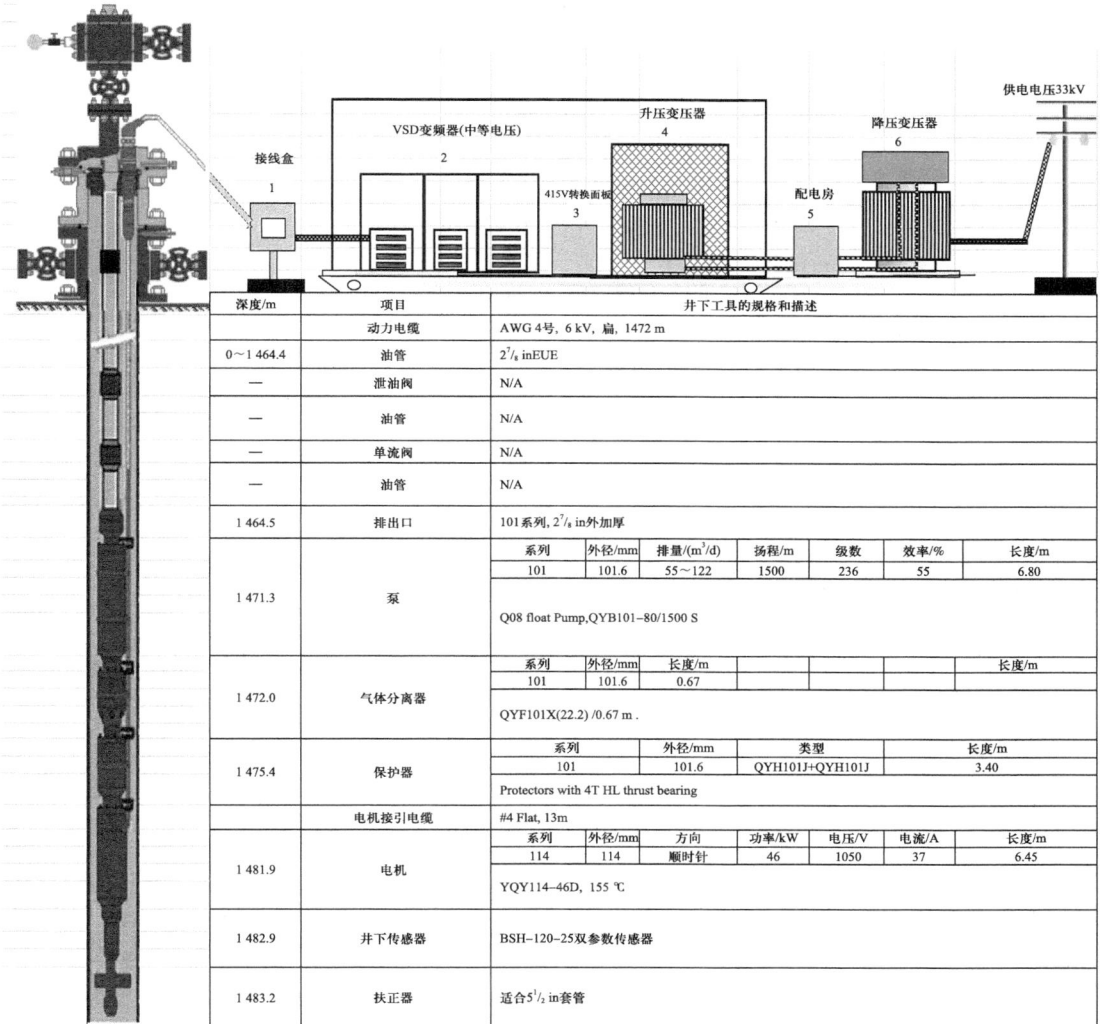

深度/m	项目	井下工具的规格和描述						
	动力电缆	AWG 4号，6 kV，扁，1472 m							
0~1 464.4	油管	2 7/8 inEUE							
—	泄油阀	N/A							
—	油管	N/A							
—	单流阀	N/A							
—	油管	N/A							
1 464.5	排出口	101系列，2 7/8 in外加厚							
1 471.3	泵	系列	外径/mm	排量/(m³/d)	扬程/m	级数	效率/%	长度/m
		101	101.6	55~122	1500	236	55	6.80
		Q08 float Pump, QYB101-80/1500 S						
1 472.0	气体分离器	系列	外径/mm	长度/m					
		101	101.6	0.67					
		QYF101X(22.2)/0.67 m.						
1 475.4	保护器	系列	外径/mm	类型	长度/m			
		101	101.6	QYH101J+QYH101J	3.40			
		Protectors with 4T HL thrust bearing						
	电机接引电缆	#4 Flat, 13m							
1 481.9	电机	系列	外径/mm	方向	功率/kW	电压/V	电流/A	长度/m
		114	114	顺时针	46	1050	37	6.45
		YQY114-46D, 155 ℃						
1 482.9	井下传感器	BSH-120-25双参数传感器							
1 483.2	扶正器	适合5 1/2 in套管							

乍得项目1期油田，根据各个单井钻完井、测井解释油层，进行完井地质设计，预测出12个月的日产量，然后进行电潜泵设计，见表4.4。投产后，油井生产与设计基本吻合，应用变频调速技术，使电潜泵能在最佳工作范围运行，设计的电潜泵能够长期生产，检泵周期达到3~6年，个别井达到8年以上。在检泵时，根据油井产量变化、气油比变化，进行泵型调整，对于个别井因为地层原油脱气造成气油比偏大，配套双级分离器，提高气液分离效果。

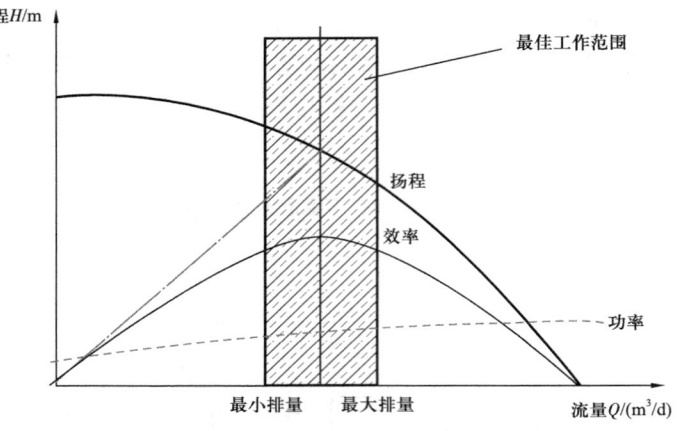

图 4.11 电潜泵特性曲线

表 4.4 乍得项目 1 期油田电潜泵设计

区块	序号	井号	套管尺寸 /in	泵型号	泵挂 /m
R4	1	R4-1	7	Q08/1300/143	1 451.9
	2	R4-6	7	Q08/1300/143	1 449.6
	3	R4-9	7	Q08/1300/143	1 430.5
	4	R4-12	7	Q08/1300/143	1 430.3
	5	R4-16	7	Q08/1300/143	1 434.9
	6	R4-17	$5\frac{1}{2}$	Q08/1300/114	1 481.4
	7	R4-19	7	Q10/1300/143	1 442.2
	8	R4-20	7	Q08/1300/143	1 420.0
M4	1	M1	$5\frac{1}{2}$	Q08/1000/114	1 149.5
	2	M1-2	$5\frac{1}{2}$	Q08/1000/114	1 036.3
	3	M1-4	$5\frac{1}{2}$	Q08/1000/114	1 100.1
	4	M4-3	$5\frac{1}{2}$	Q08/1300/114	1 097.8
	5	M4-4	$5\frac{1}{2}$	Q08/1300/114	1 096.8
	6	M4-9	7	Q08/1000/143	1 148.5
	7	M5	7	Q08/1300/143	1 305.1

3）电潜泵井生产现场优化管理

乍得项目 1 期油田电潜泵采取租赁方式，按日费计算电潜泵运行费用。按照油田采油区域分布,在现场配备一个电潜泵维修服务中心和三个服务点,每个服务点配有电潜泵服务车辆和服务工程师及操作人员。服务工程师和甲方采油操作人员紧密配合,共同进行电潜泵井运行管理。

乍得项目1期油田电潜泵日常管理,包括以下内容:

(1)电潜泵井日常巡检。每天进行电潜泵井巡检。单井电潜泵运行情况检查,单井资料录取。

(2)单井电潜泵运行参数调整。根据动液面深度、电潜泵沉没度变化,必要时及时调整电潜泵频率。

(3)井口配套定压放气阀,控制套压、套管气。乍得项目1期油田气油比较高,投产一段时间后井中气多,套压上升较高,影响油井正常生产。为此,增加配套了井口定压放气阀,可以连续释放套管气,控制套压小于3 MPa,减少气体对电泵影响。

(4)故障井检泵。对于井下泵故障,检泵作业时,全程跟踪起出的电潜泵。故障电潜泵拉到电潜泵维修中心车间,监督拆检过程,编写拆检报告,搞清电潜泵故障原因,总结经验教训,指导现场电潜泵管理,为电潜泵井设计提供改进意见。

(5)电潜泵地面变频控制柜增加远程传输装置,配合数字油田建设,实时监测电潜泵井运行。

乍得项目1期油田电潜泵井做好配套技术、单井优化设计和现场生产管理,使得电潜泵长期平稳运行,检泵周期达到3～7年,个别井达到8年以上,见表4.5。

表4.5 乍得项目1期油田电潜泵运行统计

区块	井号	采油方式	泵型	VSD			截至2021年7月31日运行时间/d
				电流/A	电压/V	频率/Hz	
M4	M-1	ESP	Q03/1300(114)	35.4	504	42	1858
	M-1-2	ESP	Q08/1000(114)	19.5	813	43	2307
	M-1-3	ESP	Q08/1000(114)	20.8	656	42	2806
	M-4	ESP	Q08/1000(143)	21.9	716	45	1925
	M-4-1	ESP	Q08/1300(143)	23.8	782	48	2260
	M-4-2	ESP	Q08/1000(143)	27.6	594	45	3196
	M-4-5	ESP	Q03/1300(114)	33.7	576	50	2747
R1	R-1-23	ESP	Q03/1000(114)	32.7	554	50	1045
	R-1-24	ESP	Q03/1000(114)	37.2	458	45	1042
	R-1-25	ESP	Q03/1000(114)	34.9	421	40	1046

续表

区块	井号	采油方式	泵型	VSD			截至2021年7月31日运行时间/d
				电流/A	电压/V	频率/Hz	
R4	R-4	ESP	Q08/1300（143）	29.0	578	50	1938
	R-4-1	ESP	Q08/1300（143）	26.4	900	50	3044
	R-4-10	ESP	Q08/1300（143）	29.0	1000	50	2724
	R-4-11	ESP	Q08/1300（143）	25.0	1096	50	2919
	R-4-12	ESP	Q08/1300（143）	26.0	1017	48	3199
	R-4-14	ESP	Q08/1300（143）	28.0	673	45	1621
	R-4-16	ESP	Q08/1300（143）	31.0	772	53	2653
	R-4-9	ESP	Q08/1300（143）	31.0	818	45	3086

4.2.1.2 螺杆泵优化技术

地面驱动螺杆泵采油技术成为继游梁抽油机和电潜泵之后的又一主力人工举升方式，并以低投资、低能耗、对介质适应性强的优势在油田应用。乍得油田一期有普通稠油区块和低产井，通过采油方式优选，这些井选择螺杆泵采油方式。螺杆泵采油优化技术包括使用螺杆泵选型、单井优化设计和现场生产的优化管理。

1）螺杆泵配套技术

乍得项目1期油田使用的是地面驱动螺杆泵系统。以产品成熟、可靠耐用、适应海外油田管理模式的原则，进行螺杆泵系统组配，由地面系统和井下系统两大部分组成（图4.12）。

（1）螺杆泵地面部分。螺杆泵地面部分主要包括：电控箱和驱动头。电控箱包含变频控制器，电气元器件选用优质产品，适应乍得当地旱季高温、雨季潮湿环境。驱动头采用成熟的自带封井器齿轮减速驱动头和直驱驱动头，工作可靠。

（2）螺杆泵井下部分。螺杆泵井下系统主要包括：井下螺杆泵（定子和转子）、抽油杆、抽油杆扶正器、防转油管锚、筛管等。

2）螺杆泵优化设计

乍得项目1期油田根据开发方案、各区块油井投产时的日产量以及采油参数如生产气油比、生产压差等，设计螺杆泵生产方案，配套螺杆泵型号和数量。其后，根据单井地层参数，即油层厚度、孔隙度、渗透率和原始地层压力等，进行单井投产完井地质设计，确定单井的具体完井参数和生产参数，如射孔参数和日产量、气油比等。采油工程依据单井地质设计进行螺杆泵设计，设计的泵型可以满足油井3～5年的生产。表4.6为乍得项目1期油田螺杆泵泵型设计和现场应用统计。

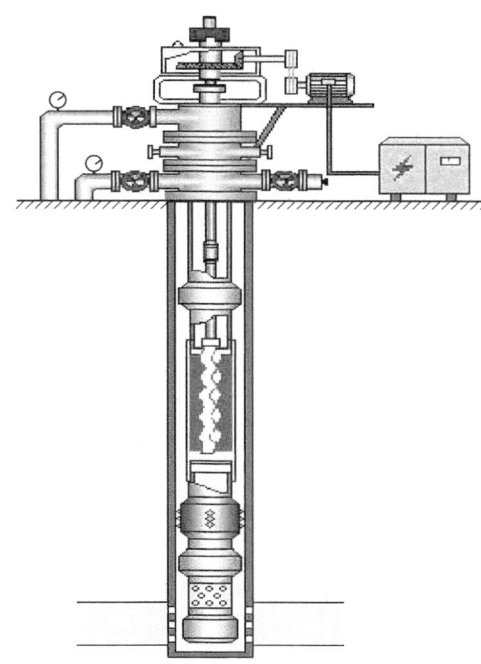

图 4.12 乍得项目 1 期油田螺杆泵系统图

表 4.6　乍得项目 1 期油田螺杆泵泵型设计和现场应用统计

区块	序号	井号	生产套管 /in	油管尺寸 /in	生产方式	泵型	泵挂 /m
R1	1	R1	7	$2\frac{7}{8}$	PCP（直驱）	GLB70-30	967.5
	2	R2			PCP（直驱）	GLB70-30	1 004.2
	3	R1-2			PCP	GLB120-27	1 005.1
	4	R1-3			PCP	GLB200-25	919.6
	5	R1-4	$5\frac{1}{2}$		PCP	GLB70-30	997.9
	6	R1-5			PCP	GLB120-27	992.0
	7	R1-6			PCP	GLB120-27	965.1
	8	R1-8			PCP（直驱）	GLB70-30	985.9
	9	R1-9			PCP	GLB120-27	956.1
	10	R1-10			PCP	GLB200-25	947.8
	11	R1-11			PCP	GLB200-25	935.5
	12	R1-12			PCP	GLB120-27	1 005.3
	13	R1-13			PCP	GLB200-25	971.1

续表

区块	序号	井号	生产套管/in	油管尺寸/in	生产方式	泵型	泵挂/m
R1	14	R1-14	$5\frac{1}{2}$	$2\frac{7}{8}$	PCP	GLB200-25	957.1
R1	15	R1-15	$5\frac{1}{2}$	$2\frac{7}{8}$	PCP	GLB120-27	947.1
R1	16	R1-18	$5\frac{1}{2}$	$2\frac{7}{8}$	PCP	GLB120-27	968.1
R1	17	R1-19	$5\frac{1}{2}$	$2\frac{7}{8}$	PCP	GLB200-25	969.1
R1	18	R1-20	$5\frac{1}{2}$	$2\frac{7}{8}$	PCP	GLB120-27	957.6
R1	19	R1-22	$5\frac{1}{2}$	$2\frac{7}{8}$	PCP	GLB120-27	966.3
R4	20	R4-7	7	$2\frac{7}{8}$	PCP	GLB120-27	998.0
R4	21	R4-8	$5\frac{1}{2}$	$2\frac{7}{8}$	PCP	GLB120-27	1 002.1
R4	22	R4-11		$2\frac{7}{8}$	PCP	GLB200-25	997.8
R4	23	R4-14	7	$2\frac{7}{8}$	PCP	GLB120-27	1 002.0
R4	24	R4-20	7	$2\frac{7}{8}$	PCP	GLB120-27	1 006.6
R6	25	R6-1	7	$2\frac{7}{8}$	PCP	GLB70-30	995.6
R6	26	R6-5	7	$3\frac{1}{2}$	PCP	GLB200-25	1 003.9
M4	27	M1-1	7	$3\frac{1}{2}$	PCP	GLB200-25	990.0
M4	28	M1-6	$5\frac{1}{2}$	$2\frac{7}{8}$	PCP	GLB120-27	991.0
M4	29	M4-5	$5\frac{1}{2}$	$2\frac{7}{8}$	PCP	GLB200-25	1 004.0
M4	30	M4-6	$5\frac{1}{2}$	$2\frac{7}{8}$	PCP	GLB200-25	1 009.1
M4	31	M4-7	7	$3\frac{1}{2}$	PCP	GLB200-25	1 009.0
M4	32	M4-8	$5\frac{1}{2}$	$2\frac{7}{8}$	PCP	GLB200-25	995.4

乍得项目1期油田投产后，螺杆泵井生产与设计基本吻合，螺杆泵排量范围满足油井长期生产，检泵周期达到3~7年，个别井达到7年以上。

3）螺杆泵的管理

乍得项目1期油田螺杆泵日常管理，包括以下内容：（1）日常巡检。每天进行螺杆泵井巡检，进行单井运行情况检查，单井资料录取。（2）单井运行参数调整。根据动液面深度、沉没度变化，调整螺杆泵频率。（3）井口配套定压放气阀，控制套压、套管气。一期油田R4和M4区块气油比较高，增加配套了井口定压放气阀，可以连续释放套管气，控制套压小于3 MPa，减少气体对油井的影响。（4）故障井检泵。对于井下泵故障，检泵作业时，现场采油技术员全程跟踪起出的螺杆泵。（5）配套电加热技术。

对于结蜡严重的井，配套电加热技术，防止井筒和地面单井管线蜡堵，减少抽油杆扭矩，延长检泵周期。

乍得项目1期油田螺杆泵长期平稳运行，检泵周期3～7年以上，见表4.7。

表4.7 乍得项目1期油田螺杆泵运行统计

井号	泵型	沉没度/m	泵效/%	井口参数				VSD			运行时间/d
				油压/MPa	套压/MPa	温度/℃	回压/MPa	电流/A	转速/(r/min)	频率/Hz	
R-1-9	GLB120-27	689	99.2	1.2	1.0	36.0	1.0	12.7	91	38	2852
R-1-8	GLB70-30	369	70.9	2.0	0.8	34.0	0.7	14.1	96	40	2603
R-1-6	GLB120-27	754		2.4	0.9						1799
R-1-5	GLB120-27	579	87.6	1.6	1.2	40.0	1.0	18.1	108	45	3048
R-1-4	GLB70-30	731	73.9	2.2	1.1	40.0	1.0	18.1	84	42	2658
R-1-3	GLB200-25	719	131.0	1.5	1.5	36.0	1.4	15.7	94	36	2334
R-1-22	GLB120-27	750	54.3	0	0.9	35.0	0.8	17.1	86	36	2305
R-1-20	GLB120-27	747		1.5	0.9						2752
R-1-18	GLB120-27	711		3.1	0.3						1310
R-1-15	GLB120-27	796	93.6	1.0	1.0	36.0	0.9	14.6	96	40	2731
R-1-14	GLB200-25	685	86.2	2.2	1.1	40.0	1.0	18.1	96	40	2764
R-1-13	GLB120-27	833	65.3	3.1	0.9	35.0	0.9	16.3	90	45	2567
R-1-12	GLB70-30	556	81.5	0	1.2	31.0	1.1	10.7	80	40	2142
R-1-11	GLB200-25	808	79.4	1.4	1.3	38.0	1.2	13.0	86	36	2534
R-1-10	GLB200-25	806	90.3	1.8	1.5	43.0	1.3	21.5	96	40	2921
R-1	GLB120-27	758	144.0	2.1	1.3	37.0	1.3	13.0	96	40	2802
M-4-9	GLB200-25	304		2.8	1.9						3201
M-4-7	GLB120-27	566		3.4	0.8						1447
M-4-3	GLB120-27	893		0.7	0.8	53.5	0.7	14.6	105	35	1308

4.2.1.3 工况宏观控制图优化技术应用

乍得项目1期油田主要人工举升方式以电潜泵（ESP）+螺杆泵（PCP）为主。2.1期油田人工举升方式以ESP为主。2期油田采用丛式井+直井开发，人工举升方式以ESP

为主。部分区块原油黏度较高，人工举升方式以电潜螺杆泵（ESPCP）+ESP 为主。以地质条件为基础，综合考虑流体性质、采液能力及井况，优化设计 ESP/PCP 井，保障新井投产和停产井复产；针对浅层稠油和大斜度井，试验潜油直驱螺杆泵 ESPCP、"井下电加热 DHTS 和蜂巢清蜡 HPSPD"清防蜡工艺。电潜泵及螺杆泵优化诊断系统，包括优化设计、生产监测、工况诊断、生产优化等功能，实现感知获取、过程监控、状态预警、优化生产等智能化控制。

除自喷井外，机采井现主要采取两种人工举升工艺，即电潜泵举升工艺和螺杆泵举升工艺，各种泵型和井数参见表 4.8。

表 4.8 乍得项目机采井泵型号统计

举升方式	型号	井数/口	理论排量/m^3/d	平均产液量/m^3/d	平均泵深/m
PCP	GLB120-27	20	10~35	13.25	980
	GLB200-25	7	17~58	22.00	957
	GLB300-21A	3	26~86	56.00	714
	GLB70-30	3	6~20	7.00	982
	GLB32E-1500	2	—	23.00	620
	GLB400-20	1	35~115	51.00	603
	GLB48E-900	1	—	63.00	633
ESP	Q03	14	30	34.00	1199
	Q08	48	80	69.00	1147
	Q10	76	100	77.00	1130
	Q20	43	200	171.00	1064
	Q32	3	320	310.00	1087
	QN20	16	200	207.00	880

从螺杆泵的平均产液量情况统计数据看，各泵型生产井的平均产量多接近其合理排量范围的下限。从电潜泵的平均产液量情况统计数据来看，各泵型生产井的平均产量多处于合理排量范围；但是分单井来看，产量差异较大，以 Q10 型为例，生产井最低产液量小于 10 m^3/d，而最高产液量达到 190 m^3/d，进而导致泵效差异明显。

综合考虑各主力区块的地质油藏特点、油井井型以及产量情况，兼顾油田生产管理等因素，电潜泵仍是主体人工举升方式，是下一步优化研究的重点（表 4.9）。以 Baobab 油田和 Daniela 油田为例，开展电潜泵井工况诊断与优化。

4 乍得项目油田综合治理技术应用及开发效果

表 4.9　乍得项目单井情况统计（2021 年 3 月）　　单位：口

区块	自喷井	ESP 井	PCP 井	注入井	小计
Ronier	5	13	16	9	43
Mimosa	3	15	7	4	29
Prosopis	5	13	0	1	19
Baobab	11	91	3	22	127
Daniela	0	26	2	5	33
Raphia	0	42	1	7	50
Lanea	0	30	0	4	34
PSA	0	15	17	0	32
CNPCIC	24	245	46	52	367

为了对电潜泵井进行批量评价，采用宏观生产状态评价法进行工况分析。为了更好地进行工况分析，选取三个时间点进行对比。

Baobab N 区块 2020 年 9 月、2021 年 2 月和 Daniela 区块 2021 年 7 月电潜泵井工况评价结果分别见图 4.13 至图 4.15 和表 4.10 至表 4.12。

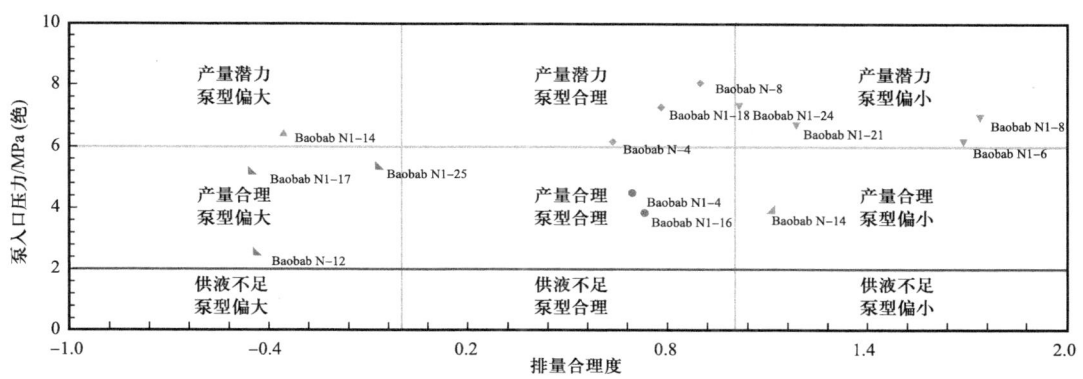

图 4.13　电潜泵井工况评价结果图（Baobab N 区块，2020 年 9 月）

表 4.10　电潜泵井工况评价结果表（Baobab N 区块，2020 年 9 月）

评价	井数 / 口	占比 /%
产量合理，泵型合理	2	14.29
产量潜力，泵型合理	3	21.43
产量潜力，泵型偏小	4	28.57
产量潜力，泵型偏大	1	7.14

续表

评价	井数/口	占比/%
产量合理,泵型偏小	1	7.14
产量合理,泵型偏大	3	21.43

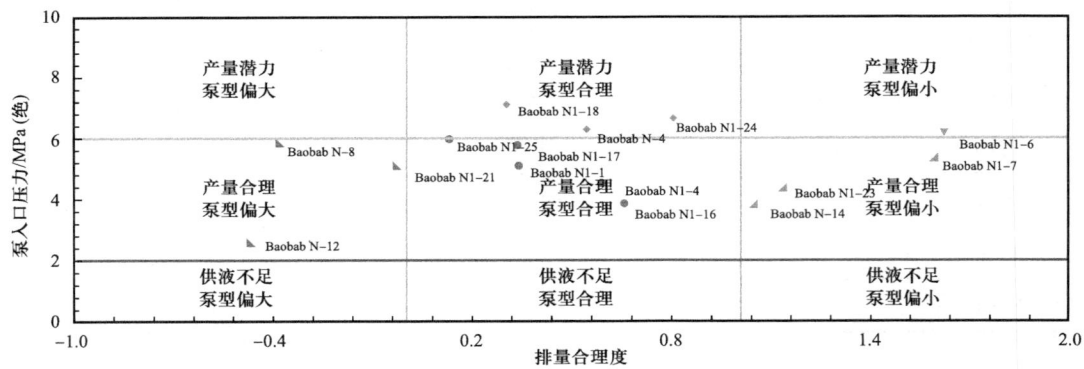

图 4.14　电潜泵井工况评价结果图（Baobab N 区块，2021 年 2 月）

表 4.11　电潜泵井工况评价结果表（Baobab N 区块，2021 年 2 月）

评价	井数/口	占比/%
产量合理,泵型合理	5	33.33
产量潜力,泵型合理	3	20.00
产量潜力,泵型偏小	1	6.67
产量合理,泵型偏小	3	20.00
产量合理,泵型偏大	3	20.00

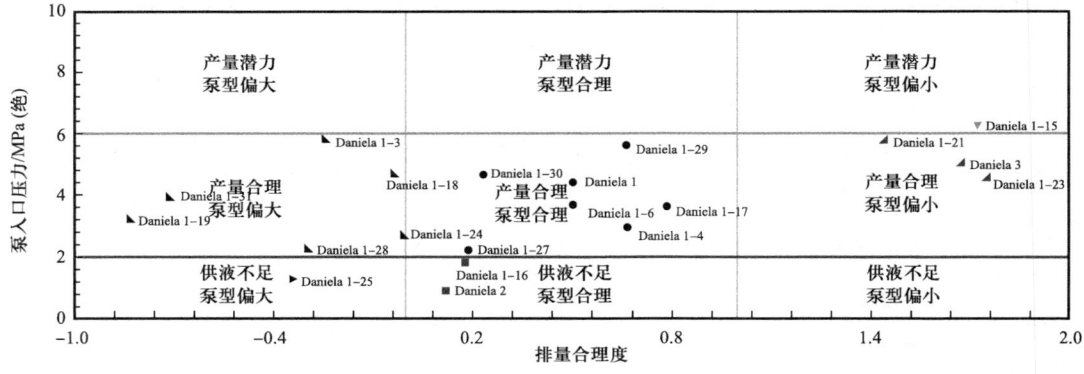

图 4.15　电潜泵井工况评价结果图（Daniela 区块，2021 年 7 月）

不同时间点各类工况井占比变化见表4.13，从中可以发现：截至2021年7月底，大部分电泵井处于合理产量范围（40%～60%～65%）；泵型合理电泵井占比45%，泵型偏小井占比20%，泵型偏大井占比35%；从不同阶段电泵工况对比情况看，电泵井生产趋势向好。

表4.12　电潜泵井工况评价结果表（Daniela区块，2021年7月）

评价	井数/口	占比/%
产量合理，泵型合理	7	35
供液不足，泵型合理	2	10
产量潜力，泵型偏小	1	5
产量合理，泵型偏小	3	15
产量合理，泵型偏大	6	30
供液不足，泵型编大	1	5

表4.13　各类工况井占比变化情况　　　　　　　　　　　　　　　　　单位：%

评价	2020年9月	2021年2月	2021年7月
产量合理，泵型合理	14.29	33.33	35.00
产量合理，泵型偏小	7.14	20.00	15.00
产量合理，泵型偏大	21.43	20.00	30.00
产量潜力，泵型合理	21.43	20.00	0
产量潜力，泵型偏小	28.57	6.67	5.00
产量潜力，泵型偏大	7.14	0	0
供液不足，泵型合理	0	0	10.00
供液不足，泵型偏大	0	0	5.00

在此基础上，结合单井实际产量、排量合理度具体数值以及实际泵型、泵挂等信息，相关认识包括，乍得项目现场采用的以电潜泵为主、螺杆泵为辅的人工举升工艺基本满足生产需求，开展的电潜螺杆泵工艺试验达到了预期目标；排除井下泵或地面控制等配套设备本身机械故障以外，导致检泵的主要原因多与产出物组分或产出能力变化有关；典型区块电潜泵井工况分析表明，电潜泵井总体运行较好，少数待措施井主要是因地层供给能力下降导致需要换泵；针对泵型不合理或多次诊断工况有恶化趋势的井，需要保持密切观察，其举升工艺效果评价与优化必须与地质油藏工程充分结合。Baobab N区块

电潜泵井工况情况整体较好；建议跟踪观察井 21 口，占总电潜泵井数的 80%，部分井有提液潜力；密切观察井 1 口，占比 4%；择机换小泵/提液井 4 口，占比 16%。其中，密切观察井 Baobab N-8，择机换小泵井 Baobab N-12、Baobab N1-14 和 Baobab N1-21，择机提液井 Baobab N1-18。建议结合地质油藏工程研究确定最终措施对策等，保证了油田生产的正常运行。

4.2.2 分注工艺及配套技术应用

乍得项目油田层间矛盾、层内矛盾日益突出，由于构造复杂，油层连通差，注采井网不完善，使得水驱控制程度低，注水过程中的单层突进和舌进现象十分明显，导致注入水推进不均匀，注水开发效果不理想。因此，分层注水已成为油田开发中解决层间矛盾、实施有效注水、提高采收率和水驱动用储量的主要手段之一。

4.2.2.1 乍得项目油田分注工艺适应性对比分析

近年来，分层注水技术逐渐向精细化注水方向发展，向智能化注水方向发展，向高效率、低成本方向发展。根据乍得项目油田注水井一般为直井，井深不超过 1500 m，油藏实行多层开发，油田现场分散、偏远，客观上不具备组建投捞测试队伍条件，现场没有专业的注水井测试调配队伍等情况，开展了分注工艺适应性分析（表4.14）。根据乍得项目油田现场偏远实际情况，基于数字化油建设目标，结合分注技术发展趋势及国内注水工程经验，优选智能分注工艺。

表 4.14　乍得项目分注工艺适应性对比分析

适应条件	同心管分注	桥式偏心分注	桥式同心分注	无缆智能分注	有缆智能分注
井深≤1500 m	适用	适用	适用	适用	适用
井斜≤30°	适用	适用	适用	适用	适用
井温≤120 ℃	适用	适用	适用	适用	适用
分注层数	两层、三层	多层	多层	多层	多层
层间距/m	≥2	≥8	≥8	≥2	≥2
注水量计量与调节	井口	钢丝/电缆测调	电缆测调	远程/井口	远程/井口
成熟度	成熟	成熟	成熟	新技术	新技术
工具费用	中	中	中	高	高
测配费用	无	4/井次	4/井次	无	无

4.2.2.2 现场实施

2019 年智能注水工艺技术在乍得项目油田开展了先导性试验，共试验 6 口井，其中 3 口选择了无缆智能分注，3 口选择了有缆智能分注。2019 年 10 月，现场顺利完成了 6

口智能分注井测调,分注级数有两级两段和三级三段,分层注水量为 27~144 m³/d,全部达到地质设计要求(表 4.15)。

表 4.15 智能分注工艺实施井

序号	井号	分注级数	配套油管/in	配注量/m³/d	实注量/m³/d	射孔井段/m	分注工艺
1	R4-13	两级分段	3$\frac{1}{2}$	90/150	87/44	1 506.08~1 547.98	无缆智能分注
2	R4-18	两级分段		30/70	27/72	1 508.40~1551.00	
3	BNE-8	两级分段	2$\frac{7}{8}$	60/30	54/31	1 489.01~1 598.10	
4	BNE-21	三级三段		20/100/0	30/103/0	1 418.17~1 711.92	有缆智能分注
5	BN1-3	三级三段		150/50/100	137/46/92	905.87~1 106.43	
6	BN12	三级三段		100/80/100	95/72/92	943.00~1 101.95	

1)完井作业

以 BNE-8 井智能分注完井施工为例,具体施工程序如下:

(1)原井管柱下探。下入原井油管至人工井底,反洗井,洗井压力 2 MPa,打入 406 bbl 水,漏失 267.6 bbl,漏失量较大,预计动液面在 600~700 m 之间。

(2)通井。ϕ118 mm 通井规通井,顺利通过,起出后检查通井规表面无变形及刮痕,套管无变形。

(3)刮削试压。更换新 2$\frac{7}{8}$ in 加厚油管,下刮削管柱,在刮削器上部一根油管处带一个单球座,单球座上部一根油管处带一个可砸泄油器,刮削至人工井底。在封隔器坐封井段、射孔井段连续刮削三次以上,刮削完毕油管试压,油管打压 21 MPa,10 min 压降 0.4 MPa,合格,投棒砸开泄油器后起出原件管柱。

(4)验套。下入 DGYF-Ⅱ 封隔器(Y211-115-120)验套,到位后上提管柱 1.1 m,压负荷 8 tf,封隔器 1432 m 坐封,套管打压 12 MPa,10 min 压降 0.4 MPa,验套合格。

(5)分层测水量。调整泄油滑套剪钉至 12 MPa,下入分层测吸水量管柱(图 4.16)。

磁定位校深后,调整管柱,返洗井,从油管投入 ϕ30 mm 钢球至球座后,油管打压坐封 5$\frac{1}{2}$ in 封隔器(K344-114-120)测试上层。

泵压 8 MPa,日注入排量 702 m³;泵压 6.2 MPa,日注入排量 518 m³;泵压 4.1 MPa,日注入排量 273 m³,如图 4.17 所示。下放油管 77 米,试注下层,由于封隔器坐封压力仅为 0.7 MPa 且地层漏失较快,下放过程中套管一直灌液保持液面在井口,顺利到位后测试下层。泵压 17 MPa,日注入排量 127 m³(泵最低排量),停泵后压力 5 min 降到 1.2 MPa,测试完毕投球至泄油滑套,打压打开泄油滑套,起出管柱。

(6)下完井管柱。设置智能配水器水嘴延时 18 h 后开启,如图 4.18 所示。按照分注完井设计下入完井管柱(图 4.19),要求该过程中不能往套管环空灌液且平稳下放。

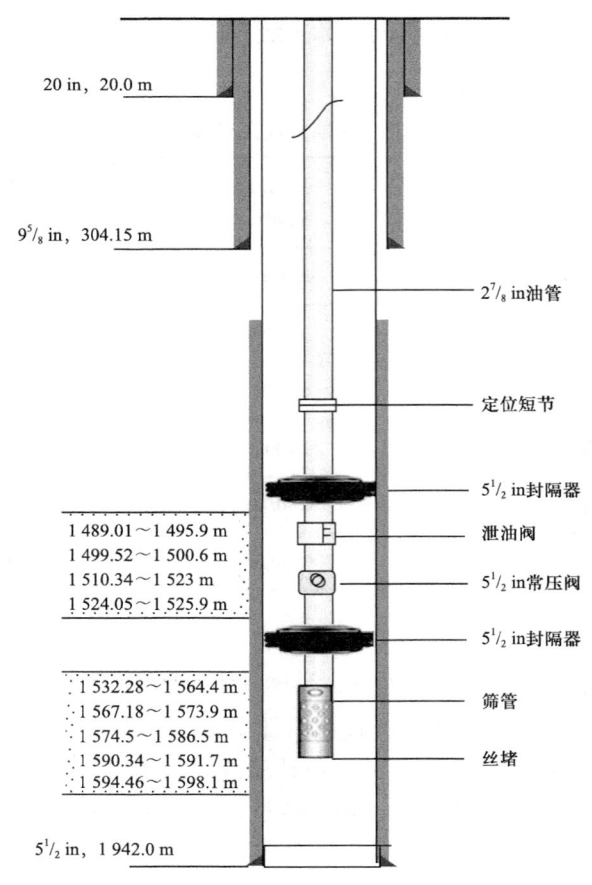

图 4.16　BNE-8 井分层测吸收量管柱

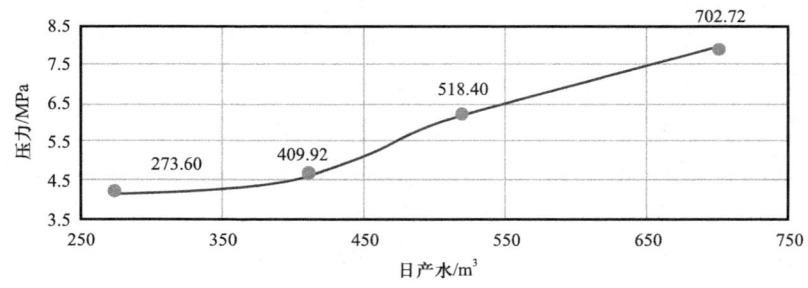

图 4.17　BNE-8 井上层测试吸水指示曲线

磁定位校深后,调整管柱,上提管柱 30 cm,油管灌液 2 m³ 后起压(动液面大概 650 m,液柱压力 6.5 MPa),分别打压 5 MPa、10 MPa 和 15 MPa 并分别稳定 4 min,坐封完毕。装井口,井口试压合格。

水嘴全部自动开启后进行笼统试注:泵压 0 MPa,日注入排量 174 m³;泵压 0.1 MPa,日注入排量 196 m³;泵压 0.92 MPa,日注入排量 283 m³,顺利完成试注,得到 BNE-8 井完井试注吸水指示曲线,如图 4.20 所示。

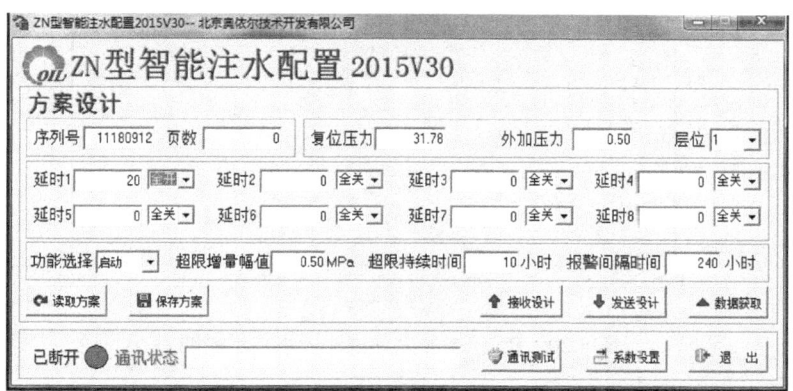

图 4.18　智能配水器延时设置及水嘴开关自检

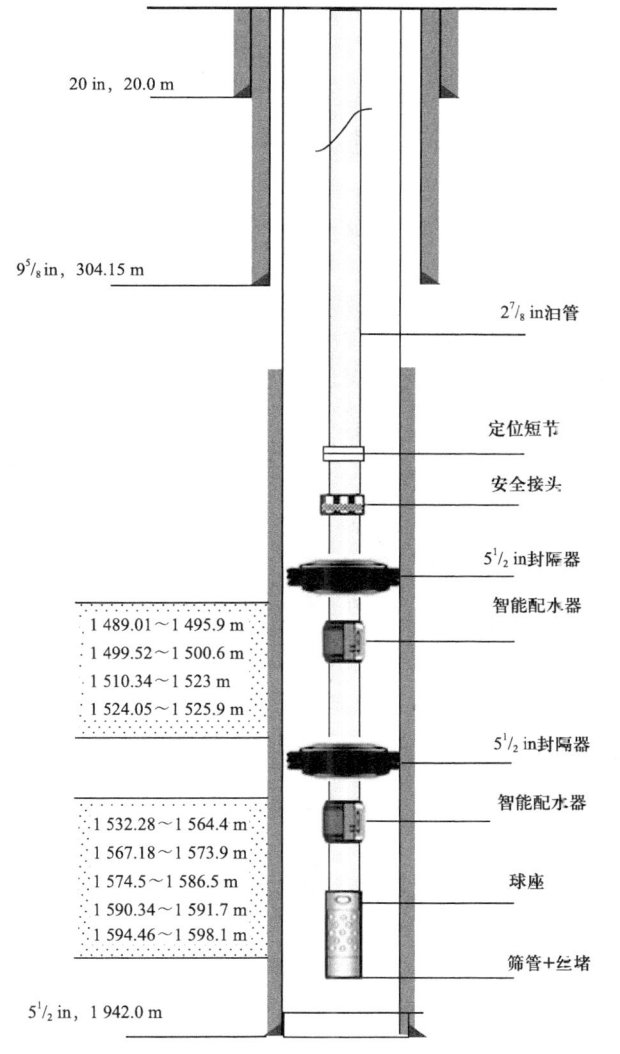

图 4.19　BNE-8 井分注完井管柱设计

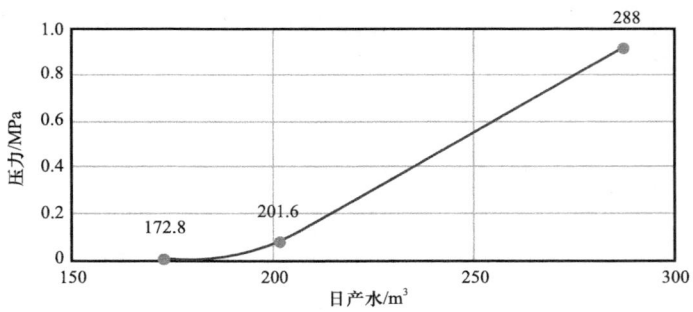

图 4.20 BNE-8 井完井试注吸水指示曲线

2）地面设备安装

（1）无缆智能分注地面设备安装。按照无缆智能分注地面工程施工方案完成 BNE-8、R4-13 和 R4-18 三口井地面控制柜安装，通信/电力电缆铺设，及井口流程改造、高压试压、安装、通电通信检测，检测结果全部正常。所有埋地电缆要求埋深 1 m，且需要穿管保护。出地面的电缆两端出地面部分采用 3/4 in 镀锌管保护，要求地面控制器端管口密封，控制柜端电缆穿镀锌管到机柜内。电缆两端按照规范挂牌和加装电缆号管码（图 4.21）。

图 4.21 无缆智能分注井场地面施工

① 管道焊接。焊接前，应对钢管进行表面质量检查，以目视为主，必要时采用仪器，检查钢管的表面质量。推荐采用沟上组焊方式，采用氩弧焊接打底，手工电弧焊工艺；推荐采用 E-4303 焊条及 H08 焊丝。

② 管道检验。管道环向焊口的检验方式及比例确定按《油气田集输管道施工规范》（GB 50819—2013）的规定执行。

注水管道焊缝处应进行 100% 射线照相检测 +100% 超声波探伤。

超声波探伤及 X 射线探伤均应符合《石油天然气钢质管道无损检测》（SY/T 4109—2020）的规定，质量合格等级为 Ⅱ 级及以上。

（2）有缆智能分注地面设备安装。按照有缆智能分注地面工程施工方案完成 BN1-2、BN1-3 和 BNE22 三口井地面控制柜安装，通信/电力电缆铺设，及井口塑皮铠装电缆穿越三通密封，通电通信检测，检测结果全部正常（图 4.22 和图 4.23）。地面控制柜固定在混凝土基座上，混凝土基座要求埋地深度 500 mm，地面露出高度 500 mm。

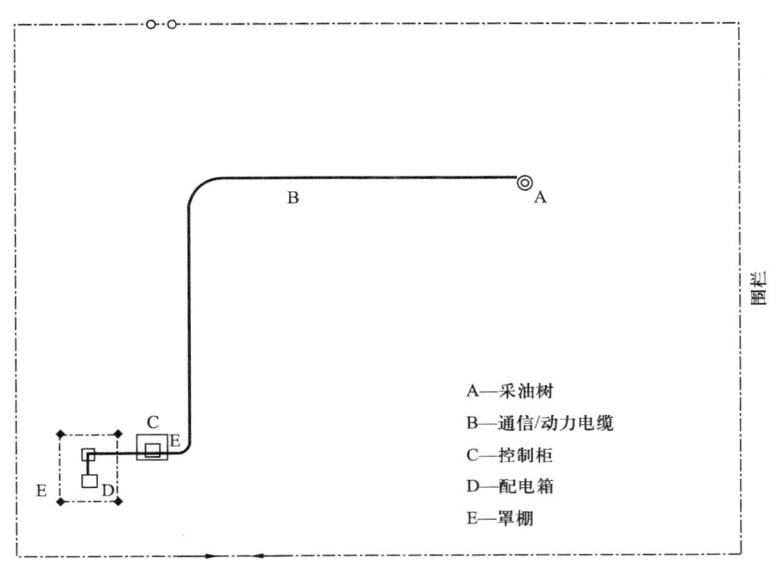

图 4.22　有缆智能分注井场平面布置

图 4.23　有缆智能分注井场地面施工

3）分层流量测调

（1）BNE-8 井测调结果。BNE-8 井于 2019 年 6 月 6 日投注，全井流量为 200～230 m³/d，来水压力为 1.47 MPa，注入压力为 0 MPa。6 月 17 日将配注量从 210 m³/d（8.8 m³/h）提高到 330 m³/d（14 m³/h）后，观察来水压力升至 2.5 MPa，注入压力升至 1.5 MPa，达到测调要求。

6月22日,按地质配注要求测调。地面控制调节井下配水器配注量,上层、下层分别配注 71.52 m³/d 和 141.6 m³/d,全井配注合格,注水压力比分注实施前明显提高,见表4.16。

表4.16 BNE-8 井测调成果

注水位置	地质配注量/m³/d	9.55 MPa 压力下配注量/m³/d	8~11 MPa 压力范围下配量/m³/d
上层	70	71.52	67.5~73.0
下层	140	141.60	137.0~142.5
总计	210	213.12	204.5~215.5

(2) R4-13 井测调结果。R4-13 井于 2019 年 6 月 16 日投注,全井注入 187 m³/d,注入压力为 5.08 MPa,根据吸水剖面测试结果,大部分水注入上层。按照分注地质配注量 240 m³/d 测调,其中上层(吸水好层)90 m³/d、下层(吸水差层)150 m³/d。

6月19日,地面控制调节井下配水器配注量,在注水压力 7.29 MPa 下,上层、下层配注量分别是 95.04 m³/d 和 156.96 m³/d,全井配注合格,见表4.17。

表4.17 R4-13 井测调成果

注水位置	分注前笼统注水/m³/d	笼统注水 PLT 测试吸水比例/%	分注地质配注量/m³/d	7.29 MPa 压力下配注量/m³/d	6~8 MPa 压力范围下配注量/m³/d
上层	100	89.14	90	95.0	83~96
下层		10.86	150	156.9	144~157
总计	100	100.00	240	251.9	227~253

(3) R4-18 井测调结果。R4-18 井于 2019 年 6 月 16 日投注,注水量为 82.8 m³/d,6 月 17 日提高配注量至 120 m³/d,注水压力升至 4.5 MPa。根据分层测试结果,注入水几乎全部注入下层。

6月20日,按地质配注要求(上下层分别配注 40 m³/d 和 120 m³/d)测调 R4-18 井,地面控制调节井下配水器配注量,在井口注水压力 10.95 MPa 下,上层、下层配注量分别为 45.6 m³/d 和 121.68 m³/d,全井配注测调合格,见表4.18。

(4) BN1-2 井测调结果。BN1-2 井于 2019 年 10 日 17 投注,笼统试注日注入量 297 m³,注入油管压力为 6.2 MPa、套管压力为 0 MPa。注水压力稳定后于 19 日进行分层测调,按照开发部 10 月地质配注要求,第一层配注 100 m³/d,第二层配注 80 m³/d,第三层配注 100 m³/d,测调前油管压力为 7.2 MPa、套管压力为 0 MPa。

表 4.18　R4-18 井测调成果

注水位置	分注前笼统注水量 / m³/d	笼统注水 PLT 测试吸水比例 / %	地质配注量 / m³/d	10.95 MPa 压力下配注量 / m³/d	8～11 MPa 压力范围下配注量 / m³/d
上层	90	10.88	40	45.60	38～55
下层		89.12	120	121.68	105～122
总计	90	100.00	160	45.60	143～177

第一层水嘴开大到 34%。选择"第二层""水嘴关小",将第二层水嘴开度调小到 37 %。总流量为 276 m³/d,第一层流量为 91.28 m³/d,第二层流量为 81.64 m³/d;第三层流量为 104.5 m³/d,油管压力为 9.1 MPa,实注量满足配注要求,完成测调,见表 4.19 和图 4.24。

表 4.19　BN1-2 井测调成果

注水位置	油层	注水井段 / m	厚度 / m	笼统注水 PLT 测试吸水比例 / %	配注量 / m³/d	实注量 / m³/d	水嘴开度 / %	油管压力 / MPa	套管压力 / MPa
第一层	PⅠ1+PⅠ2	943.00～1 024.68	71.39（10 层）	92.81	100	91.28	34	9.1	0
第二层	PI3	1 028.19～1 063.70	31.70（6 层）	6.90	80	81.64	37		
第三层	PI4	1 076.96～1 101.95	18.49（6 层）	0.29	100	104.50	100		

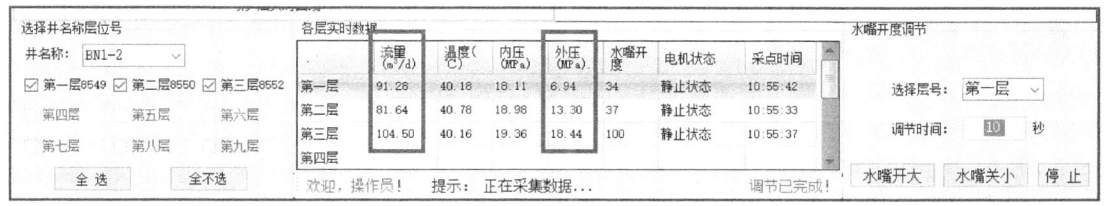

图 4.24　BN1-2 井测调数据

（5）BN1-3 井测调结果。BN1-3 井于 2019 年 10 日 17 投注,笼统试注日注入量 318 m³,注入油管压力为 5.2 MPa,套管压力为 0 MPa。注水压力稳定后于 19 日进行分层测调,按照地质配注要求,第一层配注量为 150 m³/d,第二层配注量为 50 m³/d,第三层配注量为 100 m³/d,测调前油管压力为 7.0 MPa,套管压力为 0 MPa。

选择第一层,将第一层水嘴开度调节到 46%;选择第二层,将第二层水嘴开度调节到 15%;选择第三层,将第三层水嘴开度调节到 53%。总流量为 316 m³/d,第一层流量为 154.53 m³/d,第二层流量为 58.81 m³/d;第三层流量为 103.10 m³/d,油管压力为 10.1 MPa,实注量满足配注要求,完成测调,见表 4.20 和图 4.25。

表 4.20　BN1-3 井测调成果

注水位置	油层	注水井段/m	厚度/层数/m/层	笼统注水 PLT 测试吸水比例/%	配注量/m³/d	实注量/m³/d	水嘴开度/%	油管压力/MPa	套管压力/MPa
第一层	MⅠ1+PⅠ1+PⅠ2	905.87～964.85	31.39/5	30.76	150	154.53	46	10.1	0
第二层	PⅠ4-1	1 011.18～1 038.61	25.00/3	68.72	50	58.81	15		
第三层	PⅠ4-2-PⅠ4-4	1 051.10～1 106.43	48.79/7	0.52	100	103.10	53		

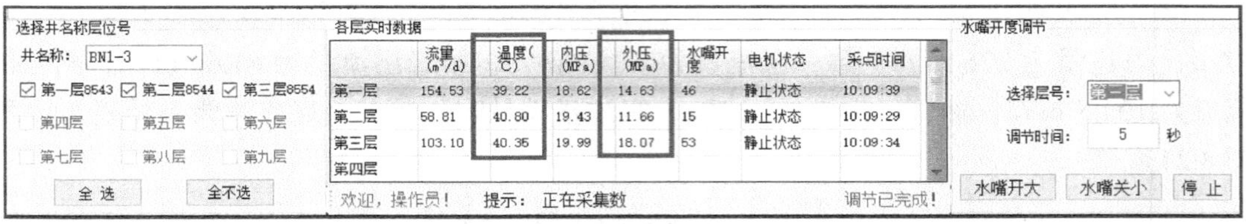

图 4.25　BN1-3 井测调数据

（6）BNE-21 井测调结果。2019 年 10 日 20 日打开井下配水器水嘴投注，笼统试注日注入量 319 m³，注入油管压力 11 MPa，套管压力 0 MPa。注水压力稳定后于 22 日进行分层测调，第一层配注 80 m³/d，第二层配注 150 m³/d，第三层配注 50 m³/d，测调前油管压力 11.2 MPa，套管压力 0 MPa。

选择第一层，将第一层水嘴开度调节到 36%；选择第二层，将第二层水嘴开度调节到 44%；选择第三层，将第三层水嘴开度调节到 76%。总流量为 281 m³/d，第一层流量为 88 m³/d，第二层流量为 150.2 m³/d；第三层流量为 43.5 m³/d，油管压力为 8.8 MPa，实注量满足配注要求，完成测调，见表 4.21 和图 4.26。

表 4.21　BNE-21 井测调成果

注水位置	油层	注水井段/m	厚度/层数/m/层	笼统注水 PLT 测试吸水比例/%	配注量/m³/d	实注量/m³/d	水嘴开度/%	油管压力/MPa	套管压力/MPa
第二层	PⅠ2+PⅠ3	1 456.65～1 550.07	84.94/12	5.02	150	150.2	44	8.8	0
第三层	PⅠ5	1 656.22～1 711.92	23.16/6	11.68	50	43.5	76		

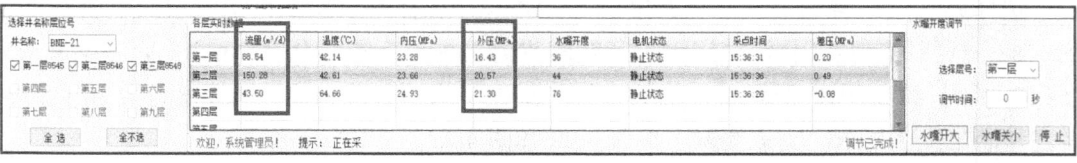

图 4.26　BNE-21 井测调数据

4.2.2.3 分注井应用效果

分注后，R4-13、R4-18、BN1-2、BN1-3、BNE-8 和 BNE-21 六口水井吸水剖面改善明显，6 个井组均提高了区块油层动用程度，部分油井产量上升，含水下降明显，累计增油明显。

从分注井采集的数据看，分注工艺的实施有效缓解了注水井的层间矛盾，有效抑制了注入水突进，提高了注水开发效果。从智能分注井相邻油井的生产情况来看，分注的效果已经凸显出来，部分油井的产量提高，含水率下降、井底压力提升或保持稳定，为油井的长期稳产提供了保障。从分注井的监测数据来看，智能注水井的注入量随开发生产的需要进行调节，调节后的注水量到达了油藏提出的要求，说明智能注水工艺的应用是成功的。从智能分注井的运行情况看，智能分注井测调简便，检测便捷，对操作管理人员的要求较低，实现了高自动化、低成本管理。

（1）BNE-8 井组。在 BNE-8 井实施分注以后，BNE-11 和 BNE-19 井的含水率明显降低，产油量稳中有升，井下压力相对稳定。

（2）R4-13 井组。R4-13 井于 2019 年 6 月实施分注后，日总注水量由之前的 100 m^3 上升到 240 m^3，上层段的初始注水量由 90 m^3/d 逐渐下调至 60 m^3/d，下层段的初始注水量则由原来的 10 m^3/d 上升到 150 m^3/d，对应油井产油量有不同程度增加、含水率有不同程度降低。

R4-10 井含水量逐渐降低，油量基本稳定，R4-16 井产油量保持平稳，含水率逐渐降低（图 4.27）。

（3）R4-18 井组。R4-18 井 2019 年 6 月底开始分注，日总注水量由原来的 85 m^3 提高到初始的 150 m^3，2021 年 12 月达 100 m^3，上层段的注水量由原来的 12 m^3 提高到 2021 年 12 月的 30 m^3/d。

在 R4-18 井实施分注以后，R4-16 井产油量逐渐趋于平稳，含水率出现波动后逐渐降低。R4-1 对应 R4-18 的下部层段，2019 年 7 月检泵开井后产液量和油量开始比较高，但 10 月份调整生产制度后液量和油量下降到停机前的水平（图 4.28）。

（4）BN1-2 和 BN1-3 井组。BN1-2 和 BN1-3 井组内共有 6 口受益油井，其中双向受益油井 3 口（BN1、BN4、BN1-1），单向受益井 2 口（BN1-4、BN1-5）。2019 年 10 月 2 口水井分注，分注前井组内 6 口油井年递减率在 3.7%，分注后年递减率在 2.1%。

（5）BNE-21 井组。BNE-21 井组内共有 6 口受益油井（BNE-1、BNE-20、BNE-14、BNE-15、BNE-11、BNE-19）。2019 年 10 月水井分注，分注前井组内 6 口油井年递减率为 0.8%，分注后年递减率为 -0.9%。

其中 BNE-20 井初期未见效，随着注入量加大产量出现向上波动趋势，BNE-11 井配合实施智能控水技术能够由高含水关井到正常开井生产，BNE-1 井由于地层能量得到补充开井后产量保持稳定。

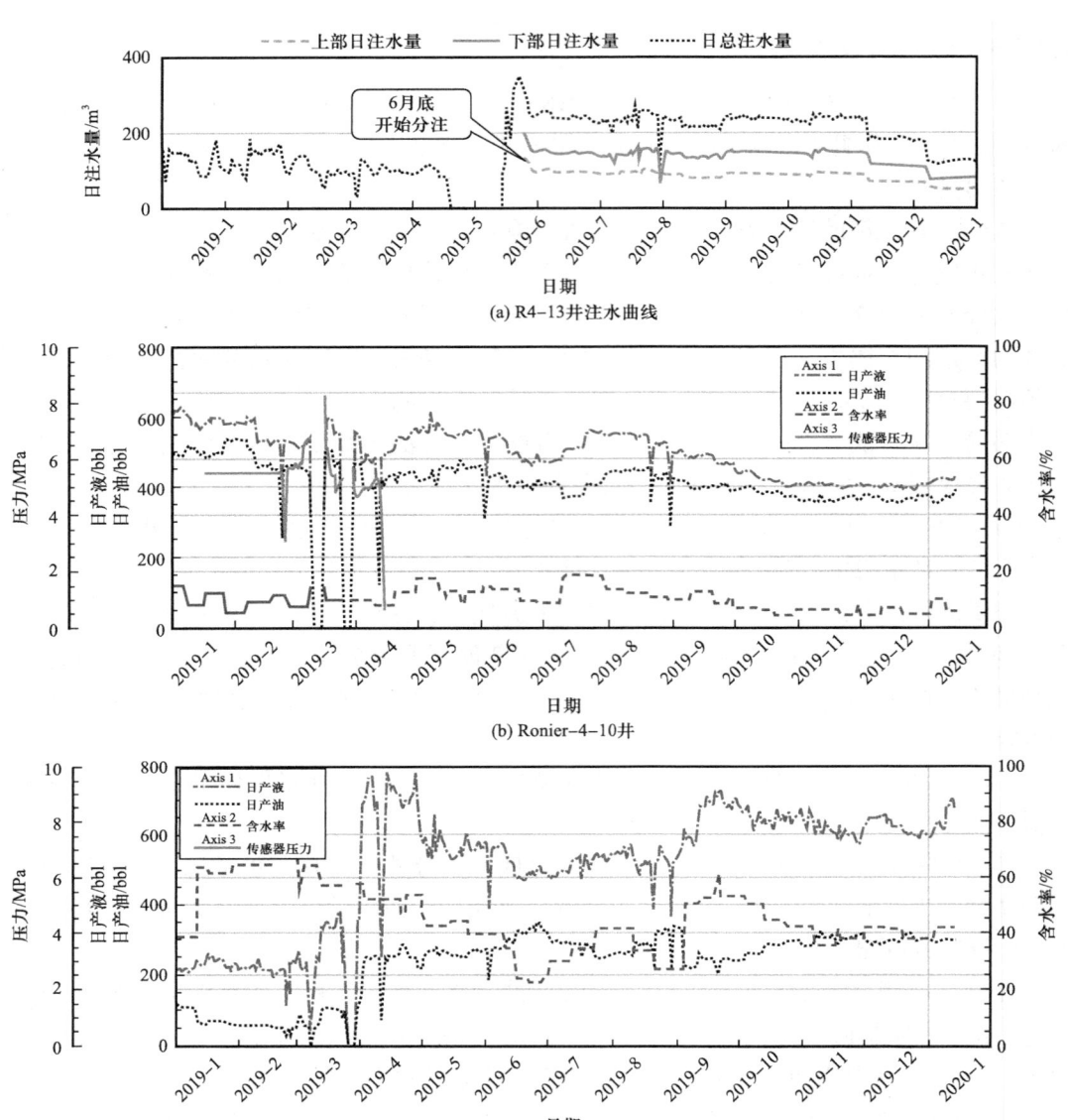

图 4.27 R4-13 井组生产曲线

自 2019 年 6 月至 2022 年 9 月开展智能分注工作以来，乍得项目油田分注率逐年提高，截至 2022 年 3 月，乍得项目油田共有水井 65 口，分注井 44 口，总分注率 67.7%。

其中，已实施智能分注 36 口井（有缆 33 口 + 无缆 3 口），分注率占总注水井 55%；智能分注实施成功率 100%，开井 36 口，25 个井组产油量增加，受益油井 88 口，见效率 97.2%；实现了 41 个不吸水层或低吸水层有效注水，增加注水量 3 487.25 m^3/d，实现了 25 个高吸水层控制注水，合计优化降低吸水量 2 871.42 m^3/d。

截至 2022 年 6 月底，累计增油 17.5×10^4 t，实现了分层水量高效测调、数据实时监控，实现了中国石油海外油田智能分注技术的首次成功规模化应用。

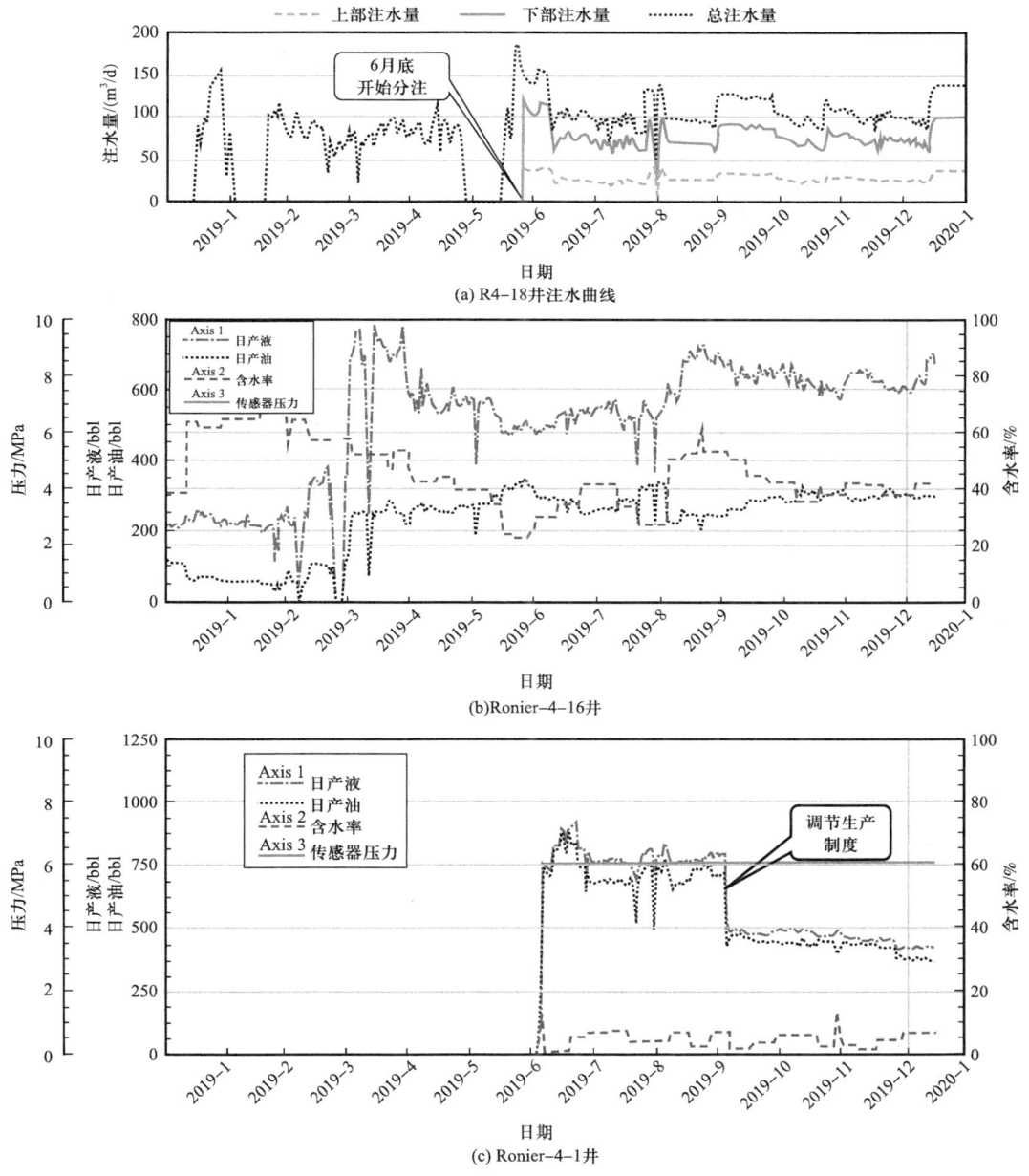

图 4.28　R4-18 井组生产曲线

4.2.3　自适应控水工艺技术应用

自适应控水技术是采用专用的控水筛管或带 ICD 的管柱利用油、气、水基本物性差异，通过采用改变流动通道的几何特性来改变流体运动势能的方法，形成了一套具有自调节功能的控水、稳油、采气的节流控制机构。

在乍得项目应用的自适应控水筛管具有以下特点：油、气、水自适应，根据产液状况自动调节附加压降,最大水油压降比可达到 30 以上;不含活动部件,性能可靠,无须特殊材料,一体化设计,施工简单、有效期长;主动控制,无须控制管线、无须人为干预、实现低成本智能完井。

2019 年在 2 口油井 MN-2 和 BNE-11 进行了自适应控水的先导试验。应用井所在区块储层油水关系复杂、边底水能量足、水体大,已经进行 5 年以上的开发,含水率已经大幅度抬升,含水率达 80% 以上,含水率过高已经严重影响油井的正常生产。通过实施自适应控水措施,取得了控水增油效果,见表 4.22。

表 4.22 MN-2 井和 BNE-11 井措施前后生产情况

井号	措施时间	措施前			措施后			稳定时产量			初增油/bbl/d	累计增油/10^4 bbl
		日产液bbl	日产油bbl	含水率%	日产液bbl	日产油bbl	含水率%	日产液bbl	日产油bbl	含水率%		
MN-2	2019-3-4	714	132	81.5	376	267	29.2	391	191	51.5	135	5.0
BNE-11	2019-8-28	1098	107	90.2	402	350	12.9	403	338	16.2	243	17.0

(1) MN-2 井。MN-2 井于 2012 年 5 月 14 日采用 Q08 型 ESP 投产,生产层位为 KⅢ层 897.26～967.05 m,15.38 m/4 层;初期日产油 110 m^3,101 天后见水,含水快速上升,生产期间多次因高含水关井。2018 年底关井前日产油为 132 bbl,含水率为 81.5%。

2019 年 2 月 26 日至 3 月 4 日,对 MN-2 井实施自适应控水措施,如图 4.29 所示。措施后日产油 267 bbl,含水率为 29.2%,日产油量平均增加了 0.67 倍,日出水量平均减少了 76.9%,控水增油见成效。截至 2020 年 9 月 8 日累计增油 5.0×10^4 bbl 以上,稳定生产超过 550 天。MN-2 井控水效果曲线如图 4.30 所示。

(2) BNE-11 井。BNE-11 井于 2014 年 4 月 4 日 ESP 投产,生产层段有 8 个油层。2018 年初见水,其后含水率逐渐上升,至 2019 年 3 月关井前日产油 107 bbl,含水率为 90.2%。2019 年 8 月 3—26 日期间对 BNE-11 井实施自适应控水措施,如图 4.31 所示。措施后日产油 350 bbl,含水率为 12.9%。截至 2021 年 10 月 19 日累计增油 17×10^4 bbl 以上,稳定生产 780 天,控水取得较好效果。BNE-11 井控水效果曲线如图 4.32 所示。

乍得项目 1 期油田,2011 年 4 月底投产,初期含水率上升较快,2020 年 12 月含水率在 40% 左右,主要为油藏注水和边水侵入引起的含水率上升。1 期油田有 5 口井含水率高于 90%,均在 R-4 断块,因高含水而停产。

自适应控水完井方案设计主要分为:控流单元划分、筛管参数设计和完井管柱设计三个部分。

控流单元划分:依据应用井测井曲线和电测解释中孔隙度、渗透率、含油饱和度分布等数据,同时结合避水高度,将完井段分为Ⅰ、Ⅱ、Ⅲ、Ⅳ等几个控流单元。

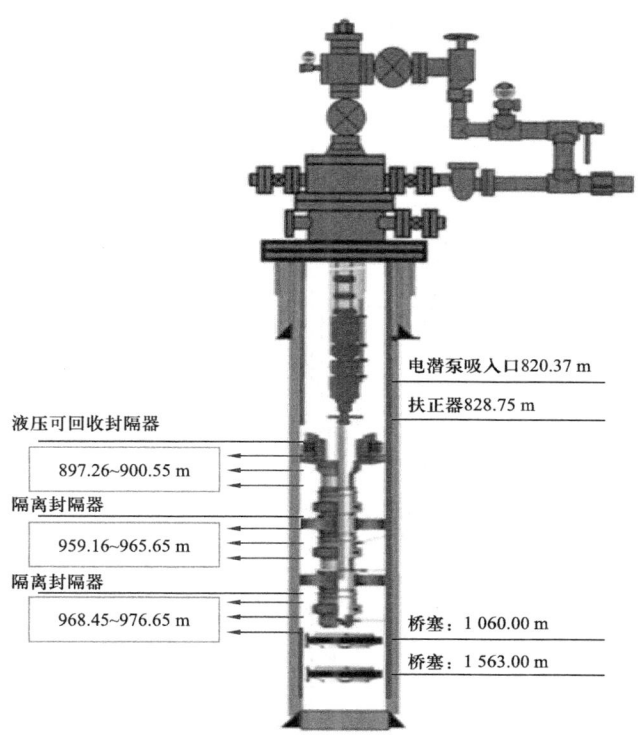

图 4.29　MN-2 井控水管柱图和三个控水生产层段图

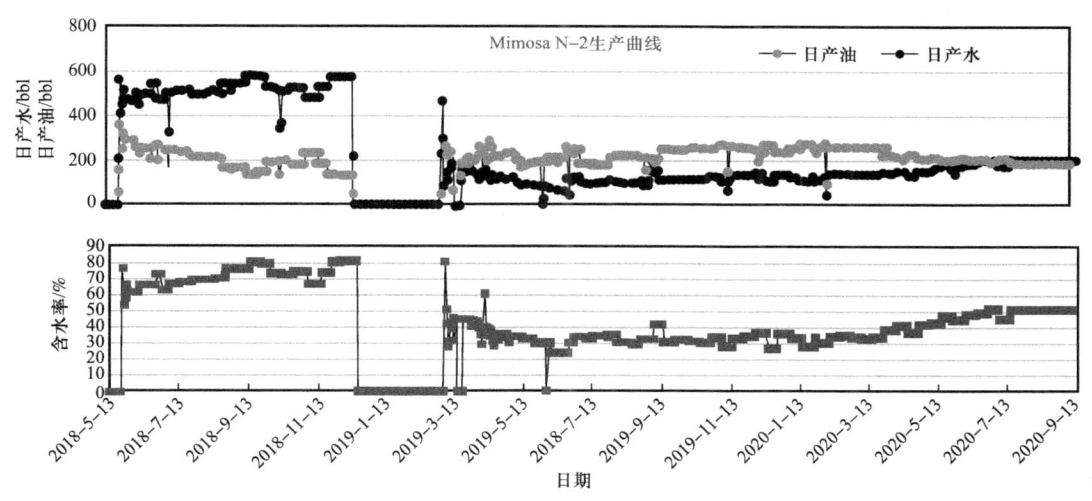

图 4.30　MN-2 井控水效果曲线

筛管参数设计：依据控流单元长度、孔隙度、渗透率、饱和度参数设计每段产量，筛管目数，依据产量设计筛管数量及控流装置型号。

完井管柱设计：依据控流单元确定封隔器坐封位置，依据储层温度和压力等参数确定遇油膨胀封隔器性能参数，设计管柱。

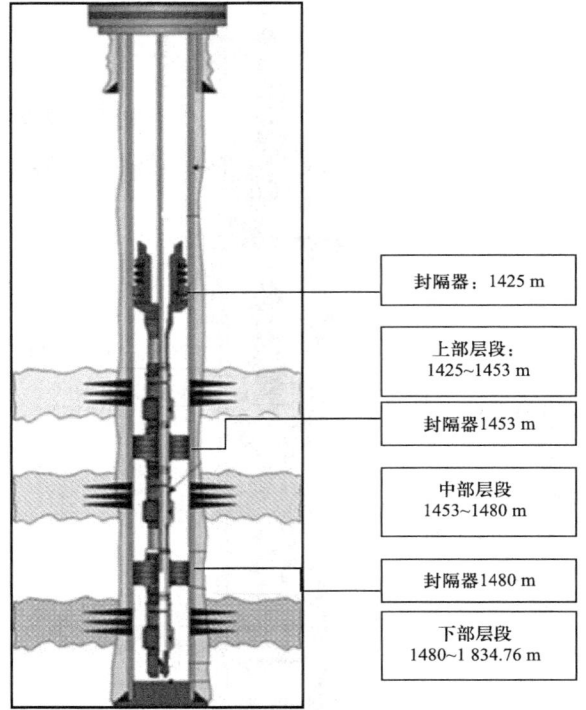

图 4.31 BNE-11 井控水管柱图和三个控水生产层段图

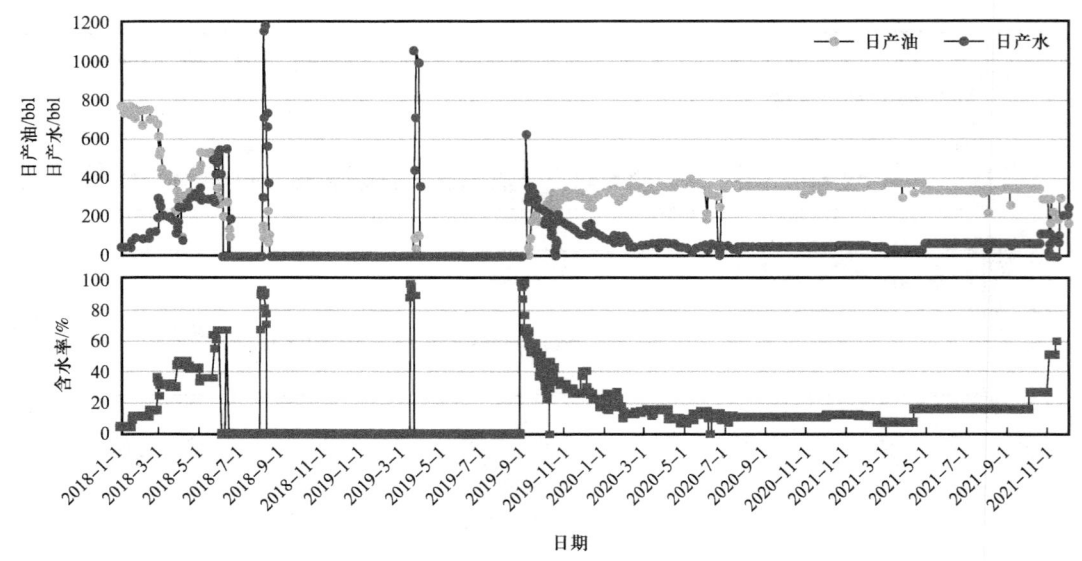

图 4.32 BNE-11 井控水效果曲线

2021 年推广应用自适应控水工艺技术成功作业 18 口老井。1 期油田有 7 口井日增油量和含水率降低明显，2 口降水效果显著。截至 2021 年 11 月底，自控水累计降水 23.1×10^4 bbl，累计增油 9.7×10^4 bbl，取得了较好的经济效果，见表 4.23。

表 4.23　2021 年乍得项目 1 期油田自适应控水井措施前后生产情况及效果表

| 序号 | 井号 | 措施时间 | 措施前 | | | 措施后 | | | 初增油 /bbl/d | 含水率 /降低 /% | 累计增油 /bbl | 累计降水 /bbl |
			日产液 /bbl	日产油 /bbl	含水率 /%	日产液 /bbl	日产油 /bbl	含水率 /%				
1	R1-24	2021-5-27	214.8	71.8	67.9	242.3	142.3	34.11	70.8	33.7	14 067	7075
2	R-4	2021-6-5	367.0	32.8	91.0	184.2	173.0	58.00	140.2	33.0	14 117	42 309
3	P1-5	2021-6-16	1 213.3	219.2	81.9	1 024.7	300.0	69.50	80.8	12.4	3009	41 900
4	P1-1	2021-6-22	872.5	323.8	62.9	760.2	511.5	32.70	187.7	30.2	12 114	27 809
5	P1-4	2021-7-15	547.3	128.9	66.6	865.2	383.8	55.60	254.9	11.0	28 831	1185
6	MN-5	2021-7-20	360.0	54.0	85.0	181.0	168.0	7.10	114.0	77.9	13 628	38 721
7	MN-6	2021-7-26	229.0	65.0	70.0	303.0	162.2	46.50	97.2	23.5	11 519	1450
8	R4-16	2021-6-11	791.3	32.8	80.0	297.2	173.0	66.80	140.2	13.2		58 992
9	PC3-1	2021-6-29	346.5	172.0	49.6	209.3	156.0	26.00	-16.0	23.6		12 241
合计											97 285	231 682

4.2.4　酸化及解堵工艺应用

乍得项目 1 期油田主要采用的增产增注工艺有三种，分别是固体酸酸化工艺、高能气体复合深穿透射孔工艺和高能气体爆燃压裂工艺。

4.2.4.1　固体酸酸化工艺应用

乍得项目主要采用的酸化方式是固体酸酸化。乍得项目油田储层矿物组分主要以砂岩为主，具有高孔隙、中高渗透率的特征，钻完井过程中外侵液体易侵入，引起储层伤害，降低产能。全岩分析结果表明，井层间岩性差异较大，主要矿物含量为石英石和钠长石，黏土矿物含量差异大，Ronier 取样岩心含有较高的方解石。根据经验和室内溶蚀实验评价，设计了 15%～18% 固体酸 +2%～4% 氟化铵 +1.0% 缓蚀剂 +0.3%～0.5% 铁离子稳定剂 +0.5% 破乳助排剂 +0.5% 黏土稳定剂的主体酸配方进行储层酸化改造，实现躺井复产目标。酸化解堵工艺原理示意图如图 4.33 所示。

2018 年对关停的 54 口井进行了初步筛选，排除由于外输计划关井 14 口井，剩余地质储量较低或高气油比、高含水井关井的 13 口井，对其余 27 口井进行了详细分析。

通过综合考虑油藏地质情况、单井生产动态评估、井史资料分析、室内实验、作业机计划等因素，重点对围绕 12 口井开展启动开展综合挖潜技术研究工作。经过研究，优选储层物性较好、试井解释储层伤害严重、有一定储量基础、地层能量相对较高、增产潜力较大的 BS1-11 井、BS1-17 井、BS1-19 井和 BS1-22 井作为第一批酸化解堵油井。在注水井方面，选择了长期注不进水的 RS8-T7 井和 BN1-19 井以及井口压力较高且注水量低的 B1-9 井三口注水井作为第一批酸化解堵水井。

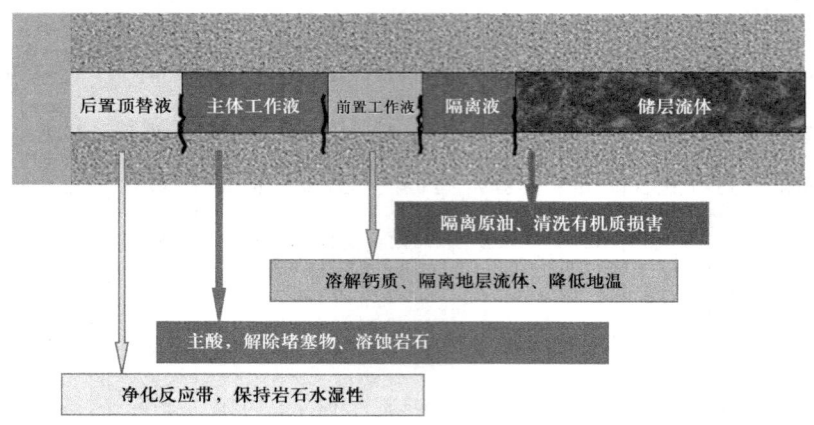

图 4.33　酸化解堵工艺原理示意图

在工艺设计方面，充分考虑了油水井储层伤害原因以及储层孔隙度、渗透率、储层流体、岩石矿物和压力等因素，结合酸盐反应机理研究，优选了基于固体盐酸体系的前置液、主体酸、后置液和顶替液的液体配方以及用量和用酸强度；根据现场的设备条件，优化了工作液的施工排量；制订了油井酸液返排及残酸处理方案，水井酸化施工后即投注，将残酸推入地层。适用于乍得项目的固体酸解堵工艺如图 4.34 所示。

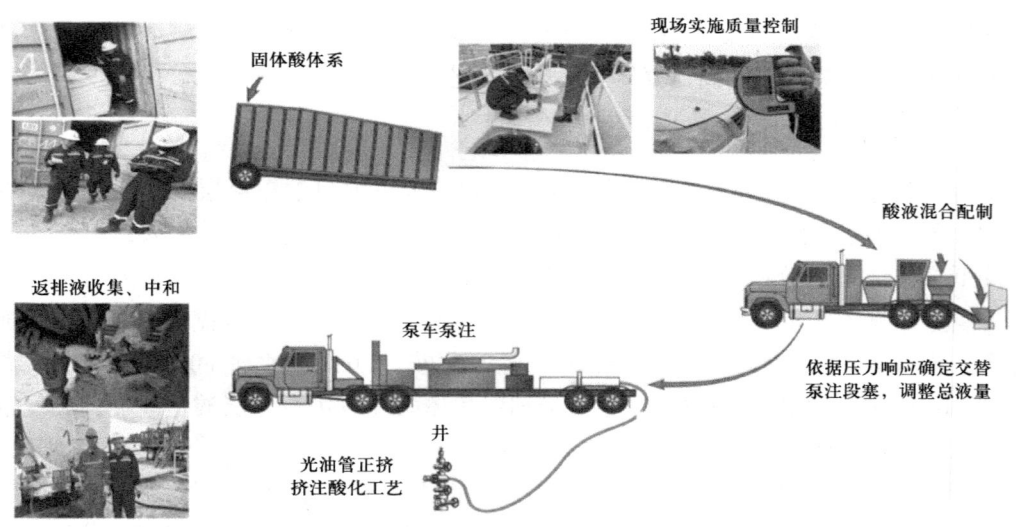

图 4.34　适用于乍得项目的固体酸解堵工艺

1）现场应用

从 2019 年 7 月 8 日开始对 B1-9 井进行酸化施工，到 2019 年 8 月 21 日完成 3 口水井、4 口油井共 7 口井的酸化作业现场实施，作业成功率 100%。在 7 口井的酸化过程中，都出现了明显的压力间断降低，反映酸液注入后不断解除近井筒堵塞迹象。酸化实施井基本情况、酸化井用酸使用情况和酸化井施工参数等情况分别见表4.24至表4.26。

表4.24 乍得项目应用的酸化实施井基本情况

井号	类型	层段/m	射孔厚度/m	跨度/m	平均孔隙度/%	平均渗透率/mD
B1-9	水井	1 157.17～1 285.35	12.94	128.24	16.59	93.62
BS1-11	油井	1 475.86～1 613.63	15.03	137.77	17.70	130.00
BS1-22	油井	1 740.63～2 001.38	30.93	260.75	19.00	67.24
BS1-17	油井	1 701.56～1 875.46	25.00	173.90	17.00	31.70
RS8-T8	水井	1 420.20～1 564.44	70.13	144.24	15.70	129.00
BN1-19	水井	1 512.70～1 561.92	45.47	49.22	18.58	66.95
BS1-19	油井	1 781.05～1 928.11	21.33	147.06	15.92	23.02

表4.25 乍得项目应用的酸化井用酸使用情况　　　　　　　　　　　　单位：m³

井号	施工日期	前置柴油	前置酸	主体酸	后置酸	总用酸
B1-9	2019-7-8		10	26	16	52
BS1-11	2019-7-13	6.0	12	30	18	60
BS1-22	2019-7-21	8.5	12	6	12	30
BS1-17	2019-7-29	4.0	5	8	7	20
RS8-T7	2019-8-6		15	16	8	39
BN1-19	2019-8-17		26	20	16	62
BS1-19	2019-8-21	3.0	15	10	12	37

表4.26 乍得项目应用的酸化井施工参数等情况

井号	主体酸用酸强度/m³/m	总用酸强度/m³/m	施工时间/min	最大排量/m³/min	平均排量/m³/min
B1-9	2.01	4.02	197	1.00	0.26
BS1-11	2.00	3.99	205	1.10	0.29
BS1-22	0.19	0.97	122	0.70/0.55	0.25
BS1-17	0.32	0.80	179	1.10/0.55	0.11
RS8-T7	0.23	0.56	148	1.45	0.26
BN1-19	0.44	1.36	235	1.65	0.26
BS1-19	0.47	1.73	175	0.75	0.21

（1）B1-9 井。B1-9 井为油藏边部的一口转注井，生产层段 1 157.11～1 285.35 m，12.94 m/6 层，平均孔隙度 16.59%，渗透率 93.62 mD（图 4.38）。该井 2014 年 11 月 16 日 ESP 投产，作业过程中采用 1.17 g/cm³ 钻井液压井，初始产量 80～90 m³/d，后产量逐步下降，累计产油 31 302 m³。

B1-9 井于 2018 年 6 月 28 日转注，2018 年 12.5 MPa 下维持日注入量约 100 m³/d，关停后 2019 年 3 月 15 日开井注水困难，14.5 MPa 高压下日注入能力仅 50 m³（图 4.35）。

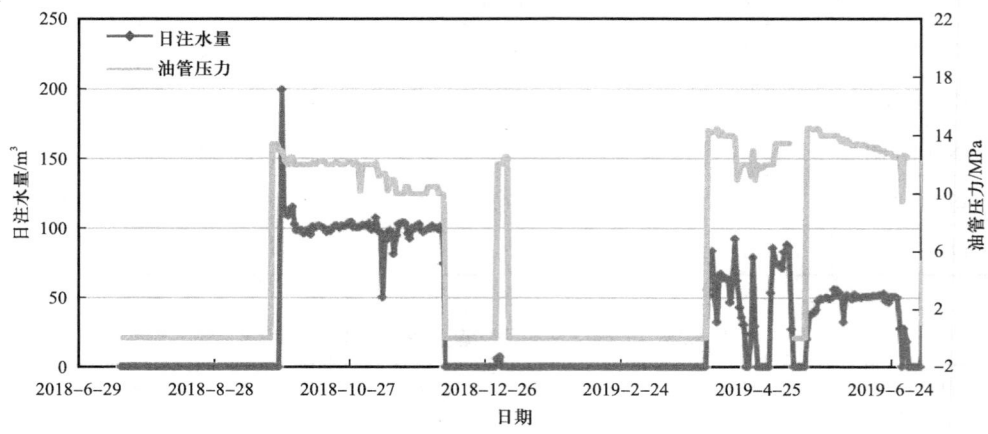

图 4.35　乍得项目 B1-9 井酸化增注前注水动态

B1-9 井于 2019 年 7 月 8 日进行酸化施工，施工主排量 0.6～0.8 m³/min，酸液注入有解堵迹象，实施过程中高排量抽空迹象明显，配套设备仍存在一定限制，排量不能提升，一定程度影响瞬间各个小层的酸液分配，限制通过排量改善吸水剖面（图 4.36）。

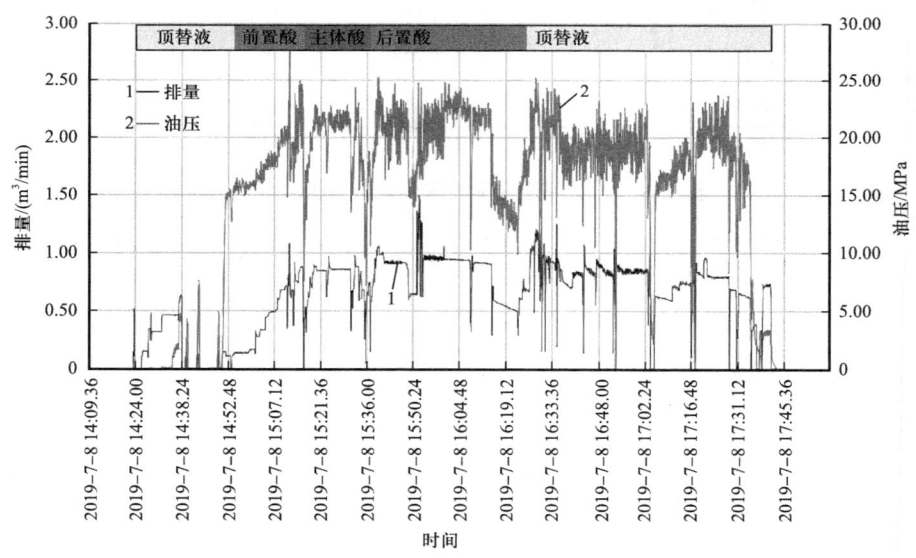

图 4.36　乍得项目 B1-9 井酸化施工曲线

酸化后同等压力下注水能力由 50 m³/d 提高到 305 m³/d，注水能力增加 6 倍，最大注入能力 576 m³/d，稳定持续 392 天，增注 22 273 m³，措施实施 300 天后 10.5 MPa 压力下日注水量为 72 m³（图 4.37 和图 4.38）。

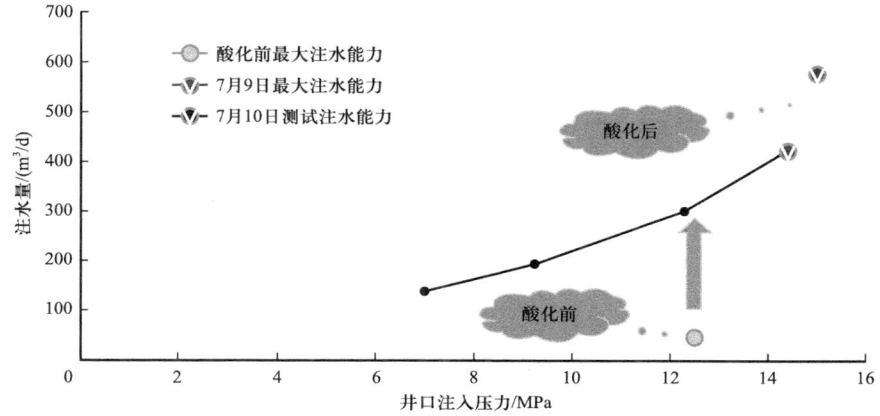

图 4.37　乍得项目 B1-9 井酸化前后吸水能力对比

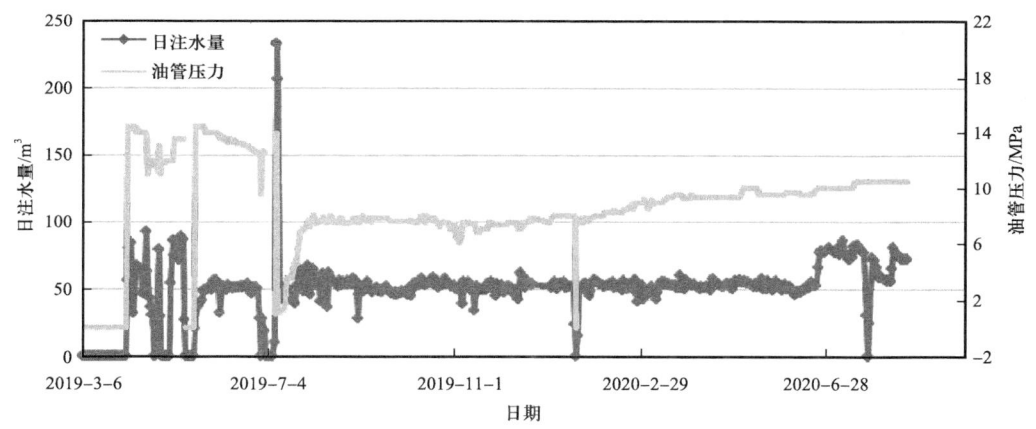

图 4.38　乍得项目 B1-9 井酸化后增注效果评估

（2）RS8-T7 井。RS8-T7 井为 2019 年完井投注的区域注水井，注水层段 1 420.02～1 533.71 m，65.01 m/9 层，5 月补孔后注水层段 1 420.02～1 564.44 m，70.13 m/13 层。酸化前经过复合射孔/补孔，高压挤注，均无法注入（图 4.39）。

RS8-T7 井于 2019 年 8 月 6 日进行酸化施工，实际根据压力响应，调整液量和泵注程序，逐步提高排量，最大 1.4 m³/min，2 台车同时泵注实现注酸高排量，随着排量提升，压力快速下降，解堵效果明显（图 4.40）。

RS8-T7 井酸化前日注水能力为 0，压力 12～13 MPa，酸化后挤注过程折算 2088 m³/d，吸水能力大幅提高，8 MPa 下稳定日注约 500 m³ 以上，持续 367 天，增注 129 618 m³（图 4.41）。RS8-T7 井取得突出效果意义重大，"盘活了" RS8 区块，随着注入对地层能量的补充，将带动区域开发效益的提高。

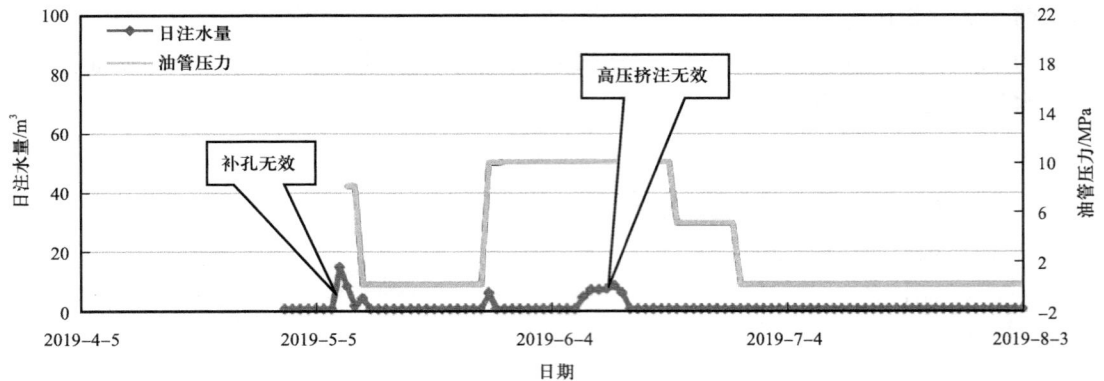

图 4.39　乍得项目 RS8-T7 井酸化增注前注水动态

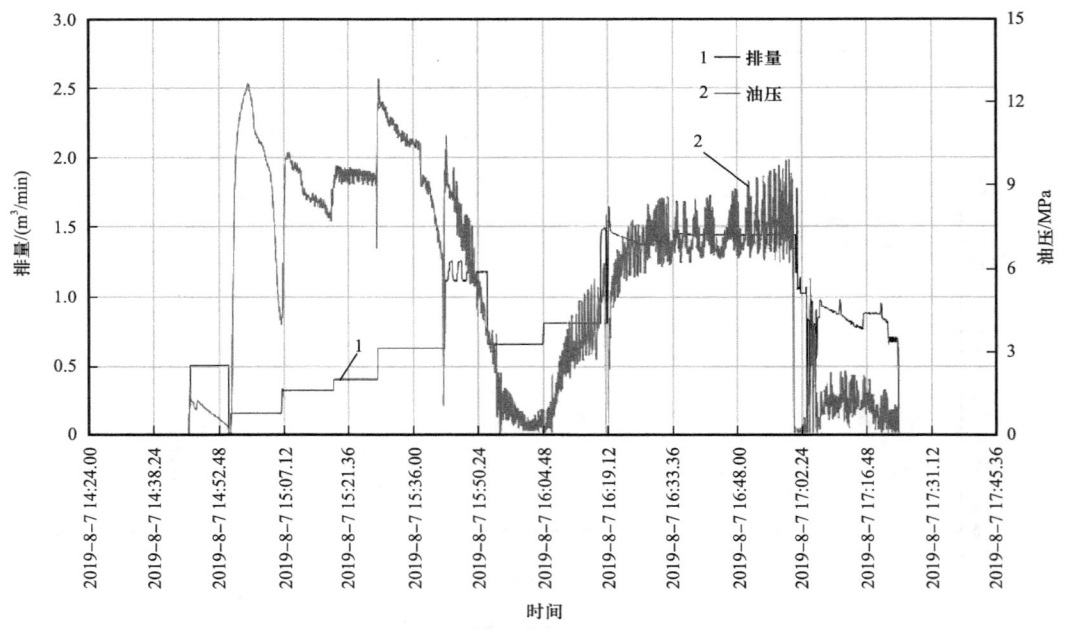

图 4.40　乍得项目 RS8-T7 井酸化施工曲线

（3）BN1-19 井。BN1-19 井为 B-N 油藏下层系转注井，于 2014 年 5 月 31 日自喷投产，2016 年 6 月 8 日转注前日产量高（155.3 m³/d），不含水，物性好，两年累计产油 63 337 m³，转注后 3 年都注不进水，注入层位 1 512.7～1 578.07 m，45.47 m/10 层（图 4.41）。

BN1-19 井第一次试挤解堵时，最高压力达 18 MPa，打压 3 次，累计注入量仅 1 m³；第二次试挤，最高压力 25 MPa，打压 2 次，累计注入量仅 6 m³，高压挤注未成功。2019 年 5 月实施径向钻井措施，在纵向上优选了 4 个吸水层位，在不同方位上共设计 12 个径向孔眼，仍注不进水，关停（图 4.42）。

BN1-19 井于 2019 年 8 月 17 日酸化，累计注入酸液 62 m³，后泵车泵注清水约 80 m³，最大排量达到 1.65 m³/min，注酸过程中解堵效果明显，施工过程中估算单位井底注入压力下，吸水指数从 0.21 m³/(d·MPa·m) 提高到 5.80 m³/(d·MPa·m) 以上（图 4.43）。

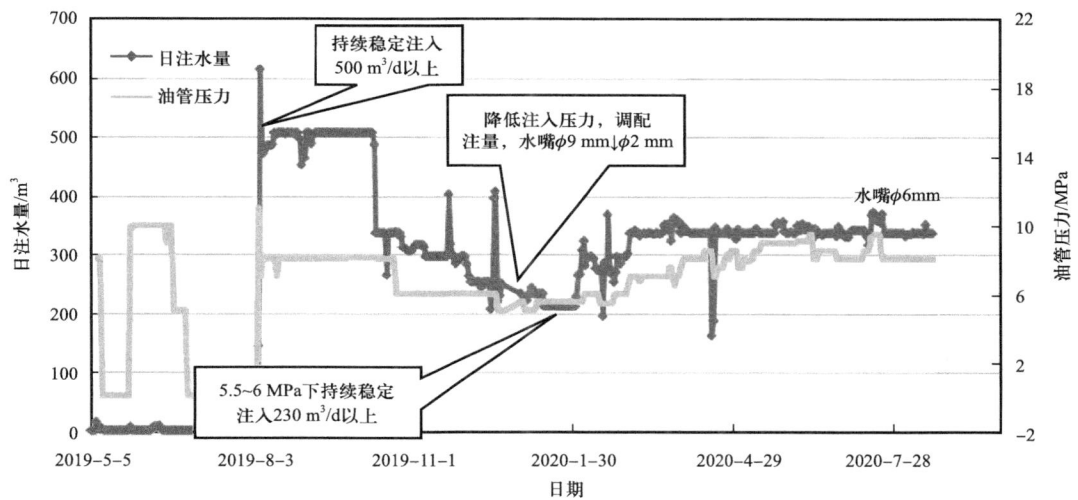

图 4.41　乍得项目 RS8-T7 井酸化后增注效果评估截至 2020 年 8 月 20 日数据

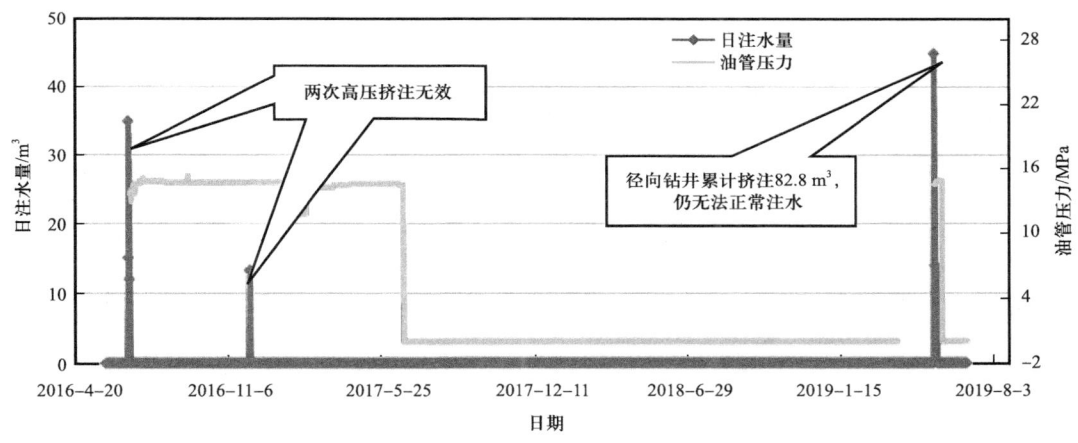

图 4.42　乍得项目 BN1-19 井酸化增注前注水动态

酸化后最大注入能力 380 m³/d，初期稳定在 220～250 m³/d，之前作业中固相堵塞在酸化后得到了有效解除，20 天以后下降明显，2019 年 11 月 3 日吸水指数降为零，1019 年 11 月 6—29 日高压挤注 324 m³ 水后液无法注入，累计增注 8028 m³，2020 年再次高压挤注无效，影响开发配注（图 4.44）。

根据物质平衡计算，当前累计注水量约 8000 m³，按照均匀推进波及井筒周围 16～17 m，假设 50～80 m 水力径向钻井孔眼有效，则有效区域内总孔隙体积超过累计产油量。假设吸水层位仅为高渗透区域的 1 568.62～1 574.27 m，则波及井筒周围 48 m 左右；总注入量波及区域小，因此当前注水下降，反映出井筒与地层连通性再次变差。

- 147 -

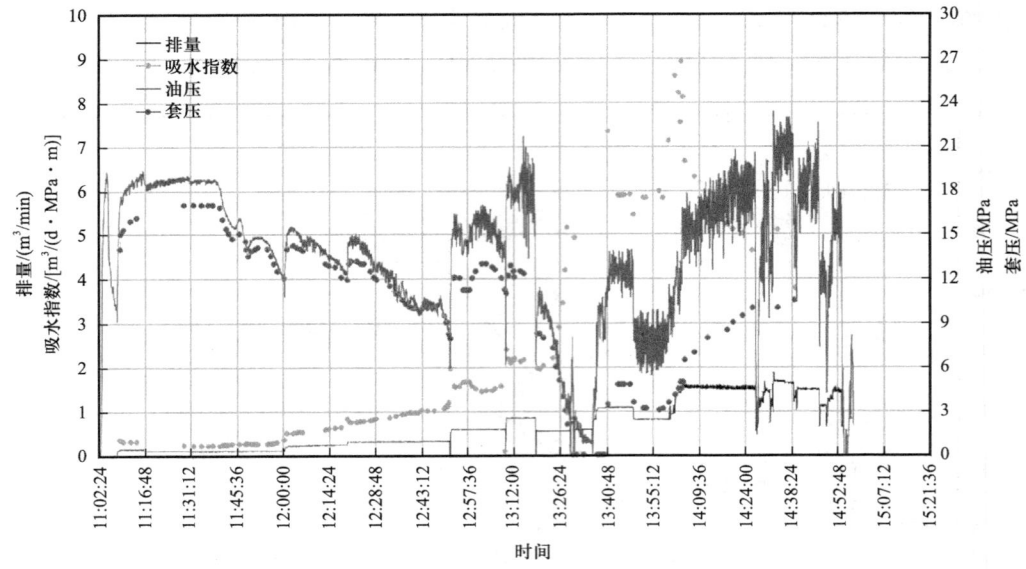

图 4.43　乍得项目 BN1-19 井酸化施工曲线

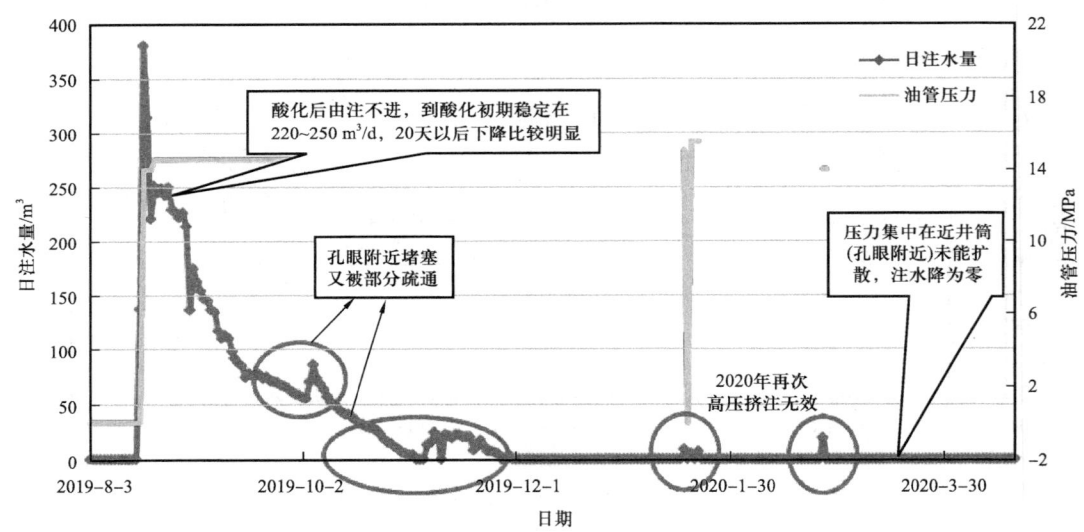

图 4.44　乍得项目 BN1-19 井酸化后增注效果评估

酸化可以溶蚀孔隙填充物、恢复油井生产过程中的固相颗粒对喉道堵塞，也可以剥离附着不反应有机杂质，并通过后期大排量注水，分散其在储层中的分布；相对于射孔和水力径向钻井，一定容积的酸液可以在井眼周围均匀推进，从而恢复井筒与地层有效接触面积；初步计算表明，仅 62 m³ 酸液反应推进区域的最小半径 1.6 m，恢复区域外围接触地层面积达到 400 m² 以上，远大于常规射孔和水力径向钻井。该数据表明，在外侵伤害、压实、运移堵塞近井筒喉道、乳化等条件下，酸化优势明显。酸化可有效解除作业过程中的固相伤害，均为弱水敏、弱盐敏，水驱油实验效率平均 65.3%，地层水矿化度低且易结垢的钙、镁离子含量小；基本能排除水锁导致堵塞的可能性。

该井增注效果影响的原因分析有以下几方面：

首先，来自BFPF水源井的水样测试指标较少，根据三级标准，溶解氧超标，含油量和悬浮物固相含量均合格，由于未找到BFPF悬浮物粒径中值测试结果，参考RCPF结果显示颗粒中值超标，注入水水质未完全满足三级水质标准。如注水系统受到二次污染、精细过滤系统不完善等，还可能导致注入水质下降。

其次，BN1-19井PI5层为稠油，存在黏度升高、乳化堵塞和诱发有机垢堵塞的可能，注水过程中出现注入水下沉、稠油上浮，并且接触产生冷伤害等相关问题，因本井物性最好的一段在最底部，主要的吸水层可能和酸化解堵层即为该层，是否存在水力径向钻井向下沟通了下部稠油层，水的密度高于稠油，稠油沿小井眼被注入水置换，导致最好的吸水层段乳化堵塞。

针对以上原因逐一分析和评价认识，基本能排除水敏、水锁和因与地层水化学配伍性不好导致堵塞的可能性。可能导致注水量降低的原因有以下两个方面：① 注入水水质未完全满足三级水质标准，地层微粒运移和注水中悬浮固相叠加影响导致孔眼附近堵塞，使注水量下降；水质与储层物性和岩性的匹配，结合全岩分析结果，注入水引发水敏的影响不大，可进一步取样，以确定是否是因粒度中值和固体悬浮物导致喉道堵塞。② 水力径向钻井12个孔眼的轨迹方向不确定大，如果向下沟通了ＰＩ5层稠油，稠油沿小井眼被注入水置换，导致吸水层段产生黏度升高、乳化堵塞和诱发有机质堵塞的可能。下步拟实施重复酸化，但仍会存在酸化后有明显改善但又下降的风险，同时应注意以下事项：a.采用小规模的酸液施工，适当提高酸液中破乳助排剂用量，建议在前置液中添加针对乳化堵塞的有机解堵溶剂；b.重复酸化后采用低压缓注，防止固相微粒堆积再次堵塞，并开展PLT测试确定吸水层位，加强注入水的质量控制。

（4）BS1-11井。BS1-11井为油藏边部的一口躺井，停产时间达1528天，生产层段1 475.86～1 613.63 m，15.03 m/11层，该井作业过程中采用过1.46 g/cm^{3}钻井液压井，停产前日产1.1 m^3/d，累计产油1324 m^3。

BS1-11井于2019年7月13日进行酸化施工，施工主排量0.65 m^3/min，连井剖面显示各小层多、薄，层间差异大，连续性较差，酸液注入有解堵迹象，初期解堵压力降低后，注入再未见明显压力变化，表明污染程度较低，酸化有效解除了近井筒污染。酸化后成功复产，初产11.9 m^3/d（图4.45和图4.46）。

BS1-11酸化后持续稳定生产381天，初产为11.9 m^3/d，平均为7 m^3/d，截至2020年8月20日，日产4.61 m^3，累计增油2 677.8 m^3，实现了油藏边部长躺井的有效复产（图4.47和图4.48）。

（5）BS1-22井。BS1-22井是一口油井，因不出液停产时间138天，生产层段1 740.63～2 001.38 m，30.93 m/14层，连井剖面显示薄互小层多、连续性较好、跨度大，具有一定物性基础，该井作业过程中采用过1.45 g/cm^{3}钻井液压井，停产前日产16.7 m^3，累计产油33 275 m^3。

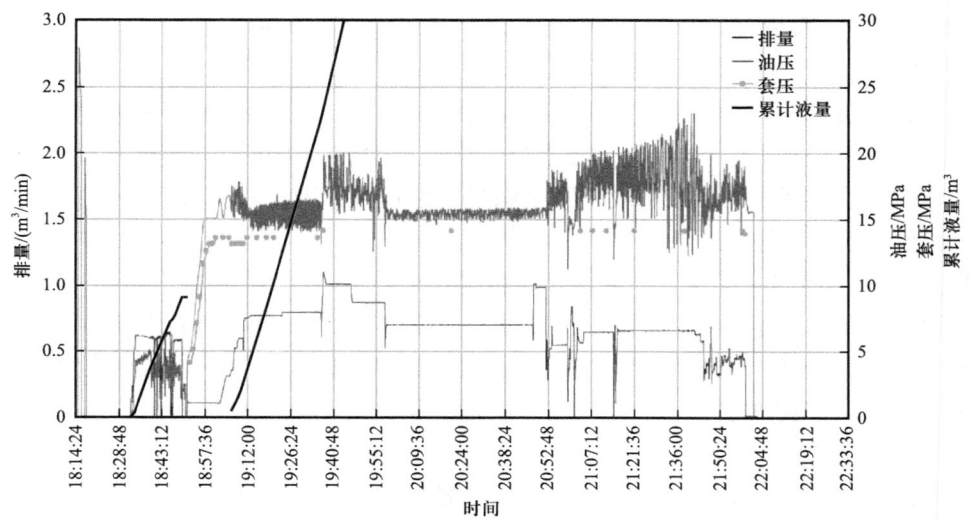

图 4.45　乍得项目 BS1-11 井酸化施工曲线

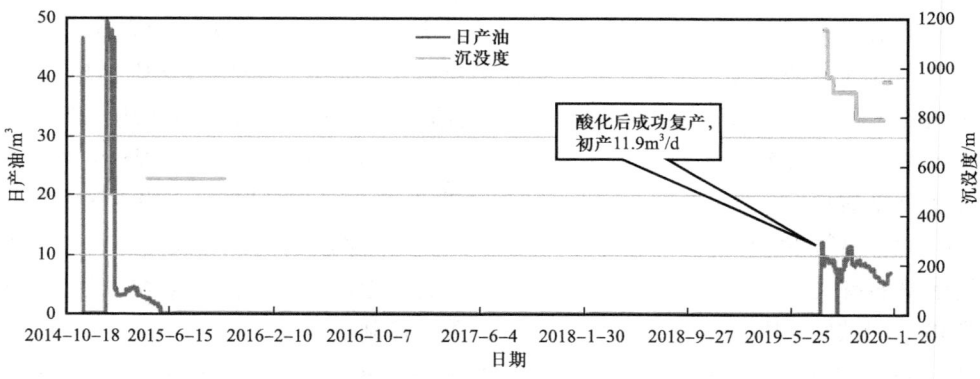

图 4.46　乍得项目 BS1-11 井酸化前后采油生产动态

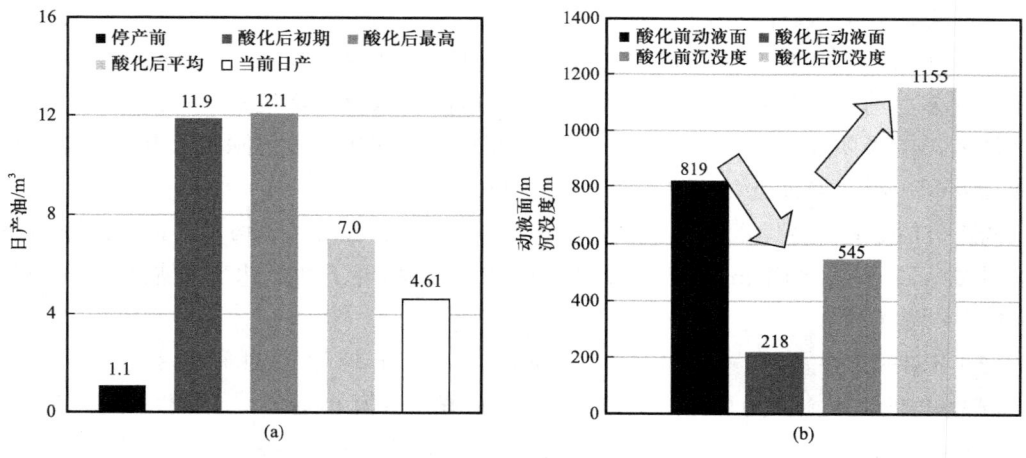

图 4.47　乍得项目 BS1-11 井酸化前后主要参数对比

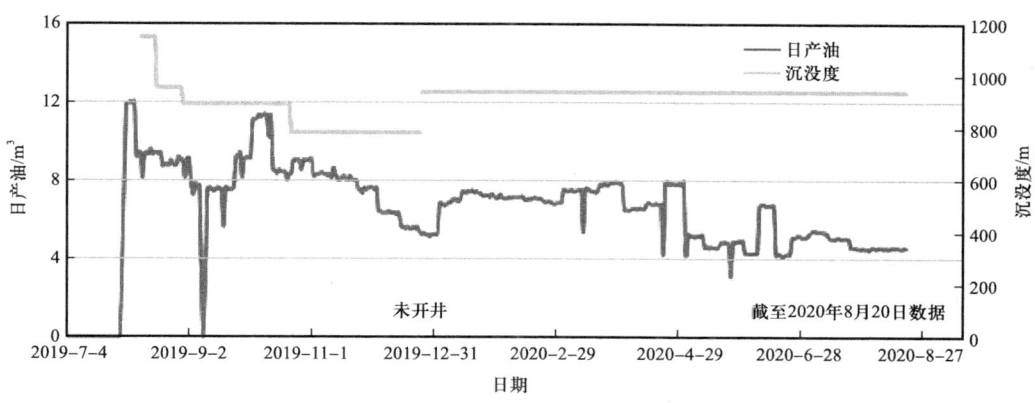

图 4.48　乍得项目 BS1-11 井酸化后增效效果后评估

BS1-22 井于 2019 年 7 月 21 日进行酸化施工，施工主排量为 0.65 m³/min，储层高渗透，泵注阶段内解堵周期长，表明堵塞区域半径较大，随着注入酸液扩散，地层连通性获得进一步改善，解堵效果明显。酸化后成功复产，初产为 18.1 m³/d（图 4.49 和图 4.50）。

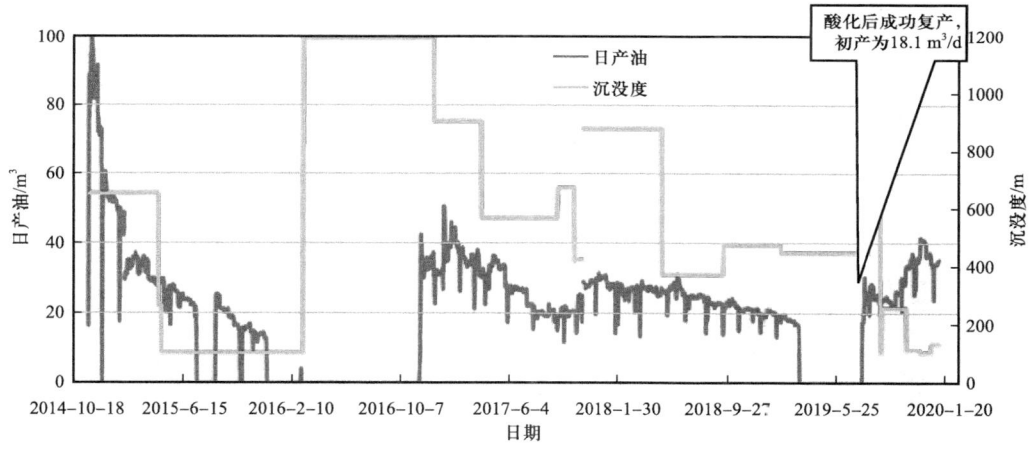

图 4.49　乍得项目 BS1-22 井酸化前后采油生产动态

BS1-22 酸化后持续稳定生产 387.6 天，初产为 18.1 m³/d，最高为 41.8 m³/d，平均为 29.8 m³/d，截至 2020 年 8 月 20 日产油 24.6 m³，累计增油 11 554.6 m³，实现有效复产增产（图 4.51 和图 4.52）。

（6）BS1-17 井。油井 BS1-17 井停产时间长达 1733 天，酸化前已拔泵停井，生产层段 1 701.56～1 875.46 m，25 m/14 层，连井剖面显示纵向层多、具有一定物性差异，部分小层延展存在尖灭，渗透率低，作业过程中采用 1.45 g/cm³ 钻井液压井，停产前日产为 3.3 m³，累计产油仅为 571 m³。

BS1-17 井于 2019 年 7 月 29 日进行酸化施工，施工主排量为 0.35～0.55 m³/min，存在抽空无法提升排量的情况，储层低渗透，表现为施工压力高、停泵压力高、压力耗散系数低，注酸初期解堵迹象明显，泵注 9 m³ 液体时，2 m³ 前置酸进入地层即见到明显的解堵效果，有效解除了近井筒堵塞（图 4.53）。

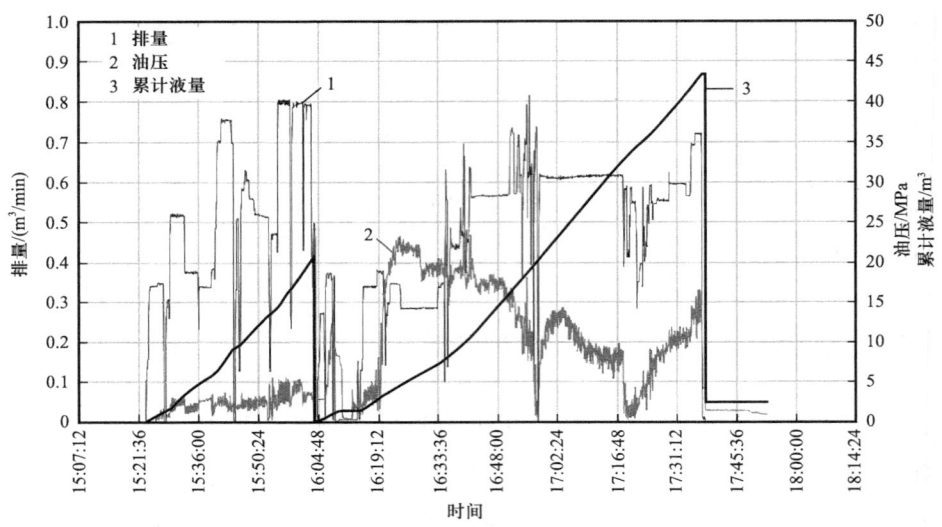

图 4.50　乍得项目 BS1-22 井酸化施工曲线

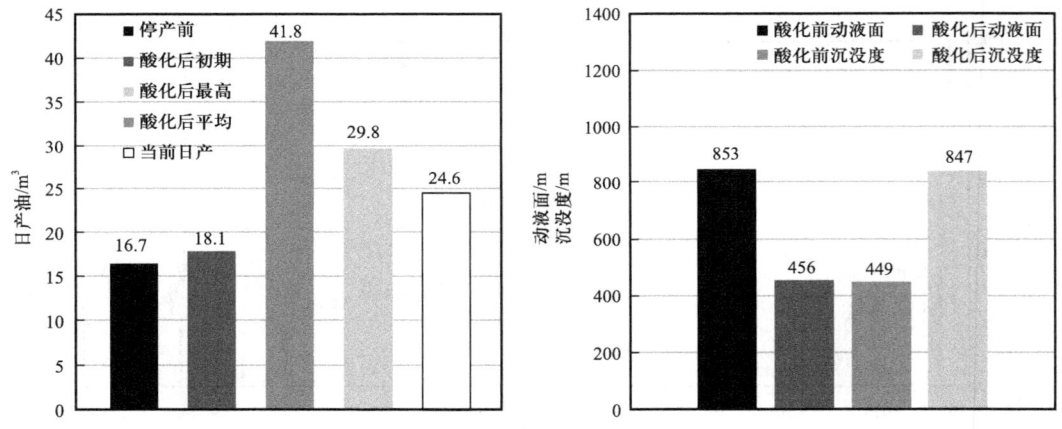

图 4.51　乍得项目 BS1-22 井酸化前后主要参数对比

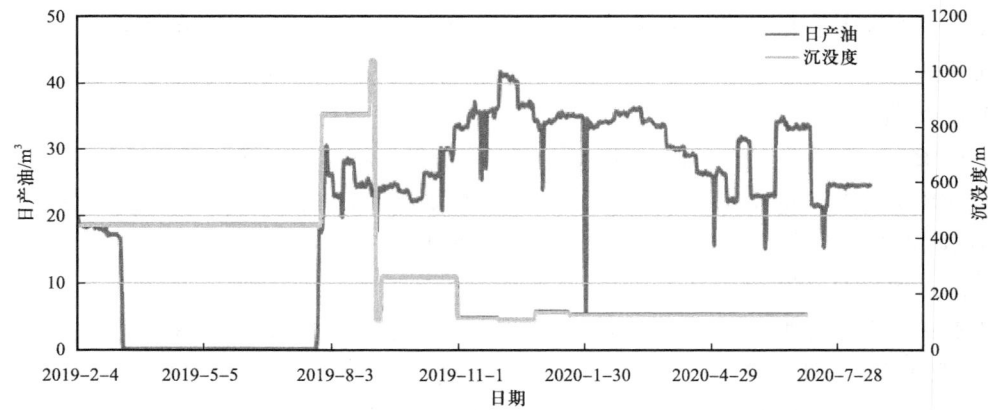

图 4.52　乍得项目 BS1-22 井酸化后增效效果后评估（截至 2020 年 8 月 20 日数据）

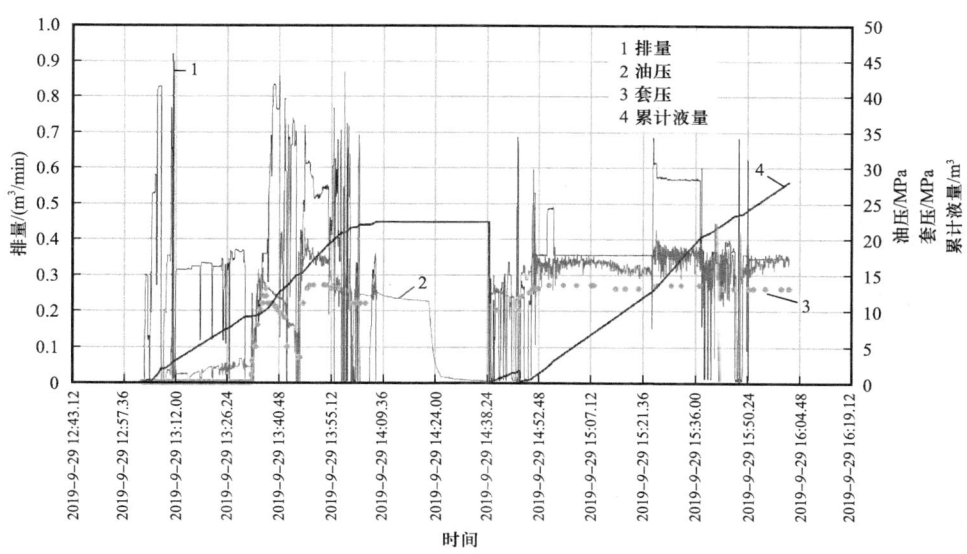

图 4.53　乍得项目 BS1-17 井酸化施工曲线

BS1-17 井抽汲阶段见纯油，按照 ESP 抽汲及压力恢复的数值计算，后 5 次起泵折算日产 6.6 m³，由于该井较深，ESP 额定扬程只有 1300 m，现有举升工艺对产能有一定局限性，预估如匹配合适举升工艺，日产量可以在 10 m³ 左右。

（7）BS1-19 井。油井 BS1-19 井停产时间达 119 天，生产层段 1 781.05～1 928.11 m，22.39 m/12 层，该井作业过程中采用过 1.34 g/cm³ 钻井液压井，停产前日产 10.2 m³，累计产油 9807 m³。

BS1-19 井于 2019 年 8 月 21 日进行酸化施工，施工主排量 0.35～0.55 m³/min，平均排量 0.21 m³/min，随着注入速率变化，压力出现间断降低（图 4.54），反映酸液注入后不断解除近井筒堵塞迹象。酸化后成功复产，初产 16 m³/d（图 4.55）。

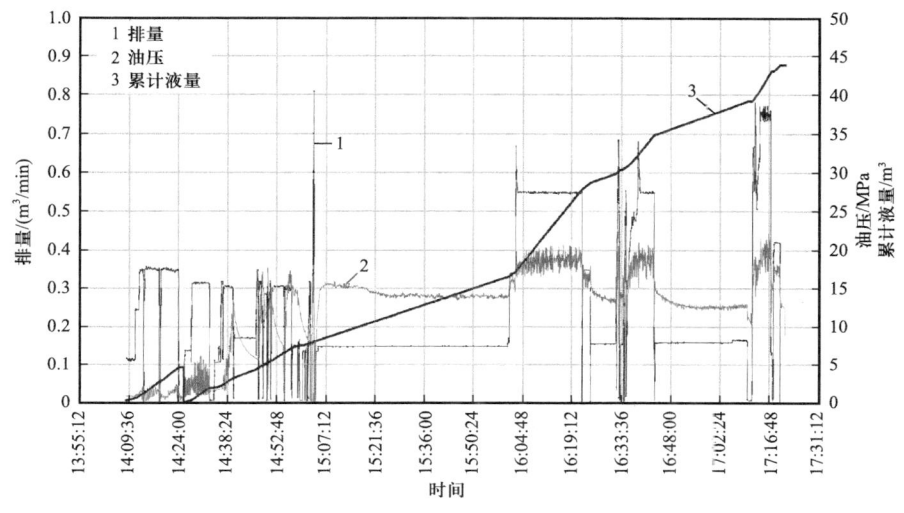

图 4.54　乍得项目 BS1-19 井酸化施工曲线

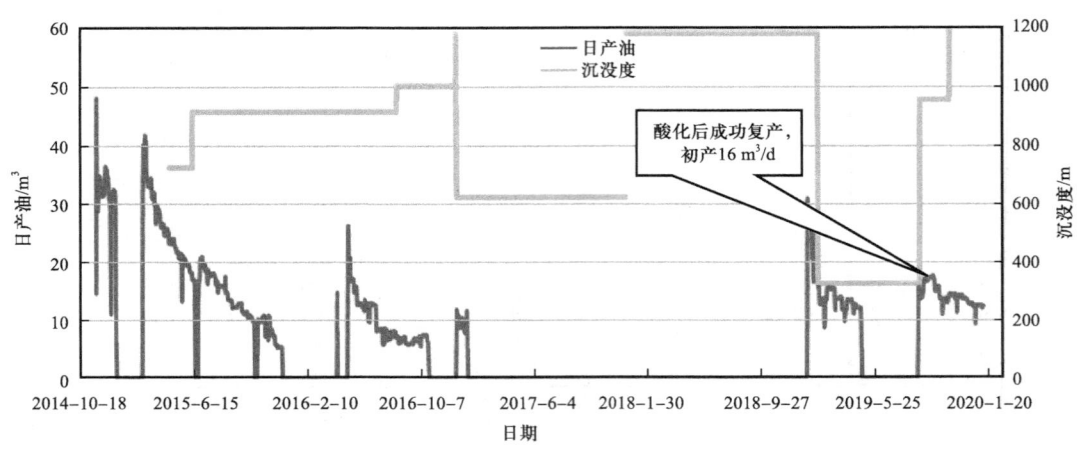

图 4.55　乍得项目 BS1-19 井酸化前后采油生产动态

BS1-19 酸化后持续稳定生产 274.8 天，初产 16 m³/d，最高 17.6 m³/d，平均日产 12.6 m³，2020 年 6 月转注水井，累计增油 3 462.6 m³，实现了有效复产增产（图 4.56 和图 4.57）。

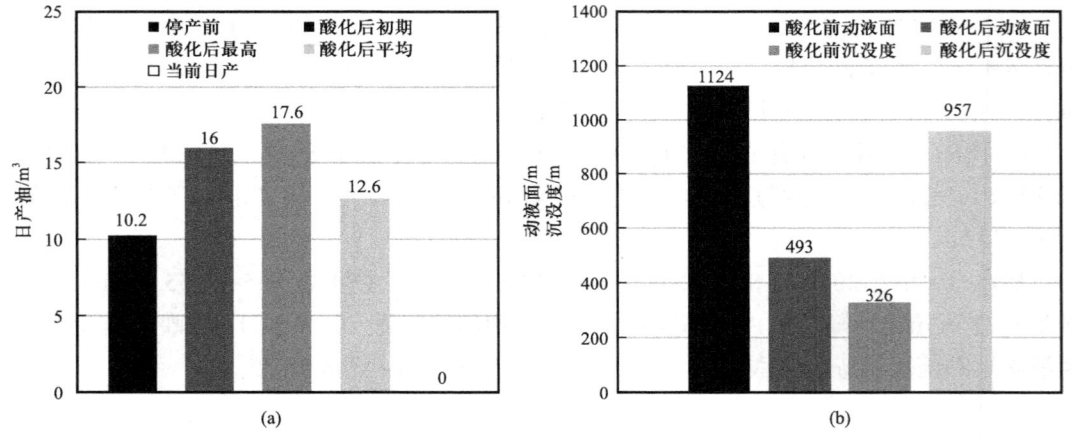

图 4.56　乍得项目 BS1-19 井酸化前后主要参数对比

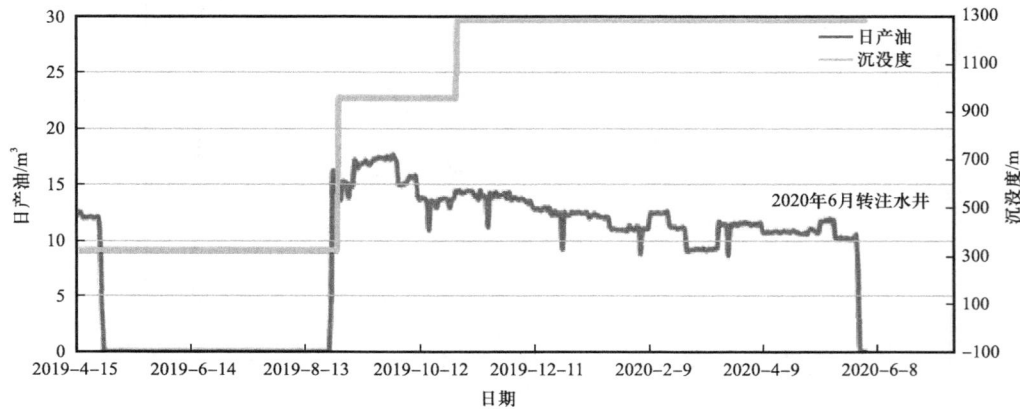

图 4.57　乍得项目 BS1-19 井酸化后增效效果后评估

2）酸化增产增注措施整体效果技术经济后评估

3口酸化水井累计增注量159 919 m³，RS8-T7井实现了高压挤注注不进水到有效注入突破，B1-9井酸化后注水能力增加6倍，RS8-T7井8 MPa压力下持续维持日注500 m³以上，增注效果显著，随着注水对地层能量补充，将带动区域开发效益提高；今后投注或转注过程中高压挤注无效情况下，酸化可作为首选增注措施（图4.58）。

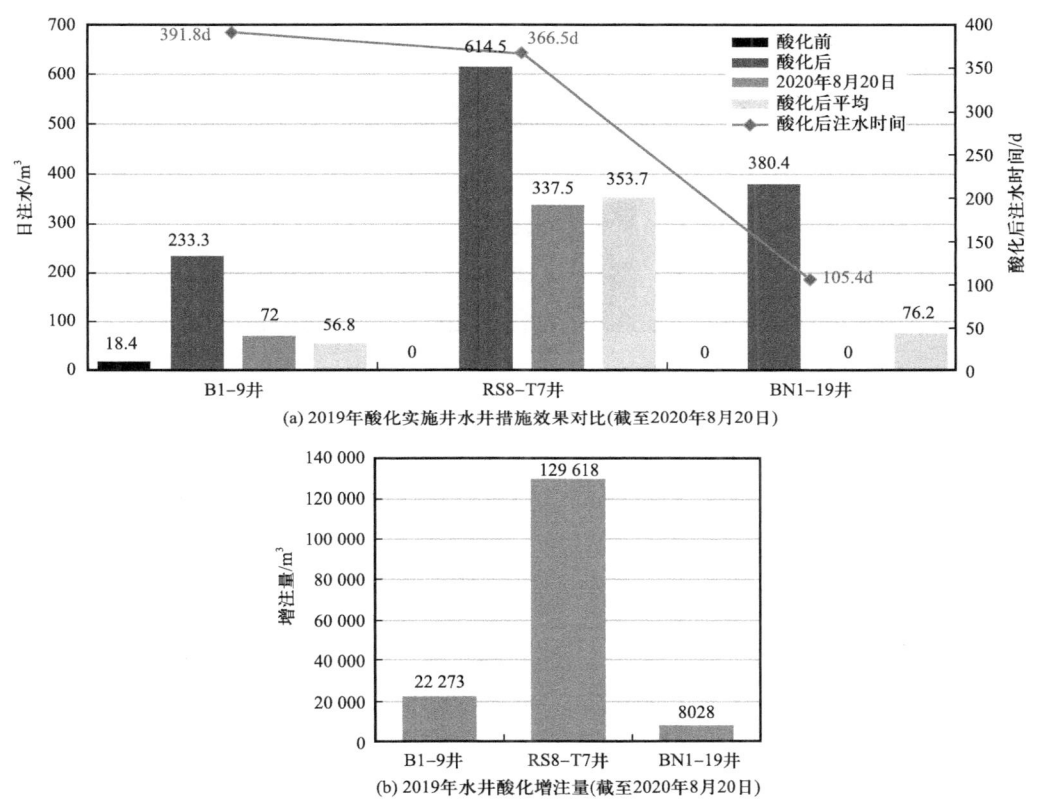

图4.58 乍得项目酸化增注井累计增注量对比

3口酸化油井均靠近油藏边部，酸化后均保持了持续稳定生产，平均生产时间348天（图4.59），截至2020年8月20日，累计增油17 695 m³（图4.60），为乍得项目薄互层砂岩油藏长停井复产提供了有效措施手段。

截至2020年8月20日，按照低油价40美元/bbl计算，3口井累计增油费用也达445.2万美元，BS1-11、BS1-22和BS1-19三口井的产出投入比分别为1.7∶1、14.2∶1和3∶1，平均5.1∶1，均已全部收回投资（图4.61）。扣除桶油综合成本30美元/bbl，保守直接经济效益111.3万美元。

4.2.4.2 深穿透射孔技术与应用

1）注水井深穿透射孔增注

对Prosopis-3井实施深穿透射孔作业。该井措施前井口注水压力11.1 MPa无法注入，

2019年1月30日实施深穿透射孔（HEGP），实现了有效增注。初始日注入量218 m³，最高日注373.6 m³，截至2020年8月20日，累计增注量15.3×10⁴m³，维持泵压11.5 MPa，日注量约180 m³，维持有效注入568天，平均日注入量268.7 m³（图4.62和图4.63）。

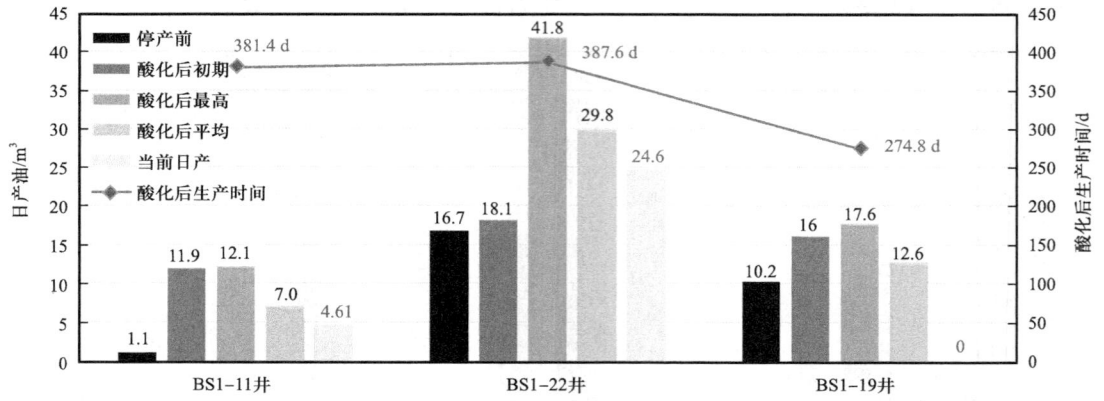

图4.59 乍得项目酸化实施油井增产数据整体情况对比（截至2020年8月20日）

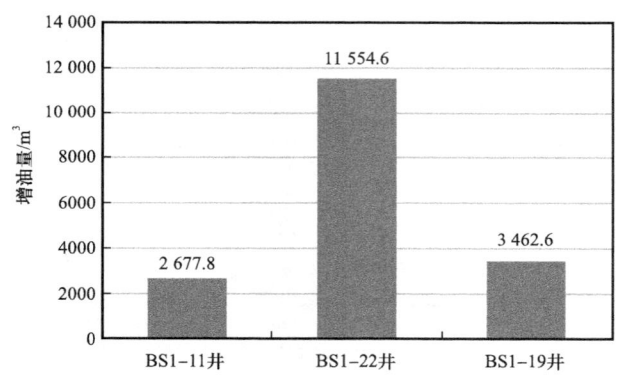

图4.60 乍得项目酸化实施油井累计增油量对比（截至2020年8月20日）

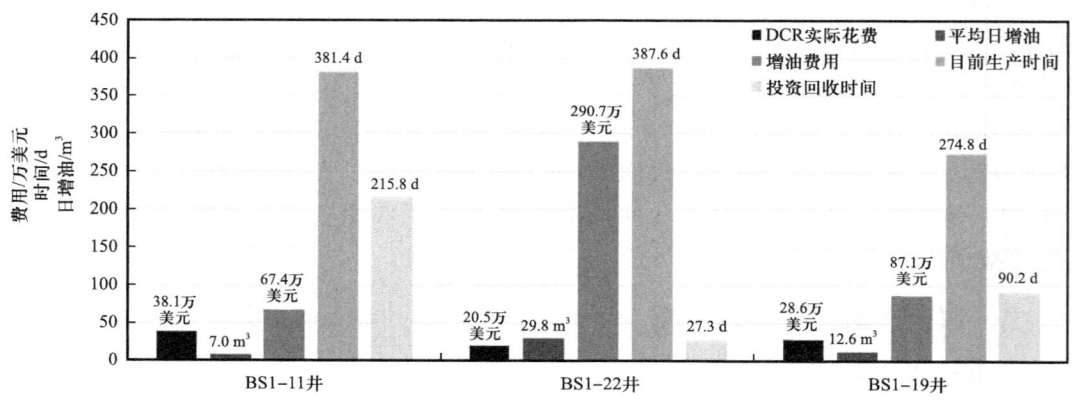

图4.61 乍得项目酸化实施油井经济适用性整体情况对比（截至2020年8月20日）

4 乍得项目油田综合治理技术应用及开发效果

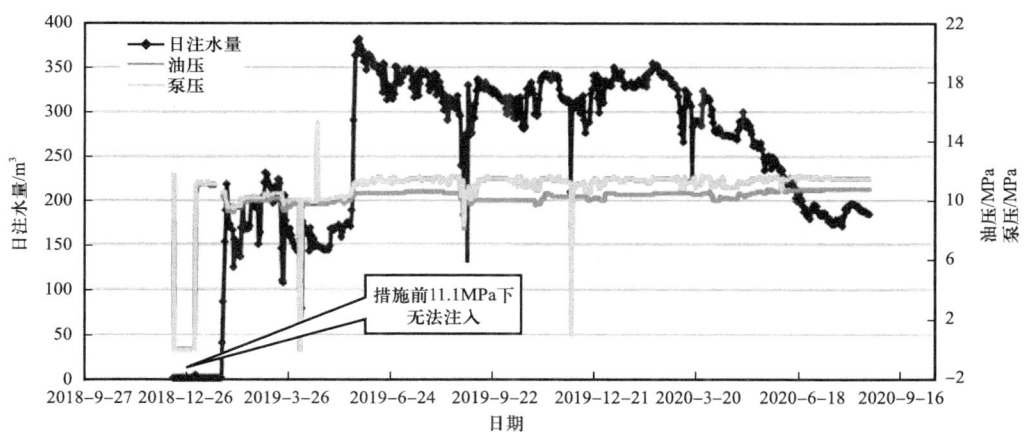

图 4.62　Prosopis-3 井深穿透射孔前后注水动态分析结果

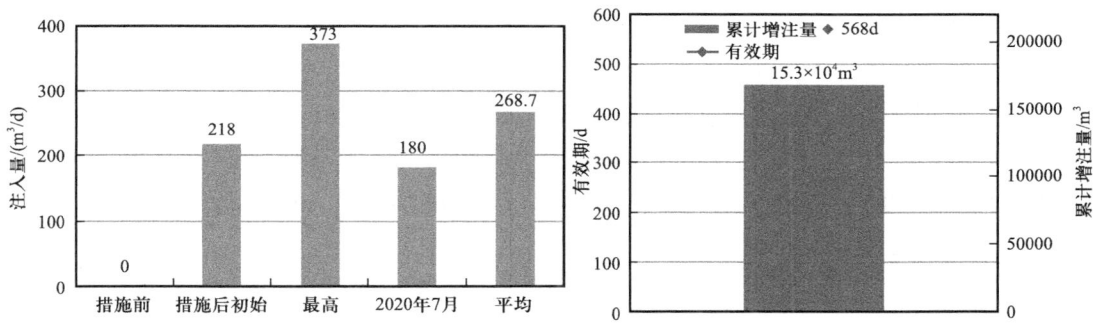

图 4.63　Prosopis-3 井深穿透射孔前后注水量和有效期对比分析

R4-7 井：措施前 1 年内的平均日注量为 120 m³（泵压 12 MPa），2019 年 2 月 3 日实施 HEGP 作业，泵压 10 MPa 下日注量达 200 m³，截至 2020 年 8 月 20 日，累计注入量 17.1×10⁴ m³，2020 年 7 月泵压 14.3 MPa，日注量 200~300 m³，持续有效注入 561 天，平均日注入量 304.3 m³（图 4.64 和图 4.65）。

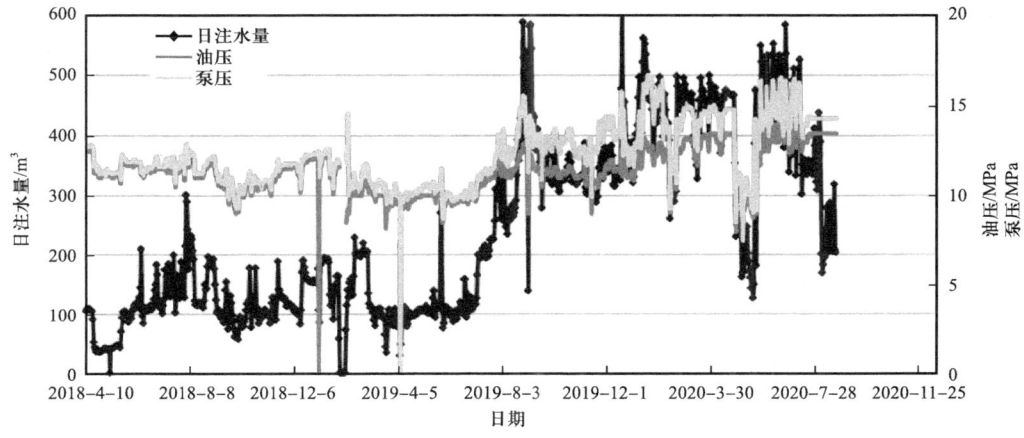

图 4.64　乍得项目 R4-7 井深穿透射孔前后注水动态分析结果

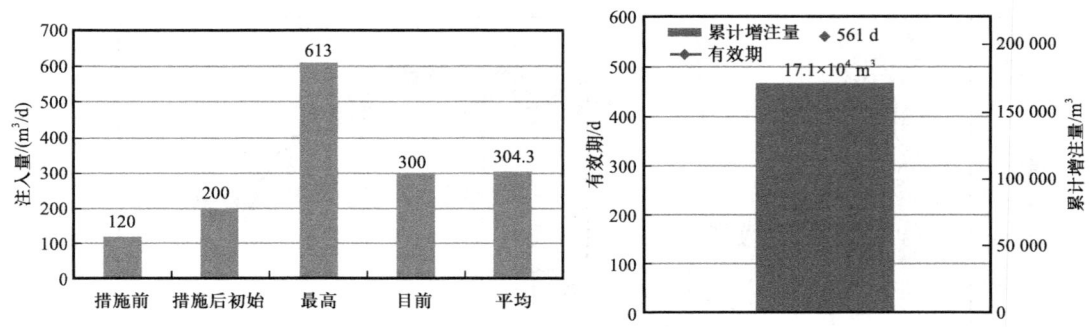

图 4.65　乍得项目 R4-7 井深穿透射孔前后注水量和有效期对比分析

2）油井增产

Dan-1 井位于油藏中部，2017 年底采用 ESPQ50 型电泵投产，初期日产油约 300 m³，2018 年 5 月由 ESPQ50 型电泵改为 ESPQ20 型，日产量从 80～100 m³ 下降至 50 m³，2019 年 6 月换成 ESPQ08 泵，并封堵 1 280.7～1 353.5 m 层段，之后停产关停，关停前日产量为 11.6 m³，累计产油 53 799 m³。

2019 年 9 月实施深穿透射孔措施，射孔层段 1 206.6～1 241.3 m，34.42 m/1 层。复产后日产 41.6 m³，10 月 3 日电泵频率从 42 Hz 提高到 45 Hz，日产稳定，截至 2020 年 8 月 20 日，日产油 50.8 m³，持续生产 345 天，累计产油 17 646 m³，平均日产 51 m³（图 4.66）。

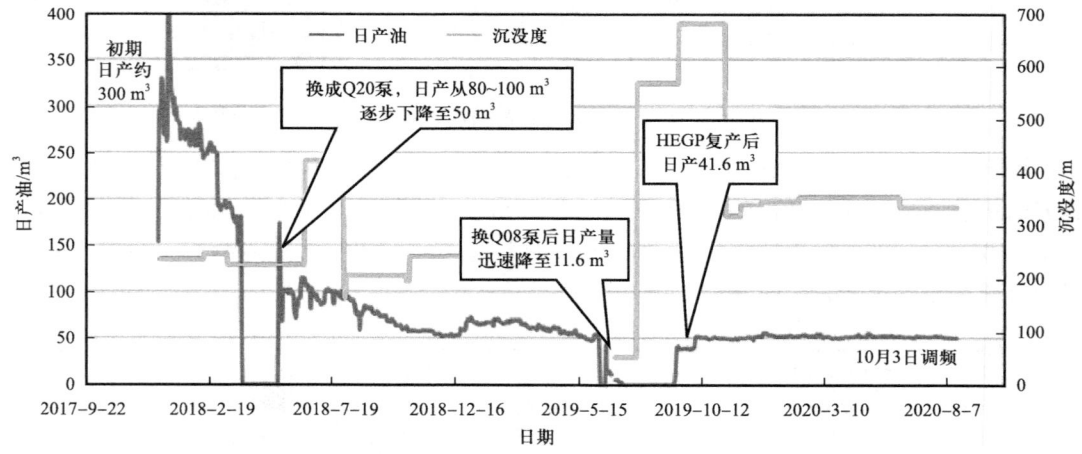

图 4.66　乍得项目 Dan-1 井深穿透射孔前后采油生产动态对比分析

综上所述，深穿透射孔技术可以解决常规射孔效果不好但仍有一定潜力油层的增产增注需求。

4.2.4.3　燃爆压裂技术及现场应用与效果评估

项目公司在 2017 年引进爆燃压裂增产技术（HEGF）。在确定是储层伤害的停产井中优选了储层物性较好（中孔隙度、中渗透）的 PE2 井、BS1-4 井和 BNE3 井作为先导性试验井，试验通过爆燃压裂技术改善储层伤害情况，恢复单井产能。PE2 井和 BNE3 井因为射孔后井口有溢流，用密度为 1.27～1.28 g/cm³ 的钻井液压井，导致近井地带伤害，投产后很快不出液；BS1-4 井完井时采用密度 1.45 g/cm³ 钻井液压井，投产后产量低，电潜泵频繁欠载停机，分析认为，压井时钻井液进入地层引起近井地带伤害，导致产量低。

乍得项目优化设计采用 PFGun 脉冲爆燃清洁压裂增产技术，利用固体推进剂火药点火后发生脉动燃烧，产生大量的高能气体，形成多级压力脉冲，沿射孔相位方向形成多条裂缝（裂缝方向不受地层应力影响）；在高温高压气体的脉冲加载和气蚀作用下，消除和碎解射孔伤害、堵塞和压实带，改善近井周围的渗流条件，完成对储层的解堵与改造，达到增产增注效果；通过单元式筛管枪设计，实现对水平井、大斜度井以及长井段大跨度垂直井实施全产层改造零落物清洁压裂。技术优势体现在长时间有效：不同燃速固体推进剂组合装药，延长高于地层破裂压力的有效作用时间（≥1000 ms），远高于其他高能气体压裂技术（≤50 ms）。多裂缝体系：压力上升速率快，可达 102～105 MPa/s，形成围绕井周的 3～8 条辐射状裂缝，裂缝方向不受地应力控制（图 4.67）。

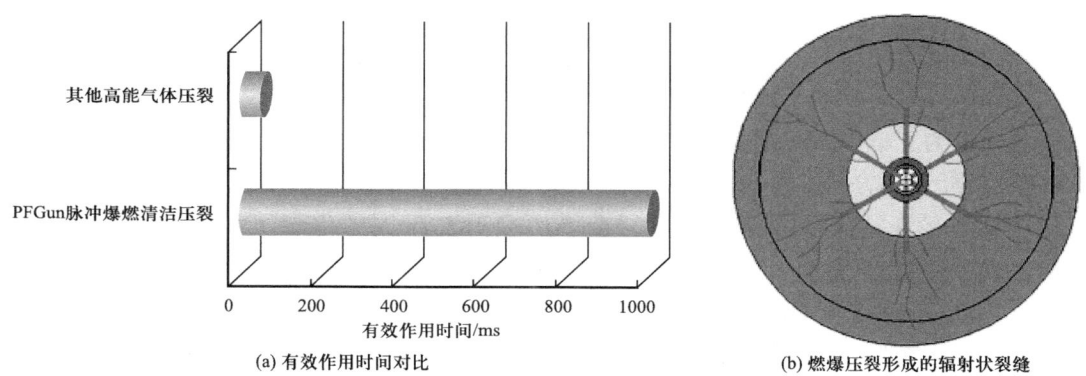

(a) 有效作用时间对比 (b) 燃爆压裂形成的辐射状裂缝

图 4.67　乍得项目优化设计的脉冲燃爆压裂技术与其他高能气体压裂对比

固体推进剂燃烧产物为 CO_2、CO、HCl 和 NO_2 等气体，不产生废液，对地层无伤害。筛管式压裂枪收集施工后金属残留物，提出井口，井下零落物（图 4.68）。

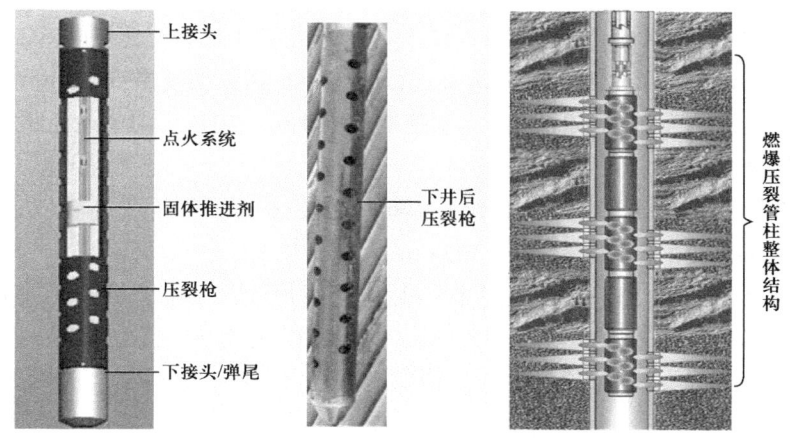

图 4.68　乍得项目优化设计的燃爆压裂管柱设计示意图

实施前，根据储层情况对改造段数、下工具趟数、各趟起爆方式、各趟压裂药量和施工管柱以及温度压力检测方案进行了优化设计，确保施工成功。采用油管传输施工工艺，现场操作简单（图4.69）。

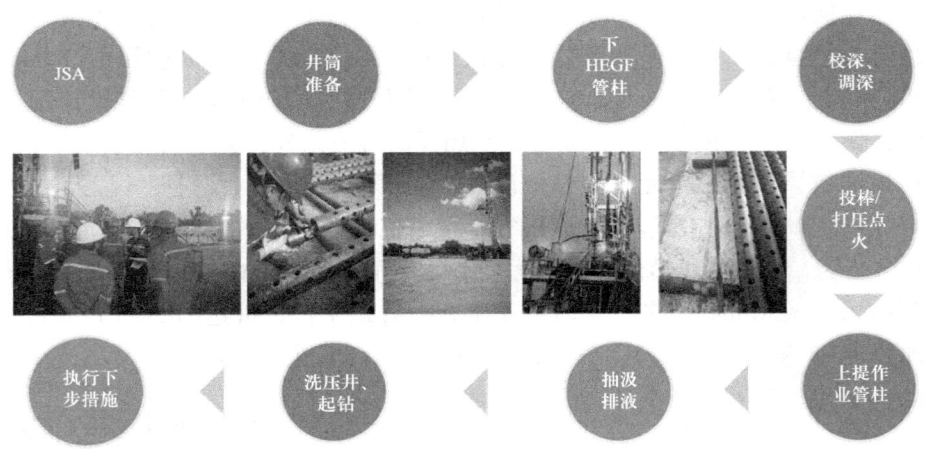

图4.69 乍得项目燃爆压裂现场施工工艺

此外，为了确保现场施工的顺利进行，根据井况信息，软件模拟爆燃压裂效果，优化各项参数（图4.70）。

从实施的4井次措施效果来看，爆燃压裂针对不同的地层（K组、M组、P组），不同的沉积环境（湖泊、扇三角洲前缘），不同的储层物性，不同的油层跨度（6.2～49.9 m）和不同的储层伤害程度，均取得一定的增产效果。其中，BNE-3井储层物质基础好，具有多个厚度大于3 m的单层，且与邻井连通性较好，持续供液能力强，增产效果最为明显。

（1）Dan1-25井。Dan1-25井靠近油藏边部，层间连通性较好，生产层段1 536.27～1 605 m，19.65 m/8层。该井2018年2月采用ESP投产，初期日产油约110 m^3，不含水，2018年5月日产油下降至75 m^3，含水率1.7%，2019年1月日产油下降至约25 m^3，措施前日产22.3 m^3，累计产油14 149 m^3，含水率0.43%。该井采用HEGF对生产井段1 571.32～1 605 m和1 536.27～1 555.17 m进行改造，装药数据规格：ϕ72 mm×500 mm/发，装药发数：20发，单发药量：2.75 kg，总装药量55 kg。2019年7月26日复产，初期日产39.6 m^3（图4.72）。

Dan1-25井措施后稳定生产360天，初期日产39.6 m^3，平均日产30.7 m^3，截至2020年8月20日，日产30 m^3，累计增油3024 m^3（图4.72）。

（2）BNE-10井。BNE-10井位于构造高部位靠近油藏中部，层厚、连通性好，物性好，生产层段1 388.82～1 521.79 m，57.32 m/17层，HEGF实施层段1 436.75～1 521.79 m，34.92 m/8层。

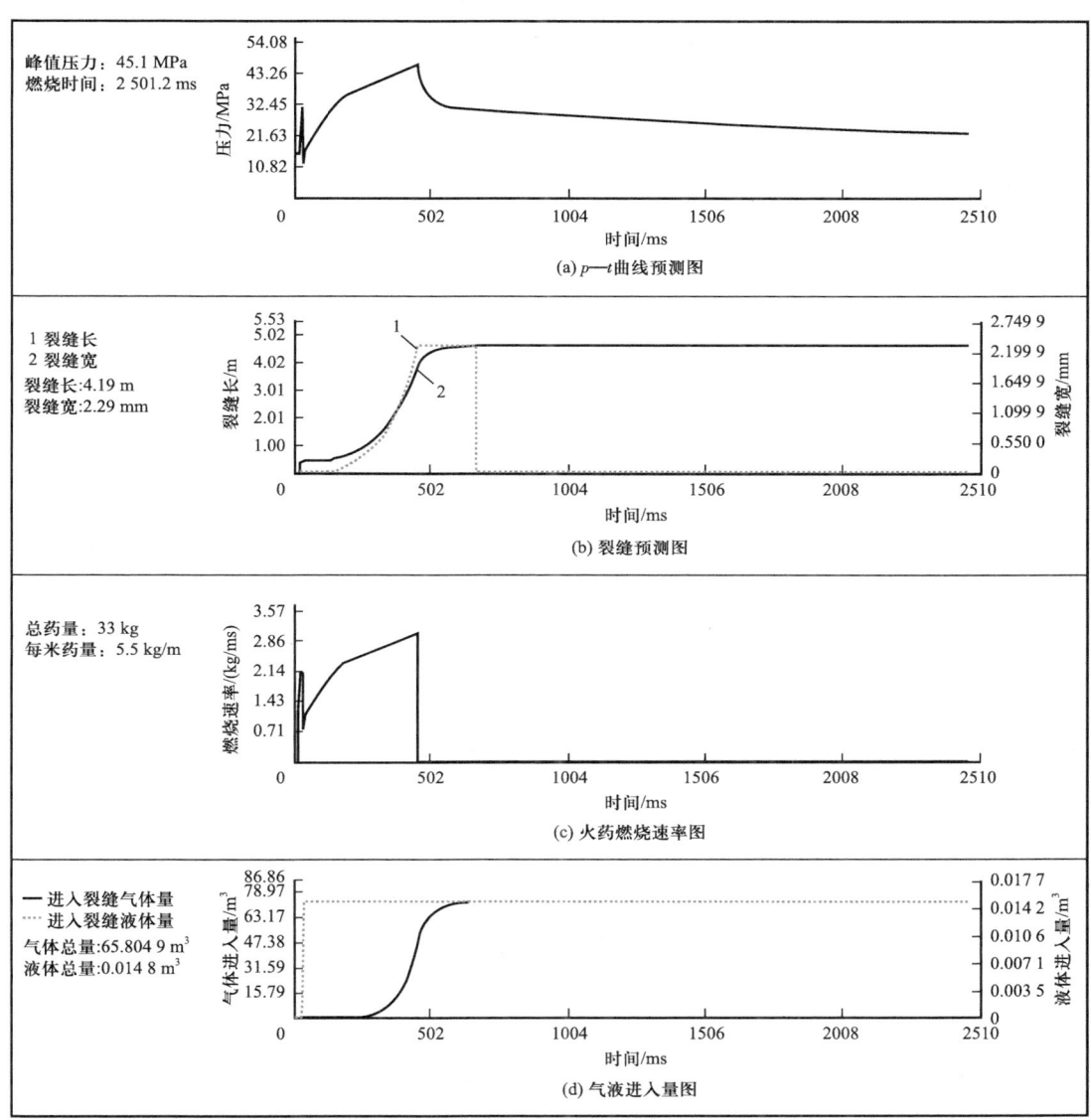

图 4.70　乍得项目燃爆压裂软件模拟分析示意图

该井 2014 年 4 月采用 ESP 投产，初期日产油约 175 m^3，不含水，持续生产两年后日产油下降到约 48 m^3，2019 年下降明显，措施前日产最低，为 7.5 m^3，累计产油 90 020 m^3，不含水。采用 HEGF 分别对生产井段 1 492.53～1 521.79 m 和 1 436.75～1 465.18 m 进行改造，装药数据规格：ϕ60 mm×500 mm/发，装药数量：29 发，单发药量：1.8 kg，总装药量 52.2 kg。2019 年 7 月 31 日措施后复产，初期产油量为 97.2 m^3/d，截至 2020 年 8 月 20 日，措施后连续生产 361 天，2020 年 8 月 20 日产油量为 112.4 m^3/d，平均产油量为 110.5 m^3/d，累计增油 37 213.3 m^3（图 4.73 和图 4.74）。

BNE-10 井第一趟压裂药柱爆燃峰值压力约 7 222 psi（49.8 MPa），大于该井的地层破裂压力 4 858.76 psi（33.5 MPa），超过地层破裂压力的作用时间约为 400 ms，压裂药柱燃烧过程中伴随着压力突降，说明地层被压开，有新的裂缝产生（图 4.75）。

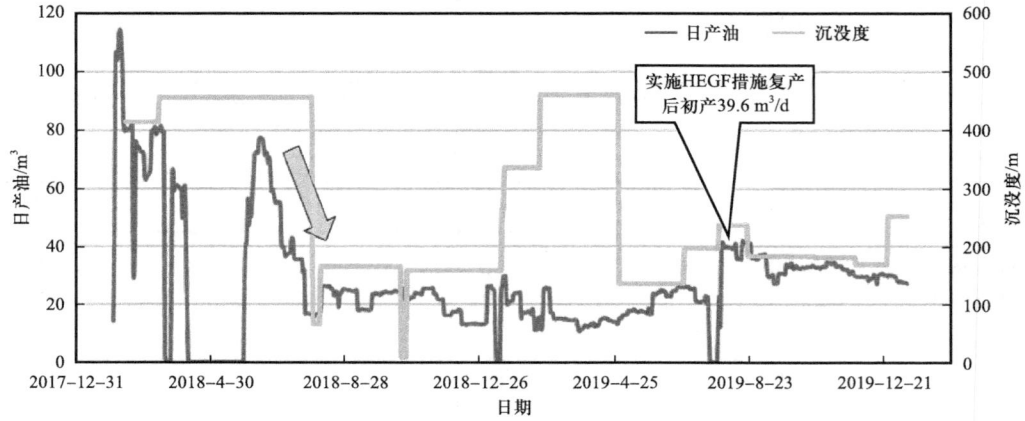

图 4.71　乍得项目 Dan1-25 井燃爆压裂前后采油生产动态对比分析

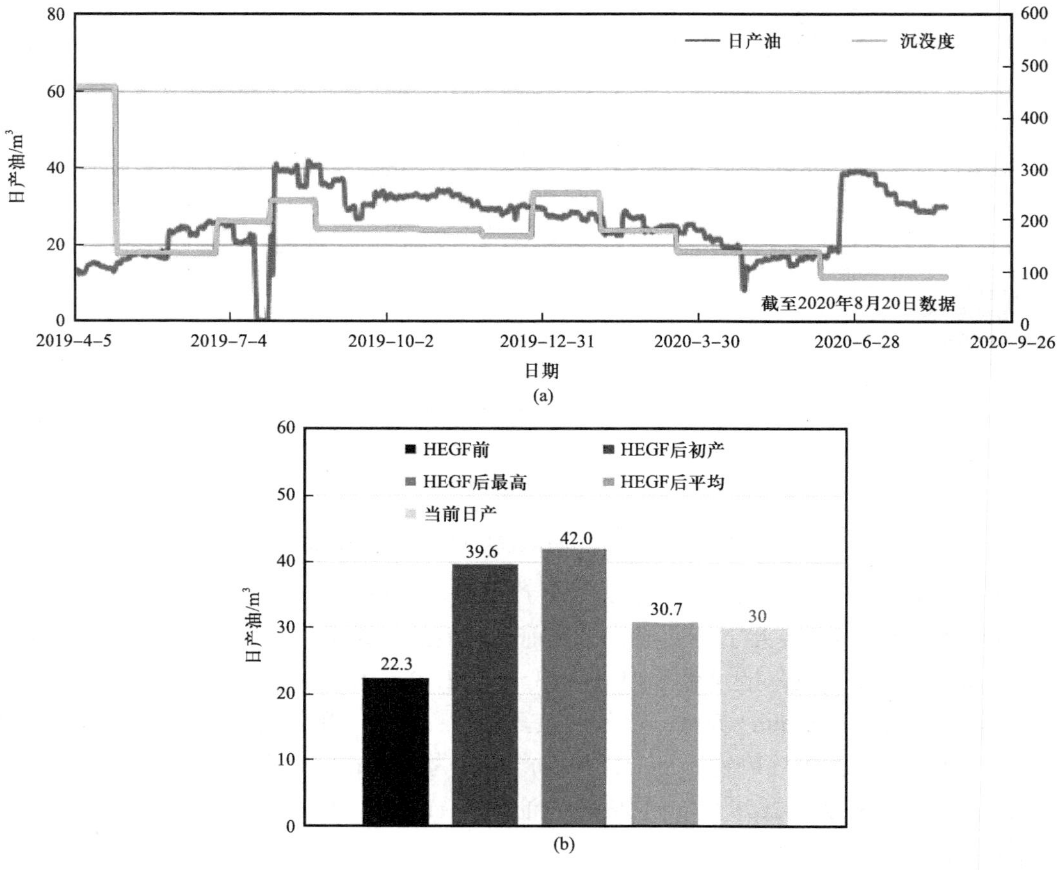

图 4.72　乍得项目 Dan1-25 井燃爆压裂后增产数据对比分析

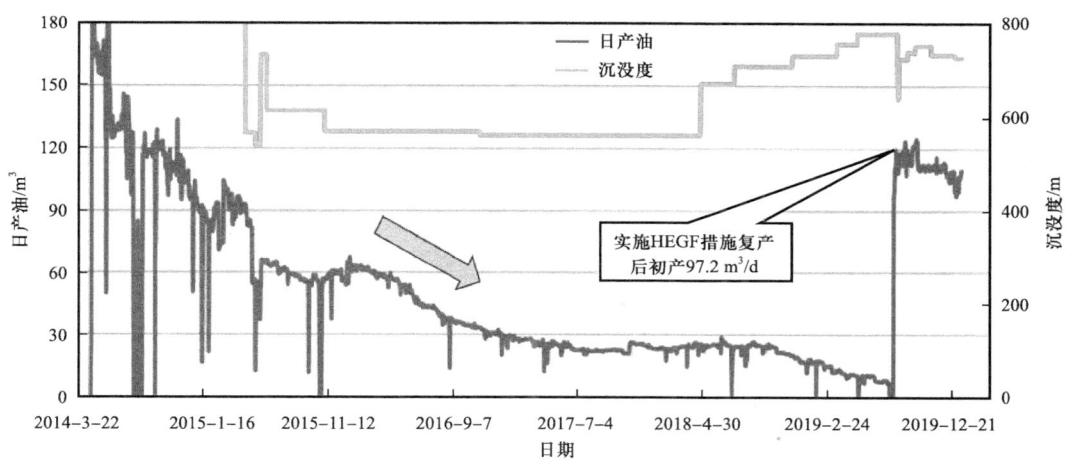

图 4.73　乍得项目 BNE-10 井燃爆压裂前后采油生产动态对比分析

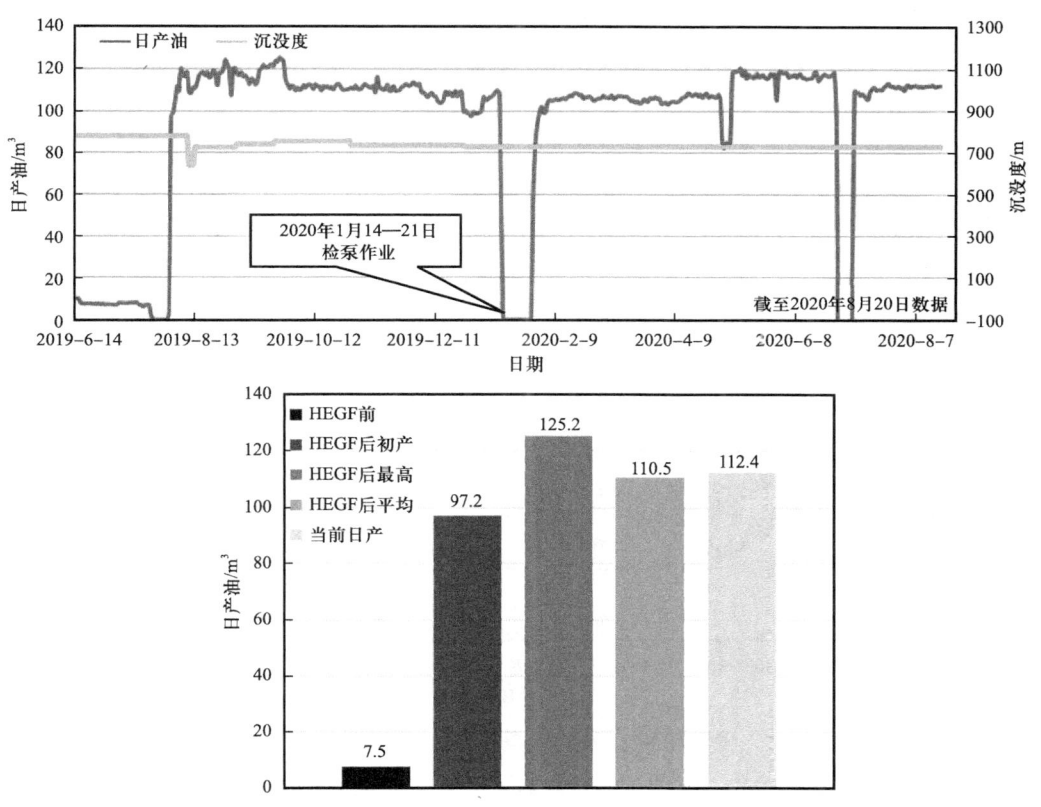

图 4.74　乍得项目 BNE-10 井燃爆压裂后增产数据对比分析

（3）BS1-18 井。该井于 2014 年 12 月采用 ESP 投产，生产层段 1 700.30～1 831.45 m，各小层间连续性较好，18.30 m/9 层（图 4.76）。初期产油量为 80 m³/d，一年后下降到 24 m³/d，2016 年 11 月补孔，1 567.76～1 831.45 m，33.48 m/17 层，产量继续下降，2017 年 7 月 21 日因供液不足停产，产油量为 3.8 m³/d，累计产油 28 485 m³，不含水。停产时间 760 天

- 163 -

后，于 2019 年 8 月 22 日采用 HEGF 分别对 1 806.66～1 831.45 m、1 700.3～1 757.75 m 和 1 567.76～1 656.95 m 进行改造，装药规格：ϕ60 mm×500 mm/发，数量：35 发，单发药量：1.8 kg，总装药量 63 kg。2019 年 8 月 21 日复产，初期产油量为 30.4 m³/d。

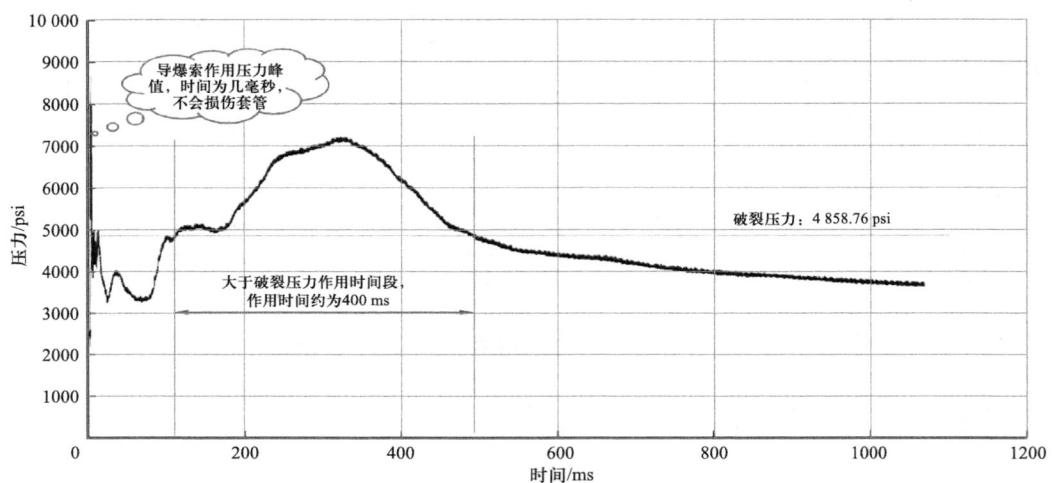

图 4.75　乍得项目 BNE-10 井燃爆压裂措施过程中的压力检测情况

BS1-18 井措施后生产 202 天，初期产油 30.4 m³/d，平均产油量为 15.8 m³/d，日产下降较明显，2020 年 3 月 14 以来因低效关停，累计增油 3 208.9 m³（图 4.76 和图 4.77）。

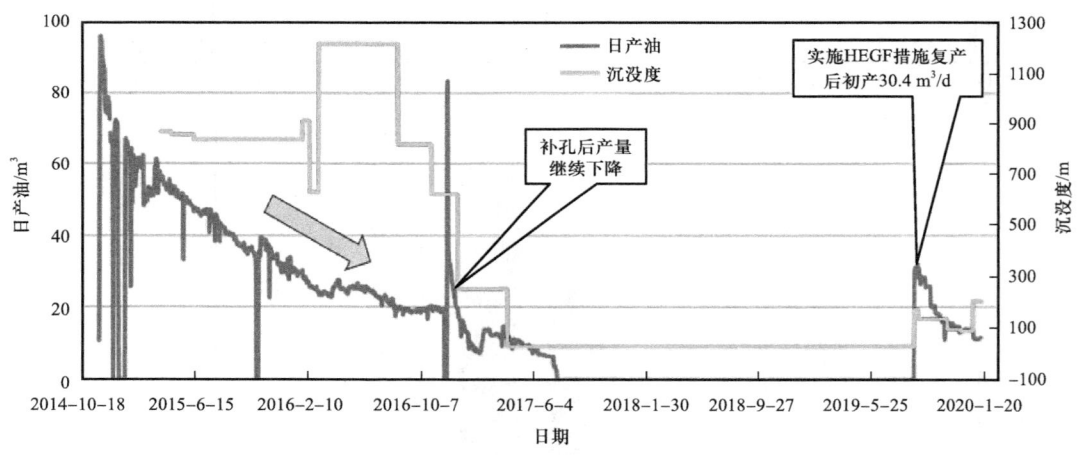

图 4.76　乍得项目 BS1-18 井燃爆压裂前后采油生产动态对比分析

（4）BNE-17 井。BNE-17 井位于构造高部位，连通性较好，该井于 2014 年 4 月采用 ESP 投产，初期日产油 110 m³，不含水，一年后日产油下降到约 48 m³，2018 年 7 月 26 日因供液不足停产，停产前日产油 13.7 m³，累计产油 52 076 m³。停产时间 379 天，于 2019 年 8 月对生产井段 1 792.01～1 825.69 m 采用 HEGF 进行改造，30.93 m/4 层，装药数据规格：ϕ60 mm×500 mm/发，数量：20 发，单发药量：1.8 kg，总装药量 36 kg。同时并对 1 830.3～1 887.9 m 井段进行补孔，24.5 m/10 层。

4 乍得项目油田综合治理技术应用及开发效果

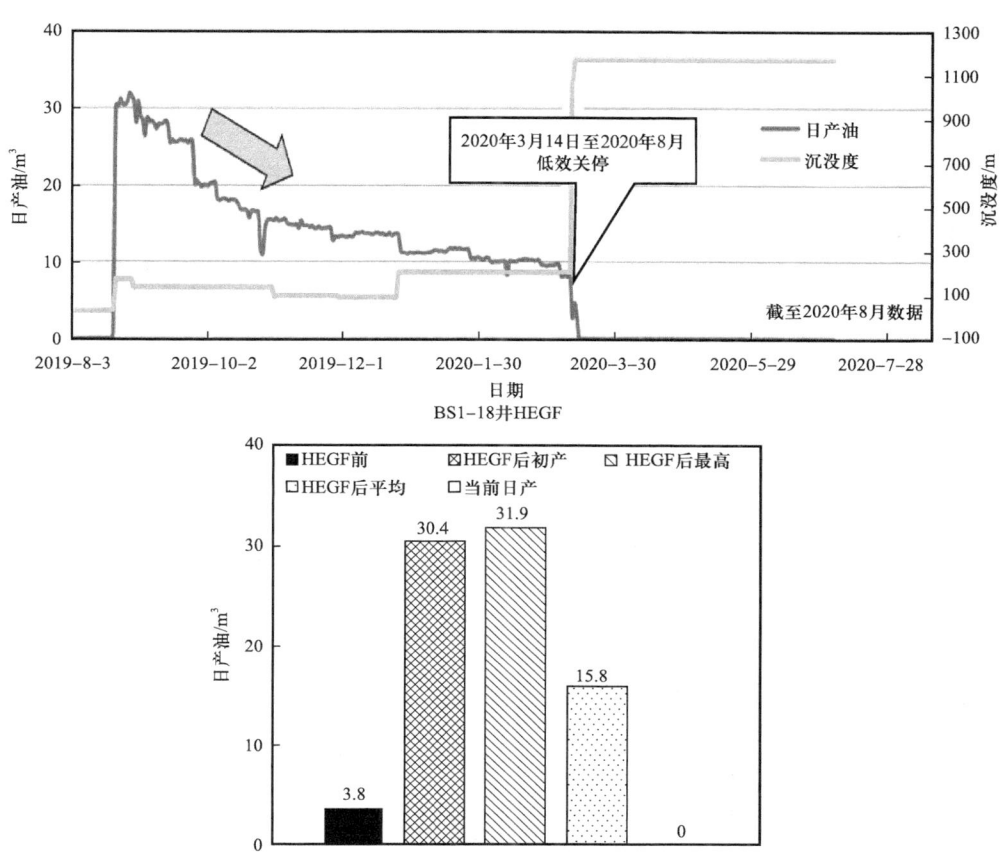

图 4.77 乍得项目 BS1-18 井燃爆压裂后增产数据对比分析

BNE-17 井补孔 +HEGF 后生产 304 天，初产 15.9 m³/d，平均日产 17.4 m³，2020 年 7 月 15 日至今井下故障关停，增油 5 286.5 m³（图 4.78 和图 4.79）。

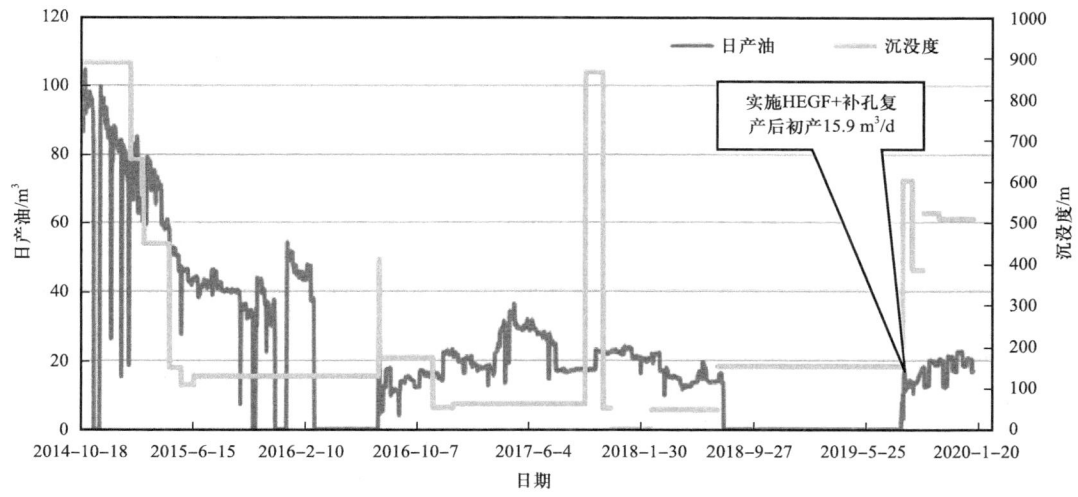

图 4.78 乍得项目 BNE-17 井燃爆压裂前后采油生产动态对比分析

- 165 -

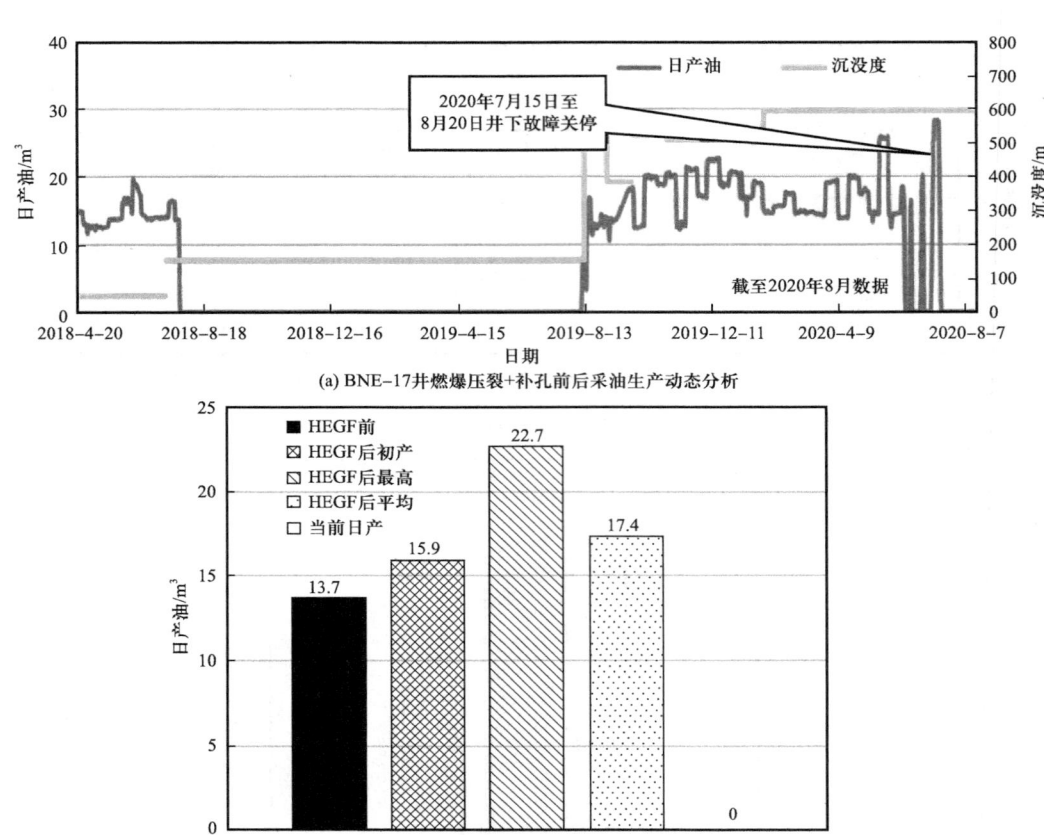

图 4.79 乍得项目 BNE-17 井燃爆压裂后增产数据对比分析

（5）燃爆压裂措施整体效果技术经济后评估。截至 2020 年 8 月 20 日，4 口井累计增油 48 734.4 m³，平均生产时间 307 天，（图 4.80 和图 4.81）。4 口井均为厚砂岩油藏，

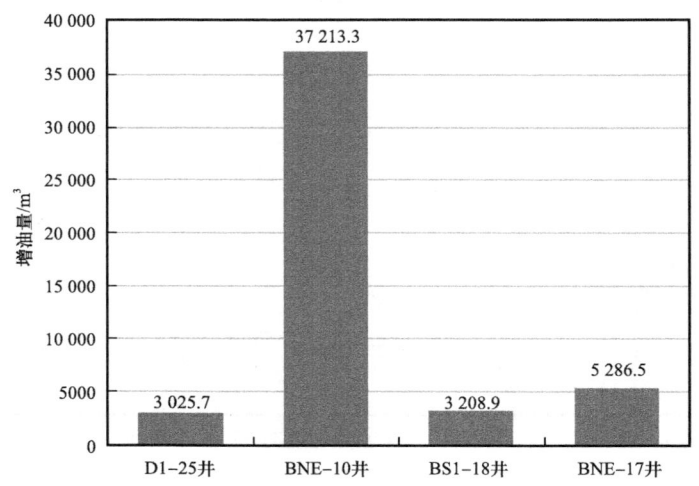

图 4.80 乍得项目燃爆压裂实施井累计增油量对比（截至 2020 年 8 月 20 日）

Dan1-25 和 BNE-10 两口井为正常生产井产量递减后的首次作业，2020 年 8 月日产较稳定，BNE-10 处于油藏中部，增产幅度最大，生产过程中还进行了检泵作业；BS1-18 和 BNE-17 为停产井，实现了有效复产，BS1-18 单井日产相比措施后初期下降较明显，BNE-17 还同时采用了 HEGF+ 补孔措施。2020 年 8 月两口井均处于关停状态。

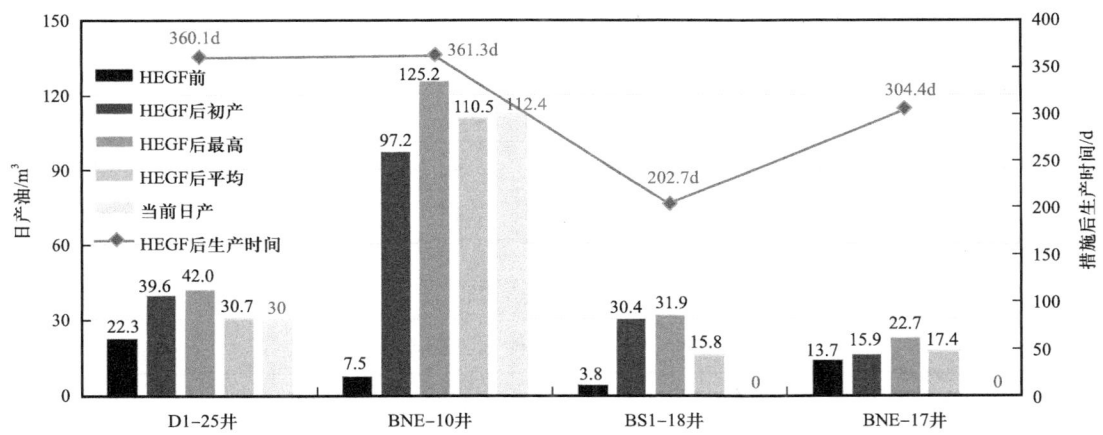

图 4.81　乍得项目燃爆压裂实施井增产数据整体情况对比（截至 2020 年 8 月 20 日）

截至 2020 年 8 月 20 日，按照低油价 40 美元 /bbl 计算，4 口井累计增油费用 1 226.2 万美金，Dan1-25 井、BNE-10 井、BS1-18 井和 BNE-17 井产出投入比分别为 4∶1、28∶1、2.8∶1 和 4.3∶1，平均 11∶1，均已全部收回投资。扣除桶油综合成本 30 美元 /bbl，保守经济效益 306.6 万美元（图 4.82）。

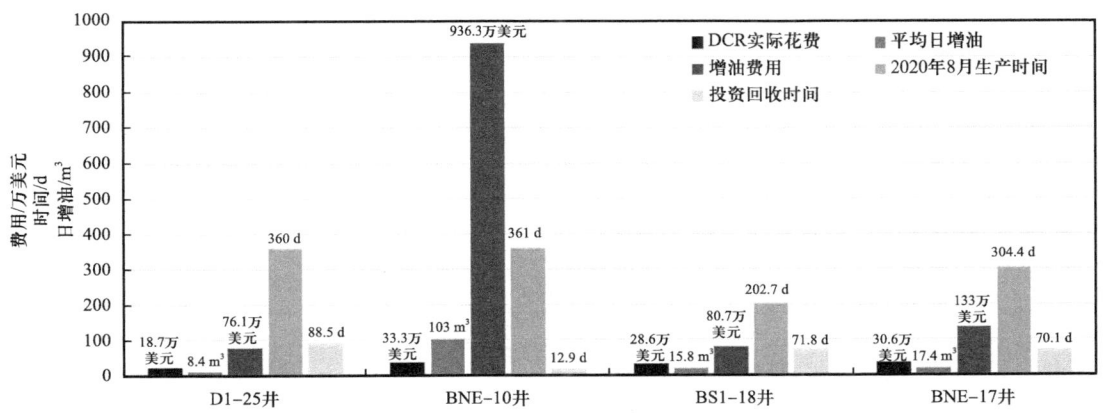

图 4.82　乍得燃爆压裂实施井经济适用性整体情况对比（截至 2020 年 8 月 20 日）

4.3　开发效果

通过前述一系列油田综合治理技术、工艺措施的实施，乍得项目 1 期油田高速开发后出现的开发矛盾得以缓解，开发形势逐渐改善，开发效果稳步向好。

（1）推进精细注水，水驱控制程度大幅提升，油藏压力水平缓慢回升，产量递减逐步减缓，同时含水上升速度得以控制。

优化注采井网，提高注采井井数比，受效井范围和水驱控制程度大幅提升（表4.27）。

表4.27　井网完善前后对比

区块	注采井网完善前指标				注采井网完善后指标			
	注水井数/口	油井数/口	注采井数比	水驱控制程度/%	注水井数/口	油井数/口	注采井数比	水驱控制程度/%
R4	3	13	1/4	30.1	4	12	1/3	43.3
M4	3	13	1/4	32.7	6	14	1/2.3	56.9

开展智能分注，提高注采对应率，有效改善层间矛盾，提高水驱波及体积（表4.28）。

表4.28　R4-13井智能分注测调结果

注水位置	分注前笼统注水量/m³/d	笼统注水PLT测试吸水比例/%	分注地质配注量/m³/d	7.95 MPa压力下配注量/m³/d	6~8 MPa压力范围下配注量/m³/d
上层	100	89.14	90	95.0	83–96
下层		10.86	150	156.9	144–157
总计	100	100.00	240	251.9	227–253

通过优化注水，乍得项目1期油田油藏压力保持水平缓慢回升，Ronier4区块压力水平已由饱和压力的70%左右升至饱和压力以上，Mimosa4区块也已接近饱和压力；有效减缓了产量递减，Ronier4区块年自然递减率由50%以上降至22.3%，Mimosa4区块由41%降至8.92%。

（2）卡堵水与自适应控水技术相结合，有效改善了水驱效果和储量动用程度，实现了稳油控水甚至控水增油的目标（表4.29）。

表4.29　MN-2井自适应控水措施效果评价表

井号	措施日期	生产层位	生产孔段	措施前/后	日产液/bbl	日产油/bbl	含水率/%	日产液降幅/%	日产油增幅/%	含水率降幅/%
MN-2	2019-3-4	KⅢ	897.26~967.05 m，15.38 m/4层措施分3段	措施前	143.69	20.37	81.62			
				措施后	71.22	39.84	30.39	50.43	95.63	62.77
				稳定时	74.62	37.69	49.80	48.07	85.09	38.99

（3）多项油井解堵和油层改造技术的实施，有效改善了油层非均质特征，提高了油层供液能力和单井产量。

高能气体复合射孔措施和爆燃压裂措施应用了9口井提高了油层供液能力和单井产量。3口油井酸化后均保持了持续稳定生产，平均生产时间348天，截至2020年8月20日，累计增油17 695 m³（表4.30和表4.31）。

表4.30 高能气体复合射孔措施效果评价表

井号	措施类型	措施时间	措施前 日产液/m³	措施前 日产油/m³	措施后 日产液/m³	措施后 日产油/m³	当年增油/m³
R-4	高能气体复合射孔	2011-9-13—2011-9-16	0	0	96.2	95.9	5817
M-4	高能气体复合射孔	2013-8-8—2013-10-21	17.6	17.2	26.8	24.8	502

表4.31 爆燃压裂措施效果评价表

序号	井号	层位	平均孔隙度/%	平均渗透率/mD	措施前 日产油/m³	措施前 含水率/%	措施后 日产油/m³	措施后 含水率/%
1	PE-2	K	19.7	101.60	关井		11.60	5.80
2	BS1-4	MⅢ，PⅠ	16.7	39.70	8.00	0.05	18.00	11.77
3	BNE-3	P	20.4	100.50	关井		45.00	0.76
4	D1-25	PⅠ2，PⅠ3	19.6	512.20	22.29	0.43	39.55	0.43
5	BNE-10	PⅠ2，PⅠ3	18.5	155.90	6.98	0	97.20	18.90
6	BNE-17	PⅠ5	13.1	30.30	13.73	0.37	16.70	1.31
7	BS1-18	PⅠ1，PⅠ3，PⅠ4	19.5	60.36	关井		30.35	2.89

（4）实施油井换层补孔与停产井恢复作业，提高了开井率和单井产量，减缓了油田产量递减。

通过以上各项综合治理措施的有效实施，乍得项目1期油田开发矛盾突出的问题得以缓解，压力保持水平逐步回升，产量递减减缓，2020年一期油田自然递减率为15.7%；含水上升速度得以控制，综合含水率呈缓慢上升趋势；油田储量动用程度稳步提高，地质储量采油速度0.8%~1%。乍得一期油田开发效果正在稳步向好。

参 考 文 献

[1] 窦立荣, 肖坤叶, 胡勇, 等. 乍得Bongor盆地石油地质特征及成藏模式[J]. 石油学报, 2011, 32（3）: 379-386.
[2] 杨军征, 王北芳, 王满学, 等. 乍得砂岩油藏固体酸酸化解堵配方优化[J]. 石油钻采工艺, 2014, 36（2）: 96-100.
[3] 王文韬. 乍得油田BNE-8井智能分注实施及效果分析[J]. 化学工程与装备, 2020（3）: 96-98.

5 哈萨克斯坦 R 油田综合治理技术应用及开发效果

R 油田位于哈萨克斯坦滨里海盆地东缘，为带凝析气顶裂缝孔隙型碳酸盐岩油气藏。自中国石油接管以来，依托中国石油整体技术优势，创新和发展了复杂碳酸盐岩油气田开发理论和技术，实现油气当量 500×10^4 t 规模稳产超过 15 年。近年来，受储层非均质性强、地层压力保持水平低等影响，油田面临生产气液比高、储层动用程度差异大、单井产量递减快等问题。工程上面临举升效率低、非均质储层改造难、分注测调难和水质差等技术难题，油田实践中形成了低压碳酸盐岩油藏开发中后期气举系统优化技术、同心双管分层注水工艺技术、低渗透难动用油藏水平井分段改造技术，支撑 R 油田持续稳产。本章主要阐述了特色技术在哈萨克斯坦 R 油田的综合治理应用情况、针对性策略及效果。

5.1 项目概况

5.1.1 油田地质特征

5.1.1.1 地层和构造特征

1）地理位置与区域构造位置

R 油田是一个带气顶的碳酸盐岩油田，位于哈萨克斯坦阿克纠宾州，在阿克纠宾市正南 240 km 处。在构造上位于东欧地台东南部滨里海盆地东缘扎尔卡梅斯隆起带上，西侧为滨里海盆地中部坳陷带，东侧为乌拉尔褶皱带。

滨里海盆地可分为北部及西北部断阶带、中部坳陷带、阿斯特拉罕—阿克纠宾斯克隆起带和东南部坳陷带 4 个次级构造单元，每个单元又包括若干个隆起和坳陷。

R 油田储层深度主要分布在 2900~4000 m 之间，周围有同属于阿克纠宾油气股份公司的肯基亚克油田以及北特鲁瓦油田（图 5.1）。

2）地层特征

滨里海盆地内充填了巨厚的古生代、中生代和新生代沉积物，在剖面上分为三个组合：盐下层系、含盐层系和盐上层系。

盐下层系：为下古生界—下二叠统，埋藏很深，在盆缘厚度仅 3~4 km，而在中心部位可达 10~13 km。盐下层系为巨厚的碎屑岩和碳酸盐岩层序。

5 哈萨克斯坦 R 油田综合治理技术应用及开发效果

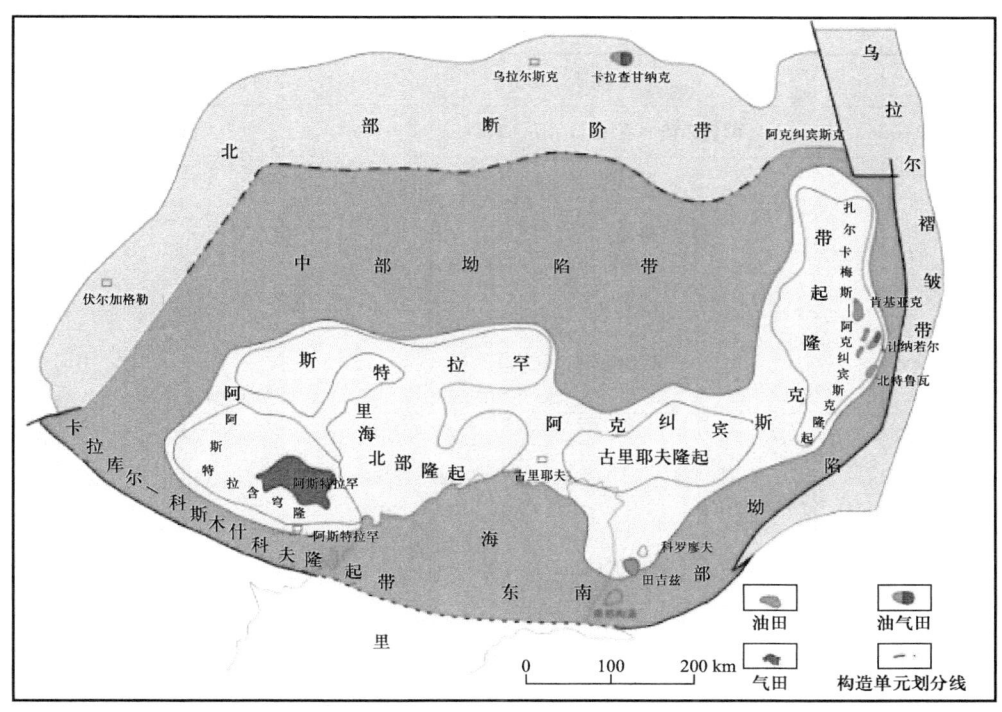

图 5.1　R 油田构造位置

含盐层系：为下二叠统上部孔谷阶，全盆地广泛发育，主要由盐岩、硬石膏夹层构成（夹在碎屑岩之中），偶见陆源碳酸盐岩，并含有钾盐、镁盐等矿物。盐层厚度为 1～6 km。

盐上层系：为上二叠统—第四系，主要是碎屑岩，厚 5～9 km。由于含盐层系的上隆而在盐上层系形成许多正向构造。孔谷阶—三叠系多由陆源碎屑岩组成，颜色混杂，海相碳酸盐岩仅在盆地西部三叠系中分布；侏罗系至下白垩统主要为灰色的滨岸相沉积和杂色陆源沉积；上白垩统主要由碳酸盐岩组成；古近系—第四系主要为砂质泥岩和杂岩。

R 油气田钻揭层位为第四系、白垩系、中下侏罗统、下三叠统、二叠系和石炭系。含油气层系为石炭系，其中格舍尔阶、卡西莫夫阶、莫斯科上亚阶的碳酸盐岩层（厚度 393～730 m）称为第一碳酸盐岩层，即 KT-Ⅰ 层；莫斯科下亚阶、巴什基尔下亚阶、谢尔普霍夫阶、维宪阶的碳酸盐岩层（厚度 509～931 m）称为第二碳酸盐岩层，即 KT-Ⅱ 层。该区油气主要集中在 KT-Ⅰ 和 KT-Ⅱ 中。将 KT-Ⅰ 之上的下二叠统阿瑟尔阶和萨克马尔阶的砂泥岩层（15～600 m）称为第一盐下陆源层，它是 KT-Ⅰ 油气藏的盖层；将 KT-Ⅱ 与 KT-Ⅰ 之间的砂泥岩层（205～417 m）称为第二盐下陆源层，它是 KT-Ⅱ 油气藏的盖层；将维宪阶的中下亚阶砂泥岩互层，称为第三盐下陆源层，其钻揭厚度 470 m。KT-Ⅰ 层包括 A、Б 和 B 三个油组，A 油组划分为 A_1、A_2 和 A_3 三个油层，Б 层划分为 $Б_1$ 和 $Б_2$ 二个油层，B 层划分为 B_1、B_2、B_3、B_4 和 B_5 五个油层。KT-Ⅱ 层包括 Γ 和 Д 两个油组，其中 Γ 油组又分为 $Γ_1$、$Γ_2$、$Γ_3$、$Γ_4$ 和 $Γ_5$ 五个油层；Д 油组分为 $Д_0$、$Д_1$、$Д_2$、$Д_3$、$Д_4$ 和 $Д_5$ 六个油层（表 5.1）。

表 5.1 R 油田地层划分表

统	阶（亚阶、层）			油层组	油层
下二叠统（P_1）	阿瑟尔阶＋萨克马尔阶（P_1a+P_1s）			第一盐下陆源层	
上石炭统（C_3）	格舍尔阶（C_3g）			上碳酸盐岩层（KT-Ⅰ）	A	A_1
					A_2
					A_3
	卡西莫夫阶（C_3k）				Б	$Б_1$
					$Б_2$
中石炭统（C_2）	莫斯科阶（C_2m）	上亚阶（C_2m_2）	穆雅奇科夫层（C_2m_2mc）		В	$В_1$
					$В_2$
					$В_3$
			波多尔斯克层（C_2m_2pd）		$В_4$
					$В_5$
				第二盐下陆源层	
		下亚阶（C_2m_1）	卡什尔层（C_2m_1k）	下碳酸盐岩层（KT-Ⅱ）	Г	$Г_1$
					$Г_2$
					$Г_3$
			维列依层（C_2m_1v）		$Г_4$
					$Г_5$
	巴什基尔阶（C_2b）	下亚阶（C_2b_1）			Д	$Д_0$
					$Д_1$
					$Д_2$
					$Д_3$
下石炭统（C_1）	谢尔普霍夫阶（C_1s）	上亚阶（C_1s_2）	普罗特文层（C_1s_2pr）		$Д_4$
			斯切舍夫层（C_1s_2st）		$Д_5$
		下亚阶（C_1s_1）	塔鲁斯克层（C_1s_1tr）		
	维宪阶（C_1v）	上亚阶（C_1v_3）	维涅夫斯克层（C_1V_3vn）		
		中下亚阶（C_1v_{1+2}）		第三盐下陆源层	

3）构造特征

R 油田构造具有一定的继承性，KT-Ⅰ和 KT-Ⅱ层顶面构造形态具有相似特征，均为近南北向的长轴背斜，由南、北两个穹隆组成，中间以鞍部相连。以鞍部断层为界，KT-Ⅰ层南部穹隆顶面圈闭面积为 36.96 km^2，闭合线深度 −2510 m，高点埋深 −2320 m，闭合幅度 190 m；北部穹隆圈闭面积 44.85 km^2，闭合点海拔为 −2510 m，高点埋深 −2270 m，闭合幅度 240 m。KT-Ⅱ层南部穹隆顶面圈闭面积 49.19 km^2，闭合线海拔 −3330 m，高点埋深 −3110 m，闭合幅度 220 m；北部穹隆圈闭面积 46.67 km^2，闭合点海拔 −3380 m，高点埋深 −3070 m，闭合幅度 310 m。含油气区构造范围内断层发育北西向、近东西向和北东向三组断层，断层面倾角大，多为近直立断层，断距 10～25 m，延伸 1～10 km 不等（图 5.2 和图 5.3）。

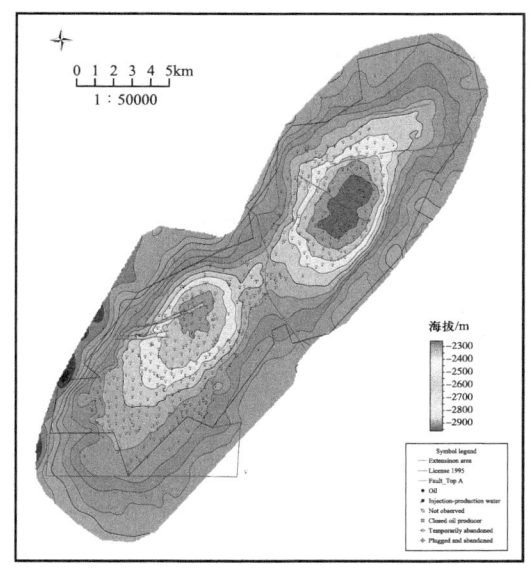

图 5.2　KT-Ⅰ层顶面构造图

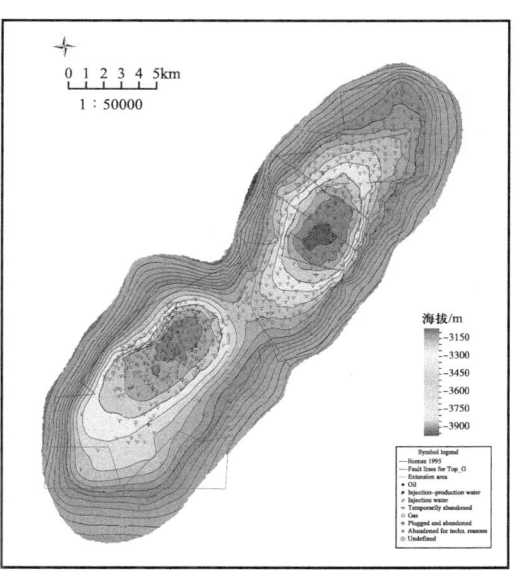

图 5.3　KT-Ⅱ层顶面构造图

5.1.1.2　沉积和储层特征

1）岩石学特征

R 油田岩性由石灰岩、白云岩、灰质云岩、云质灰岩、硬石膏五大类构成。KT-Ⅰ层下部以石灰岩为主，上部岩性变化较大，石灰岩、白云岩交互出现，局部夹泥岩层。A 层以硬石膏、白云岩为主，上部夹石灰岩、泥岩薄层。KT-Ⅱ层以亮晶颗粒灰岩为主，其中亮晶藻灰岩和亮晶有孔虫灰岩最为发育，其次为亮晶包粒灰岩和亮晶鲕粒灰岩，各层岩石类型有较大差异。

白云岩、灰质云岩主要为晶粒结构，包括泥粉晶结构和细—中晶结构；石灰岩主要为颗粒灰岩，以粒屑结构为主、泥晶结构较少，粒屑中生屑占优势，泥质含量少。不同层位颗粒类型差异较大，以生物颗粒为主，常见生物有孔虫、䗴、藻类、棘屑，其次为非生物成因的颗粒，主要有鲕粒、内碎屑和少量球粒。

总体上 R 油田石炭系碳酸盐岩储层具有岩性质纯、结构粗的特点，有利于溶蚀孔洞的形成，少数泥质含量较高的薄层则形成孔洞不发育的隔夹层。

2）沉积特征

R 油田为陆棚边缘隆起区，石炭系属于孤立碳酸盐台地相区，台地东西宽约 50 km，南北长约 100 km。自早石炭世开始由陆源碎屑陆棚演变为碳酸盐台地，沉积了厚逾千米的石炭系碳酸盐岩。KT-Ⅰ和KT-Ⅱ层内局部夹有少量厘米级至米级横向变化大的泥岩薄层。隆起带东部为乌拉尔海槽，西侧为水体较深的混积陆棚盆地，沉积了一套富含有机质的硅质、泥质碳酸盐岩和泥岩，厚度只有碳酸盐台地相区的 1/3 左右。

R 油田石炭系划分为开阔台地亚相、局限台地亚相和蒸发台地亚相，开阔台地亚相进一步划分为台内滩、滩间洼地、潟湖和潮汐通道 4 种微相，台内滩微相又划分出藻屑滩、生屑滩、包粒滩、砂屑滩和鲕粒滩 5 种岩相，局限台地亚相进一步划分为灰坪、白云坪和潟湖三种微相，蒸发台地相进一步划分为膏盐湖和膏岩坪微相，石炭系主要沉积微相特征见表5.2。KT-Ⅱ层沉积时期以开阔台地亚相为主，局部发育局限台地亚相（图5.4）。该时期水体具有早深晚浅、北深南浅的特点，自下而上，由东北往西南方向滩体厚度呈减少趋势。KT-Ⅰ层沉积相类型丰富，开阔台地、局限台地和蒸发台地均有发育（图5.5），该时期水体具有早深晚浅、南深北浅的特点，自下而上，由西南往东北方向开阔台地相逐步演化为局限台地亚相和蒸发台地亚相。

表 5.2 R 油田石炭系沉积相特征表

相带	蒸发台地	局限台地	开阔台地
微相	膏盐湖、膏岩坪	灰坪、白云坪、潟湖	台内滩、滩间洼地、潟湖、潮汐通道
水深/m	0	0～30	0～50
水动力特征	潮上低能带	潮间—潮下带，低能带	潮下浅水低能带，浪基面之下
沉积特征	石膏、岩盐、灰泥岩与粉晶白云岩互层等，藻席、藻丛、藻纹层十分发育	灰泥、球粒、藻团块、骨屑、藻屑（常发生白云化）	藻骨架、骨屑、藻屑、鲕粒、藻包粒、藻团块和砂屑等颗粒岩变至泥岩
生物	极为稀少，可有蓝细菌活动	棘皮类、见介形虫、苔藓虫、蜓类和单射钙质骨针	蜓、腕足、苔藓虫、有孔虫、棘屑、介形虫，局部发育点滩
沉积构造	具纹层、鸟眼、膏盐假晶、帐篷构造等	具纹层、鸟眼、递变层理	生物潜穴、钻孔丰富
储集性能	含膏粉晶云岩，可因差异溶蚀作用形成储集岩	中等、好、差	好、中等
分布层位	A_3—$Б_2$	B_1—B_3	B_4—B_5、$Г_1$—$Г_6$

5 哈萨克斯坦 R 油田综合治理技术应用及开发效果

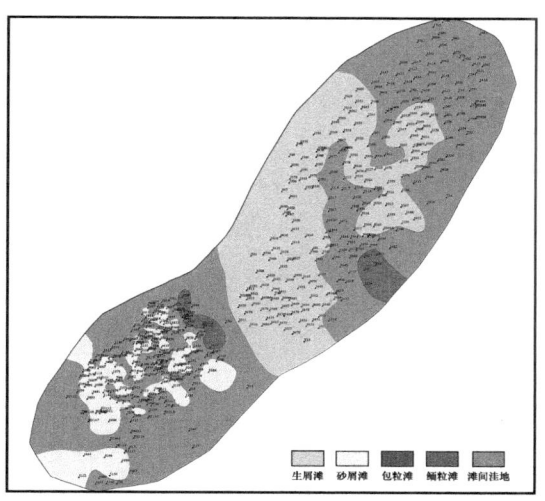

图 5.4　KT-Ⅱ层 Γ₃ 小层沉积微相平面分布图

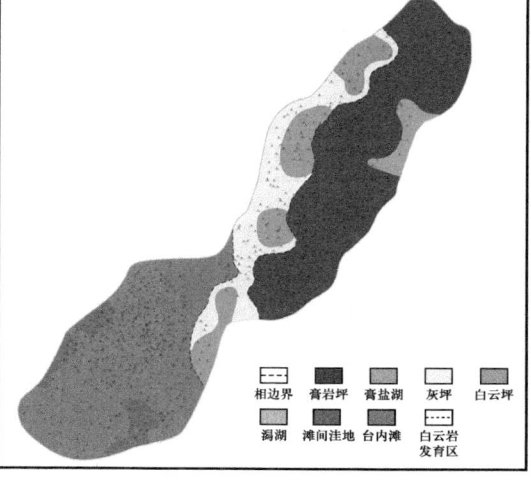

图 5.5　KT-Ⅰ层 A₁ 小层沉积微相平面分布图

3）储层特征

R 油田石炭系储集空间复杂多样，归纳为孔隙、溶洞和裂缝 3 类，21 个亚类，其中以粒间（溶）孔和晶间（溶）孔为主，常见体腔孔、晶间孔、方解石弱充填的溶洞和溶蚀缝、方解石强烈充填的构造缝（表 5.3 和图 5.6），不同层位储集空间类型不尽相同。

表 5.3　R 油田储层储集空间分类表

空隙分类		大小 /mm	特征及发育程度
类	亚类		
孔隙	体腔孔	0.05～0.15	生物肉体腐烂而成，受生物内骨骼控制，常见
	壳模孔	0.10～0.20	生物硬壳被完全溶蚀形成铸模，偶见
	壳壁孔	0.05	主要是瓣鳃类硬壳被部分溶蚀成孔，偶见
	粒间溶孔	0.05～0.30	颗粒之间原生残余孔隙和溶蚀扩大孔隙，丰富
	内碎屑内孔	0.10	砂、砾屑颗粒内部分被溶蚀成孔，少见
	包粒内孔	0.10～0.30	鲕粒、核形石、藻团块内被溶成孔，少见
	粒模孔	0.10～0.20	颗粒全部被溶仅保留外部轮廓，偶见
	骨架孔	0.30～0.50	骨架间原生孔隙及溶蚀扩大成因，偶见
	晶间溶孔	0.05～0.20	粉、细晶之间的孔隙及溶蚀扩大孔，丰富
	晶间孔	0.01～0.05	泥晶及内碎屑内泥晶之间的孔隙，常见
	晶内孔	0.02	见于粗大晶体内部，常见
	晶模孔	0.10～0.30	易溶矿物晶体全部被溶成孔，常见
	角砾间溶孔	0.50～1.00	角砾间微隙基础上的溶扩孔，偶见

续表

空隙分类		大小/mm	特征及发育程度
类	亚类		
孔隙	非选择性溶孔	0.20~0.50	不受组构限制的不规则溶孔，少见
	沥青收缩孔	0.03~0.10	沥青干涸收缩而成的微隙，少见
溶洞	强充填溶洞	2.00~30.00	早期溶蚀成因，多被方解石充填殆尽，偶见
	弱充填溶洞	2.00~100.00	晚期溶蚀形成，被方解石弱充填，部分被沥青强充填，常见
裂缝	构造缝	0.03~0.10	延伸远、平直，多被方解石强烈充填，常见
	溶蚀缝	0.03~0.15	不规则弯曲状，多被方解石部分充填，常见
	压溶缝	0.03~0.05	主要是缝合线，空隙见于缝合柱面，少见
	成岩缝（颗粒裂纹）	0.02~0.03	地层压力将颗粒压裂形成的破裂纹，少见

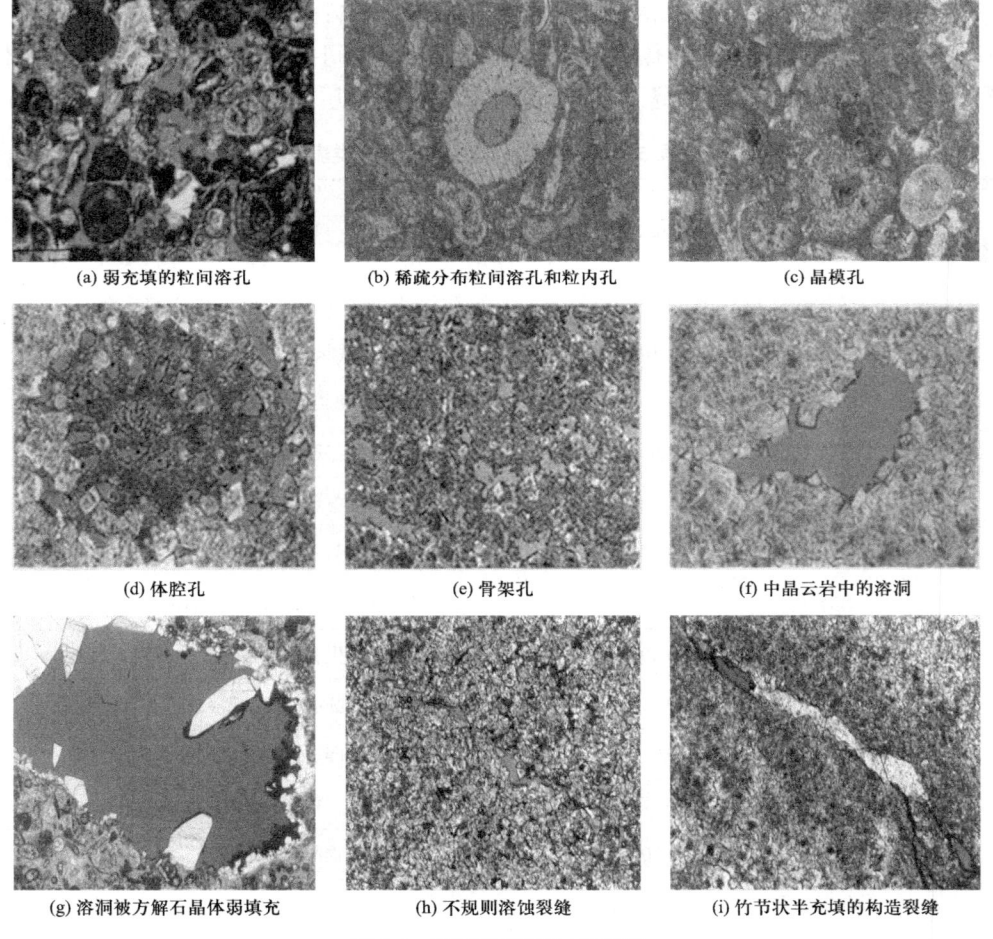

图 5.6　不同储集空间类型图

不同岩性储层物性有所差异，KT-Ⅰ层生物结构灰岩、团粒生物灰岩、次生白云岩三类岩性储层孔隙度最高，微粒灰岩、凝块灰岩和微粒白云岩储层孔隙度最低。KT-Ⅱ层生物结构灰岩、生物碎屑灰岩、凝块灰岩和微粒白云岩孔隙度最高，而碎屑灰岩、微粒灰岩、次生白云岩孔隙度最低。复杂的岩性和储集空间类型，导致R油气田储层具有复杂的孔隙度与渗透率关系和极强的储层非均质性。各油组储层平均孔隙度9.0%~14.3%，油田平均为11%，各油组储层平均渗透率29.1~117.3 mD，油田平均51.4 mD。

5.1.1.3 流体和油藏特征

1）流体特征

R油田地层原油为弱挥发原油，具有低密度、低黏度、气油比高、体积系数高、H_2S含量高等特点，主力油藏地层原油物性参数见表5.4。气顶气为高含H_2S、低含CO_2、低含N_2的凝析气。KT-Ⅰ层气顶气原始露点压力为25.2 MPa，原始凝析油含量为250 g/m³，地面凝析油密度为731.8 kg/m³。KT-Ⅱ层气顶气原始露点压力为28.82 MPa，原始凝析油含量为360 g/m³，地面凝析油密度为748.4 kg/m³。

表5.4 R油气田各油藏原油物性参数

指标	KT-Ⅰ层	KT-Ⅱ层 Г 北油藏	KT-Ⅱ层 Д 南油藏
海拔 /m	-2 600.000 0	-3 475.000	-3 400.000
地层温度 /℃	61.000 0	79.000	78.000
原始地层压力 /MPa	29.100 0	37.570	36.800
泡点压力 /MPa	25.770 0	34.030	28.520
地层原油密度 / (kg/m³)	659.100 0	614.700	677.400
地层原油黏度 / (mPa·s)	0.320 0	0.160	0.340
气油比 / (m³/t)	248.400 0	350.800	225.700
体积系数 / (m³/m³)	1.519 3	1.744	1.468
20 ℃温度下的原油密度 / (kg/m³)	812.100 0	809.100	828.200
20 ℃温度下的原油黏度 / (mPa·s)	6.390 0	6.360	8.450
原油中的硫含量 /%	0.860 0	1.110	1.120
原油中的石蜡含量 /%	6.740 0	9.500	8.280
天然气中的 H_2S 含量 /%	3.170 0	2.770	3.860

2）油藏类型

R油田为带凝析气顶和边底水的岩性构造油藏，储层发育程度受沉积微相及溶蚀作用控制，纵向上呈层状特征，平面上不同层不同井区储层连续性差异较大（图5.7）。构造鞍部的断层按油组将油田划分 А 南、А 北、Б 南、Б 北、В 南、В 北、Г 南、Г 北、Д 南和 Д 北 10 个油气藏,其中 А 南、А 北、Б 南、Б 北、В 南、В 北和 Г 北为带凝析气顶的油藏,Г 南、Д 南和 Д 北为油藏。KT-Ⅰ层各油气藏和 KT-Ⅱ层各油气藏均具有统一的油气界面,分别为 −2560 m 和 −3385 m,但是各油藏各断块油水界面不尽相同,KT-Ⅰ层在 −2656.6~−2630.4 m 之间,KT-Ⅱ层在 −3606~−3551.3 m 之间。

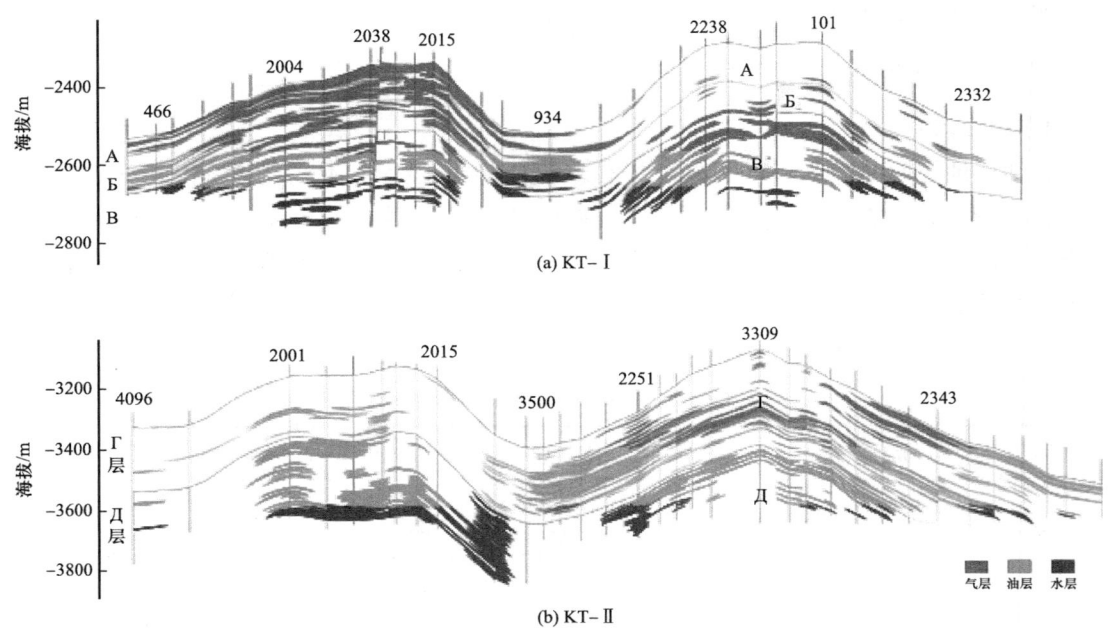

图 5.7 R 油田 KT-Ⅱ层南北向油藏剖面图

带气顶的油藏气顶指数大小不一,在 0.1~3.1 之间,平面上油层多以油环的形式分布在气顶周围,不同油藏、相同油藏不同构造部位油环宽度不同,从 0.5~7.6 km 不等。

5.1.2 开发历程与开发状况

中油阿克纠宾油气股份公司是中国石油在中亚油气合作区运营的第一个油气开发项目,R 油田是该项目的主力油田。油田 KT-Ⅰ和 KT-Ⅱ两套含油气层分别于 1978 年和 1980 年发现,并分别于 1983 年和 1987 年投入开发。油田开发主要分为衰竭式开发和注水开发两个阶段,其中衰竭式开发阶段 KT-Ⅰ为 1983—1987 年,KT-Ⅱ为 1986—1991 年;注水开发阶段 KT-Ⅰ从 1988 年开始,KT-Ⅱ从 1992 年开始。

自 1997 年中方接管后,重新认识地质油藏特征,对油田进行了多次注水开发优化调整,总体上可划分为 3 个阶段:

第一阶段为"有油快流,快速上产阶段"。1997—2004 年间通过合理利用气顶膨胀能量,优化注水结构,创新气举规模采油工艺技术,实现油田产油量由接管时的 235×10^4 t 快速上升至 2004 年的 418×10^4 t。

第二阶段为"全面加密,提高储层动用程度阶段"。2005—2011 年间以增加储量动用为目标,全面实施井网加密与井网完善,提高平面水驱波及系数,配套分层注水、分层改造等工艺手段,提高水驱纵向波及系数,实现累计新增动用地质储量 6700×10^4 t,可采储量 1800×10^4 t,水驱纵向动用程度由 72% 提高至 84%,油田油气产量持续稳产 500×10^4 t 规模。

第三阶段为"气顶油环协同开发阶段"。2012 年以来以减缓油田递减、合理开发气顶资源为目标,精细表征油田剩余油分布规律,加大分层注水和分层酸压改造力度,实施油藏精细注水开发调整,优化 A 南、Γ 北油藏气顶油环开发技术政策,支撑阿克纠宾项目形成"油气并举"新格局,实现 R 油田年油气当量产量重上 500×10^4 t 规模(图 5.8)。

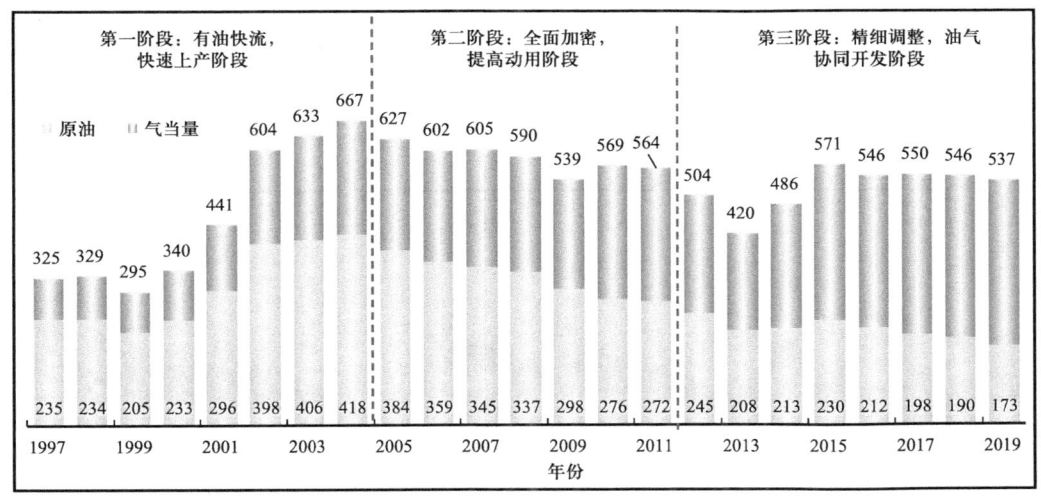

图 5.8 R 油田开发阶段及历年油气产量(单位:10^4 t)

截至 2019 年 12 月 31 日,R 油田共有 1030 口井,其中采油井 677 口,开井 669 口;采气井 47 口,开井 43 口;注水井 269 口,开井 252 口;湿气回注井 5 口,开井 0 口;观察井 32 口。油田平均产油水平为 4211 t/d,平均单井产油水平为 6.3 t/d,累计产原油 8593×10^4 t,累计产溶解气 521×10^8 m³,累计产凝析油 174×10^4 t,累计产气顶气 134×10^8 m³,综合含水率 46.7%,生产气油比 1250 m³/t;原油地质储量采油速度 0.34%,剩余可采储量采油速度 4.0%;原油地质储量采出程度 20.7%,可采储量采出程度 71.7%。油田日注水量 20 431 m³,累计注水量 2.12×10^8 m³,累计注采比 0.81。

5.1.3 油田开发面临的难题

自投产以来,R 油田已开发近 40 年,2019 年油田已进入中后期开发阶段,随着综合含水的逐年上升,年产油量逐年下降,油田主要存在 4 个方面的开发难题。

(1)随含水和生产气油比升高,气举井举升效率低。

R 油田储层埋深 2800~3800 m,为低孔隙度、低渗透率、弱挥发性油藏,地层原油具有密度低、黏度低、气油比高、体积系数大等特点。气举采油是油田主要的人工举升方式，油田气举井数超过400口，气举井数和日产油量均占油田正常生产井数和日产油量的90.0%以上。R油田受开发早期注水滞后和注采不平衡影响，主力油藏地层压力保持水平普遍较低，在44%～62%之间。受此影响，气举开发主要面临两个方面的难题：一是随地层压力下降，自喷井需要转气举开发，随着气举规模的不断扩大，现有压缩机供气能力已不能满足日益增长的气举气量需求；二是随着生产气油比和含水率的不断增高，现有气举方式的举升效率明显下降，生产动态显示当气举井含水率上升至20%以后，产液能力会发生大幅度下降（图5.9）。

2016年，R油田含水井数已达到236口，占总正常开井数的57%。其中含水率大于80%的井有38口，占总含水井数的9%；含水率在40%～80%之间的井有74口，占总含水井数的18%；含水率在20%～40%之间的井有50口，占总含水井数的12%；含水率在2%～20%之间的井有74口，占总含水井数的18%。随着采油井含水井数的增多和含水率的不断上升，油井采油能力将会进一步下滑，急需优化气举举升参数并探索中高含水后举升综合提效工艺技术，以满足油田生产需求。

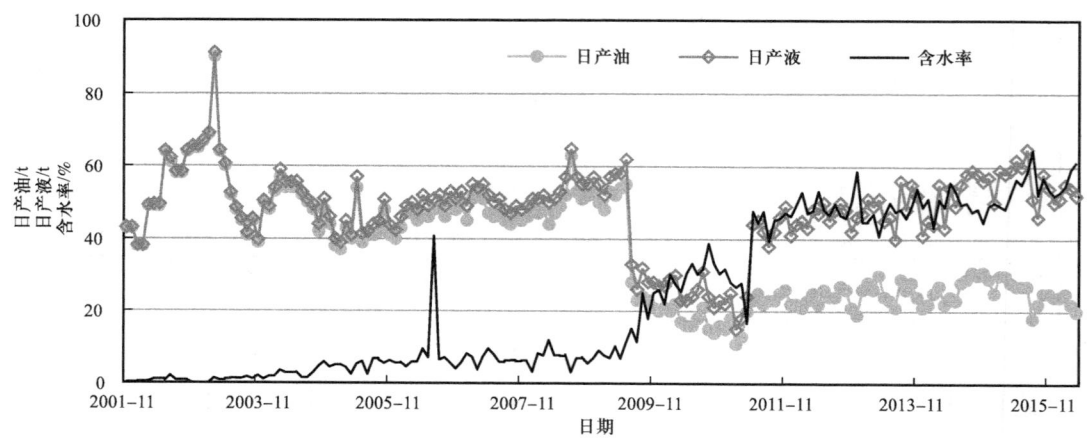

图5.9　R油田3461井生产曲线

（2）薄储层采油井产量递降快、经济效益差。

R油田已进入开发中后期，各油藏内部储层厚度大、物性好区域注采井网已经趋于完善，选井难度大。近年来，新钻井主要位于储层厚度薄和物性相对较差的油藏边部，该区域新井投产后稳产难度大，投产初期产量即大幅度递减，对油田效益开发造成较大的影响。

以R油田Ⅱ南油藏南部油藏为例，区域内储层物性较差，孔隙度在6%～15.2%之间，平均为8.3%；渗透率在1～20 mD之间，平均为11.3 mD；油层厚度薄，普遍小于20 m。早期该区域采用直井开发，各采油井初期产油能力和阶段累产油量差别大，其中产油能力在5～63 t/d之间，平均30.8 t/d；累计产油量在0.35×10^4～2.43×10^4 t之间，平均为1.55×10^4 t。与不同长期油价下经济极限初产和经济极限累计产量相比，采油井平均单井初产超过了长期油价为50美元/bbl对应的单井经济极限初产，但采油井累计产油量普遍较低,即使是在国际油价 70 美元/bbl 下(油价越高经济极限累计产油量越低),各井截至 2019 年底的累计产油量均未达到经济极限累计产油量的指标(表 5.5)。因此,利用直井开发该区域难以实现效益开发,需进一步落实有利油层展布特征,充分利用水平井技术和储层改造技术,提高单井动用储量,支撑该区域的经济有效动用。

表 5.5 Д 南油藏南部直井开发效果评价

序号	井号	投产时间	初产/t/d	2019 年 12 月累计产油量/10^4 t	不同长期油价下经济极限产油量/(t/d)			不同长期油价下经济极限累计产油量/10^4t		
					40 美元/bbl	50 美元/bbl	70 美元/bbl	40 美元/bbl	50 美元/bbl	70 美元/bbl
1	4094	2006-11	8	0.35						
2	4088	2007-1	6	0.94						
3	4086	2004-1	14	2.43						
4	4060	2008-11	52	2.16						
5	2135	1992-4	5	1.73						
6	5063	2009-1	22	1.63	34.4	24.8	16.8	6.77	4.96	3.29
7	5062	2008-4	62	0.49						
8	5074	2007-12	46	2.15						
9	5133	1992-4	30	2.32						
10	5079	2007-12	63	1.32						
平均			30.8	1.55						

(3)非均质性强,笼统注水注水利用率低。

R 油田开发过程中采用注水的方式来稳定地层压力和提高采收率。油田以油藏为开发单元采用一套井网开发,各油藏普遍存在储层纵向跨度大(最大超过 200 m),单储层层数多(最大超过 20 个)。受储层储集空间组成复杂,层内、层间及平面非均质性强影响,在注水开发过程中普遍存在注采对应差、纵向动用程度低等现象,其中物性相对好且裂缝较为发育的储层是主要的产吸层,而物性差且裂缝不发育储层产吸能力差或得不到动用(图 5.10)。

以 KT-Ⅱ 层 Г 北、Д 南和 Д 北等三个主力油藏为例,油藏产吸剖面测试资料统计表明,注水井射孔层段中 39.8% 的层段不吸水,占总射孔厚度的 29.2%,采油井射孔层段中 39% 的层段不产油,占总射孔厚度的 29.1%(表 5.6)。除了未动用层段以外,已动用储层的产液、吸水能力也存在较大差异,采油强度变化范围在 0.01~142.03 t/(d·m) 之间,级差高达 14 203;吸水强度变化范围在 0.1~231.4 m³/(d·m) 之间,级差高达 2314。

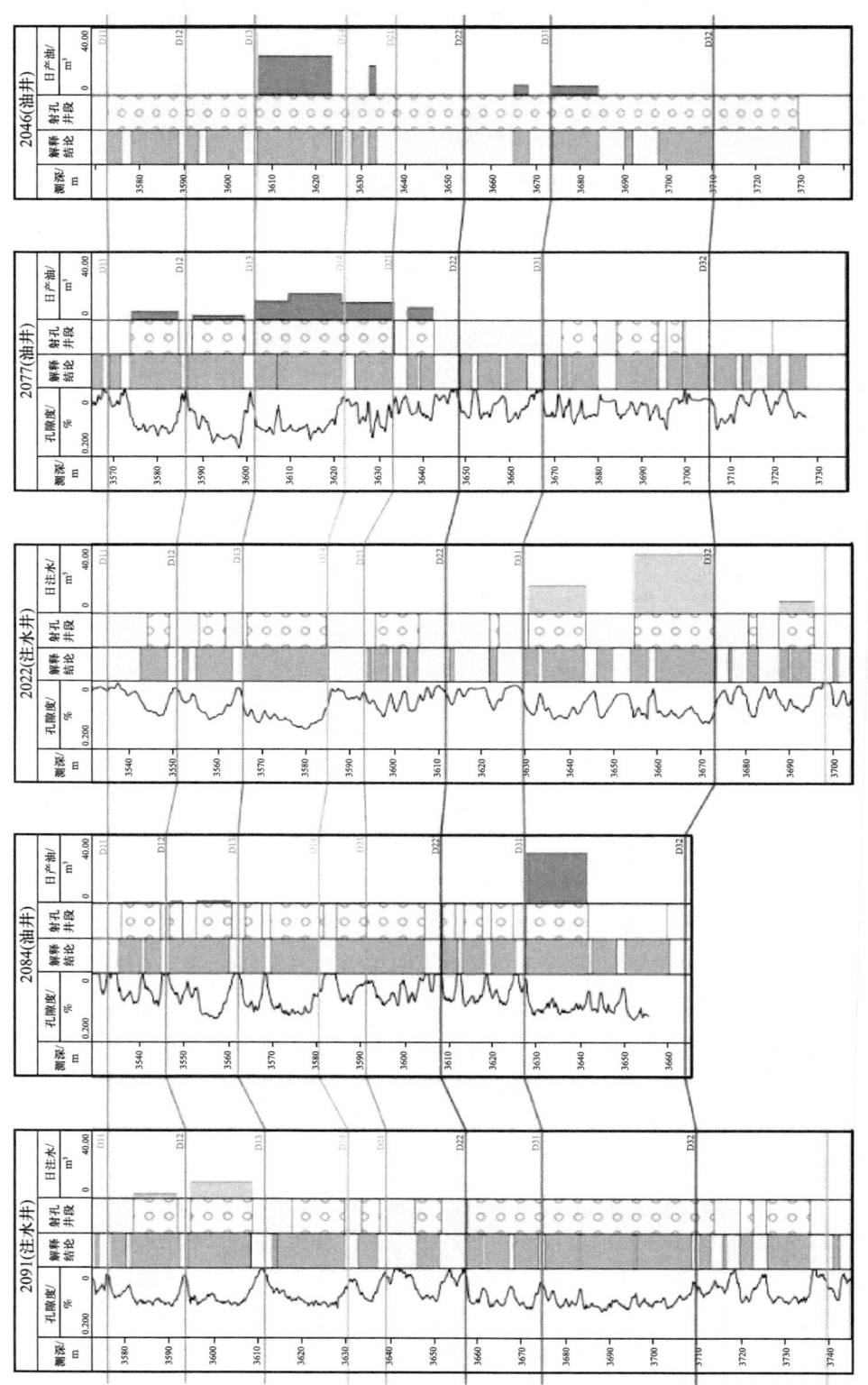

图 5.10 R 油田典型产液、吸水剖面对比图

因此，笼统注水开发过程中受注入水延高渗透条带突进影响，其他低渗透储层难见注水效果，注水利用率低，油田稳产难度大。急需开展多层分注工艺技术研发，以提高纵向多储层油藏的注采对应关系及注水波及系数，为油田稳产奠定基础。

表 5.6　R 油田 KT-Ⅱ层油层动用程度分类评价结果表

分类	项目	未动用	动用差	动用较好	动用好	合计
产液剖面统计	射孔段数 / 个	247.0	101.0	154.0	132.0	634.0
	射孔有效厚度 /m	906.9	596.0	884.0	726.5	3 113.4
	射孔段数百分数 /%	39.0	15.9	24.3	20.8	100.0
	射孔有效厚度百分数 /%	29.1	19.1	28.4	23.4	100.0
吸水剖面统计	射孔段数 / 个	74.0	36.0	29.0	47.0	186.0
	射孔有效厚度 /m	337.2	329.6	177.0	309.2	1153.0
	射孔段数百分数 /%	39.8	19.4	15.6	25.3	100.0
	射孔有效厚度百分数 /%	29.2	28.6	15.4	26.8	100.0
产吸剖面统计	射孔段数 / 个	321.0	137.0	183.0	179.0	820.0
	射孔有效厚度 /m	1 244.1	925.6	1061.0	1 035.7	4 266.4
	射孔段数百分数 /%	39.1	16.7	22.3	21.8	100.0
	射孔有效厚度百分数 /%	29.2	21.7	24.9	24.3	100.0

5.2　综合治理技术应用

5.2.1　气举系统效率分析及整体优化技术应用

利用气举井系统效率计算与分析软件，对 R 油田 156 口单点注气气举井系统效率进行计算及统计分析，分别得到了注气量、注气压力以及注气深度等因素对气举井效率及各项分效率的影响关系，并针对系统效率较低、投入产出比高的低压高含水气举井提出了优化改进措施和转柱塞间歇气举等接替工艺。

5.2.1.1　气举系统模拟计算和工况效率控制图分析

1）单井模拟结果

对 R 油田 S 区正常生产的 48 口连续气举井和 N 区的正常生产的 101 口连续气举井进行系统优化。由于南北两区是两套独立的供气系统，因此将气举系统分为 S 和 N 两区两个气举系统进行优化，模拟结果见表 5.7 和表 5.8。

表 5.7 S 区系统优化模拟结果

序号	井号	优化前		优化后		对比	
		产油量/t/d	注气量/m³/d	产油量/t/d	注气量/m³/d	产油量/t/d	注气量/m³/d
1	155	37.41	20 105	37.03	1133	−0.38	−18 972
2	2016	10.98	13 026	10.98	13 026	0	0
3	2031	56.31	18 689	58.82	10 477	2.51	−8212
4	2032	56.05	22 937	62.82	29 432	6.77	5495
5	645	3.96	7079	7.09	4248	3.13	−2832
6	2014	49.16	20 105	48.27	17 840	−0.89	−2265
7	2015	27.96	20 105	27.19	12 459	−0.77	−7646
8	647	8.55	7793	10.19	5947	1.64	−1846
9	929	14.43	10 105	14.05	2265	−0.38	−7840
10	2017	81.33	16 052	81.33	12 176	0	−3875
11	2018	20.3	15 858	20.04	11 893	−0.26	−3964
12	2025	87.59	25 768	95.72	27 184	8.13	1416
13	2033	18.9	10 105	18.52	7929	−0.38	−2176
14	2028	51.71	14 159	56.22	15 630	4.51	1472
15	2076	47	25 196	48.39	19 256	1.39	−5940
16	2083	34.6	13 026	44.37	14 725	9.77	1699
17	2092	24.64	18 972	31.56	24 034	6.92	5061
18	2037	19.02	11 893	22.28	10 194	3.26	−1699
19	2099	43.41	18 972	46.05	15 574	2.64	−3398
20	2039	21.19	17 937	20.81	11 893	−0.38	−6044
21	2103	40.09	12 459	44.47	9911	4.38	−2549
22	2111	41.75	12 459	46.13	9911	4.38	−2549
23	2042	28.73	20 388	28.09	13 026	−0.64	−7362
24	2049	12.51	7079	21.15	13 309	8.64	6230
25	2100	6.77	8495	12.03	4814	5.26	−3681
26	2101	4.6	14 105	4.47	3964	−0.13	−9141

续表

序号	井号	优化前		优化后		对比	
		产油量/t/d	注气量/m³/d	产油量/t/d	注气量/m³/d	产油量/t/d	注气量/m³/d
27	2110	4.60	6796	6.86	4531	2.26	−2265
28	2116	14.43	20 105	13.79	15 008	−0.64	−5097
29	3017	25.02	13 309	34.40	14 159	9.38	850
30	4033	24.39	19 539	29.03	15 008	4.64	−4531
31	2043	41.62	16 335	40.73	12 743	−0.89	−3592
32	2046	53.62	20 105	52.60	12 459	−1.02	−7646
33	2070	61.03	12 937	60.26	7929	−0.77	−5008
34	2077	26.05	27 467	33.69	12 176	7.64	−15 291
35	2048	71.63	19 539	76.91	18 123	5.28	−1416
36	342	22.47	20 671	27.24	12 176	4.77	−8495
37	2086	36.39	26 618	35.11	17 557	−1.28	−9061
38	4024	37.54	33 697	36.65	18 123	−0.89	−15 574
39	2118	19.02	7362	26.28	11 327	7.26	3964
40	2124	27.07	20 105	26.56	15 574	−0.51	−4531
41	2131	31.03	26 901	37.41	31 715	6.38	4814
42	432	6.13	7079	5.87	1699	−0.26	−5380
43	435	26.17	20 105	25.91	3115	−0.26	−16 990
44	2133	23.24	20 105	22.60	5947	−0.64	−14 159
45	2134	5.36	7079	5.23	6796	−0.13	−283
46	456	11.75	7079	16.01	9345	4.26	2265
47	475	66.78	20 105	65.89	13 592	−0.89	−6513
48	719	2.04	7079	1.66	1133	−0.38	−5947
总计		1486.00	782 984	1599.00	582 485	112.00	−200 504

通过表5.7可知，优化后S区气举系统产油量增加112 t/d，节约气量20.05×10^4 m³/d。从优化结果可以发现系统优化主要达到了节约气量的目的。

表 5.8　N 区系统优化模拟结果

序号	井号	优化前		优化后		对比	
		产油量/t/d	注气量/m³/d	产油量/t/d	注气量/m³/d	产油量/t/d	注气量/m³/d
1	2358	42.52	13 655	40.99	11 026	−1.53	−2629
2	3332	28.75	4748	34.62	6725	5.87	1977
3	3564	33.00	8931	34.93	8212	1.93	−719
4	733	9.83	8931	9.96	7362	0.13	−1569
5	2348	40.26	13 655	44.54	18 972	4.28	5317
6	2354	42.13	13 655	41.24	9911	−0.89	−3744
7	2361	7.20	18 403	7.66	15 008	0.46	−3395
8	2362	80.75	8931	88.40	18 406	7.65	9475
9	2371	22.73	8931	26.01	10 760	3.28	1829
10	2372	41.24	13 655	48.39	11 327	7.15	−2328
11	3434	30.39	18 403	32.82	8495	2.43	−9908
12	3435	13.41	8931	12.52	8212	−0.89	−719
13	2251	25.31	8931	32.22	12 273	6.91	3342
14	2407	40.24	4748	48.65	11 521	8.41	6773
15	2413	67.26	8931	72.49	14 725	5.23	5794
16	2419	41.67	4748	47.65	8495	5.98	3747
17	2425	88.99	8931	85.80	3398	−3.19	−5533
18	2464	36.26	18 403	35.37	9061	−0.89	−9342
19	3345	28.90	8931	30.00	9061	1.10	130
20	3346	22.70	8931	26.38	10 760	3.68	1829
21	3353	27.00	8931	39.45	14 159	12.45	5228
22	3354	29.40	18 403	27.07	11 327	−2.33	−7076
23	3361	3.570	8931	8.34	13 557	4.77	4626
24	3365	40.80	4748	44.79	5004	3.99	256
25	2375	28.26	13 655	24.13	6513	−4.13	−7142
26	2390	54.69	13 655	59.68	17 557	4.99	3902
27	2391	64.65	13 655	62.00	10 760	−2.65	−2895

5 哈萨克斯坦 R 油田综合治理技术应用及开发效果

续表

序号	井号	优化前		优化后		对比	
		产油量/t/d	注气量/m³/d	产油量/t/d	注气量/m³/d	产油量/t/d	注气量/m³/d
28	387	33.45	18 403	42.00	14 159	8.55	−4244
29	2376	37.58	8931	39.00	8778	1.42	−153
30	2377	41.75	23 033	41.75	14 248	0	−8785
31	2378	40.00	18 403	36.77	9911	−3.23	−8492
32	2392	48.90	18 403	42.64	14 495	−6.26	−3908
33	3316	2.17	4748	2.17	3398	0	−1350
34	413	15.19	13 655	15.06	8778	−0.13	−4877
35	2330	80.27	8931	87.00	14 159	6.73	5228
36	2336	45.15	8931	47.00	11 893	1.85	2962
37	2337	63.44	8931	67.00	15 521	3.56	6590
38	2341	62.99	18 403	61.22	14 442	−1.77	−3961
39	2346	46.33	13 655	40.86	6513	−5.47	−7142
40	2347	53.22	18 403	54.00	12 513	0.78	−5890
41	3409	49.20	8931	54.99	14 840	5.79	5909
42	149	34.73	8931	34.09	6513	−0.64	−2418
43	2220	21.92	4748	23.36	5663	1.44	915
44	2393	55.37	13 655	67.41	20 388	12.04	6733
45	3307	30.25	13 655	28.47	9061	−1.78	−4594
46	3313	20.13	4748	24.19	8495	4.06	3747
47	3317	19.53	8403	19.40	5663	−0.13	−2740
48	3324	12.00	18 403	12.26	11 663	0.26	−6740
49	2447	7.92	8931	7.54	5663	−0.38	−3268
50	2453	37.15	8931	35.87	6513	−1.28	−2418
51	3468	1.79	20 918	1.53	14 248	−0.26	−6670
52	3470	12.51	13 655	12.64	8495	0.13	−5160
53	3475	2.94	8931	2.81	2832	−0.13	−6099
54	3319	13.79	8931	13.66	5663	−0.13	−3268

续表

序号	井号	优化前		优化后		对比	
		产油量/t/d	注气量/m³/d	产油量/t/d	注气量/m³/d	产油量/t/d	注气量/m³/d
55	3322	10.13	8931	13.66	9911	3.53	980
56	3323	7.15	8931	10.09	5663	2.94	−3268
57	3325	17.10	4748	21.51	7929	4.41	3181
58	3327	26.05	8931	28.31	14 442	2.26	5511
59	3328	40.20	18 403	32.81	8778	−7.39	−9625
60	3333	1.66	8931	1.40	8495	−0.26	−436
61	2535	73.79	8931	67.16	7929	−6.63	−1002
62	3490	89.50	13 655	87.71	9628	−1.79	−4027
63	3601	55.00	8931	52.73	7079	−2.27	−1852
64	2542	79.27	18 403	75.5	9628	−3.77	−8775
65	2543	70.80	18 403	68.18	17 273	−2.62	−1130
66	2547	77.88	8931	75.71	6513	−2.17	−2418
67	2549	57.80	8931	61.04	9061	3.24	130
68	2555	43.59	18 403	42.41	8495	−1.18	−9908
69	2572	32.49	13 655	29.11	5947	−3.38	−7708
70	3419	68.70	13 655	75.09	14 725	6.39	1070
71	3438	42.70	4748	43.80	5026	1.10	278
72	2580	80.09	18 403	76.24	9061	−3.85	−9342
73	2593	53.20	23 033	50.00	15 628	−3.20	−7405
74	2332	75.68	8931	82.00	6513	6.32	−2418
75	2544	51.84	13 655	49.41	12 743	−2.43	−912
76	2559	130.70	13 655	141.59	14 159	10.89	504
77	2801	107.80	8931	112.00	12 743	4.20	3812
78	3426	30.10	8931	42.26	9 11	12.16	980
79	3443	25.41	18 403	30.52	14 725	5.11	−3678
80	2363	44.22	8931	45.71	5947	1.49	−2984
81	2380	32.71	18 403	34.13	12 663	1.42	−5740

续表

序号	井号	优化前		优化后		对比	
		产油量/t/d	注气量/m³/d	产油量/t/d	注气量/m³/d	产油量/t/d	注气量/m³/d
82	2381	25.70	18 403	22.98	11 893	−2.72	−6510
83	2387	40.80	13 655	42.88	17 330	2.08	3675
84	2394	33.67	13 655	49.00	17 415	15.33	3760
85	3304	27.50	18 403	23.49	9663	−4.01	−8740
86	3321	30.16	8931	30.66	9061	0.50	130
87	2399	7.41	8931	7.03	9911	−0.38	980
88	2404	7.41	8931	8.05	10 477	0.64	1546
89	2410	4.85	8931	7.62	9061	2.77	130
90	2423	22.70	18 403	18.9	5097	−3.80	−13 306
91	3349	9.58	18 403	10.35	9061	0.77	−9342
92	3363	19.92	13 658	19.15	11 893	−0.77	−1765
93	740	7.57	8931	7.15	5663	−0.42	−3268
94	2431	112.50	8931	110.00	12 123	−2.50	3192
95	2437	27.20	4748	32.39	9628	5.19	4880
96	2444	14.17	8931	14.17	2832	0	−6099
97	2451	24.51	4701	28.28	8495	3.77	3794
98	3550	36.20	13 655	31.15	10 477	−5.05	−3178
99	2461	63.78	8931	65.34	14 159	1.56	5228
100	3473	19.30	18 403	16.47	6796	−2.83	−11 607
101	3474	56.40	13 655	52.67	5663	−3.73	−7992
合计		3898	1 207 949	4029.00	1034 408	130.00	−173 541

通过优化模拟结果可见，北区气举系统优化后可增产油量 130 t/d，节约气量 17.35×10^4 m³/d。根据系统优化模拟结果分析，气举系统优化后油井可获得一定的增产，且可以节约较多的注气量，提高气举系统效率。

2）气举井效率影响主要因素分析

（1）注气量。注气量对气举井效率的影响可以通过注入气液比进行表示，即日注气量与日产液量的比值。随着注入气液比的逐渐增大，井筒中气液两相流流态由段塞流逐渐过渡到环雾流，虽然由气体举升至井口的液量逐渐增加，但是和井底能量的增加幅度相比，井口液体的位能效率增量较小，即气体举升液体的能力有限，导致注入气体浪费严重，从而使得简化效率大幅度减小，如图5.11所示。

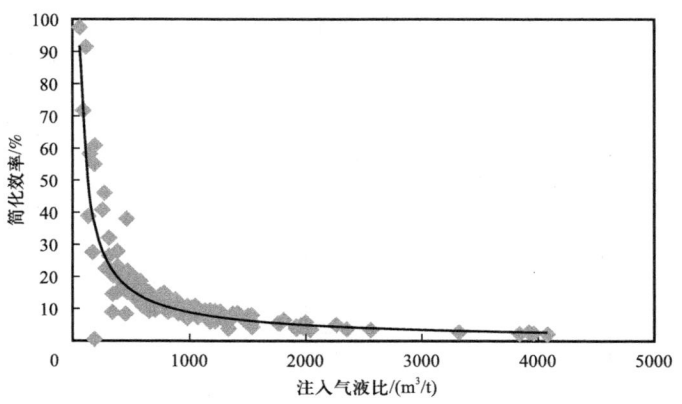

图5.11 简化效率随注入气液比的变化关系图

随着注入气液比的增加，井口剩余能量增大，举升效率和输出效率相应增大。随着注入气液比的增加，气体流速增大，气体与管壁的摩擦阻力增大。同时，工作阀对气体的节流效果也越发显著，导致能量的损失，从而使得注气效率随着注入气液比的增加而减小。随着注入气液比的增大，井效率呈上升趋势，这是由于和注气效率相比，举升效率占主导作用。将上述因素叠加，可知存在一个临界注入气液比。当低于该气液比时，可以最大限度地利用注入气体举升液体，能量利用率较高，因此简化效率高于井效率；但是，随着注入气液比的增加，简化效率迅速下降。而当实际注入气液比低于该临界气液比时，注入能量过多，导致井口剩余能量增加，注入气浪费严重，简化效率快速下降后趋于平缓，而井效率缓慢上升，简化效率小于井效率，如图5.12所示。

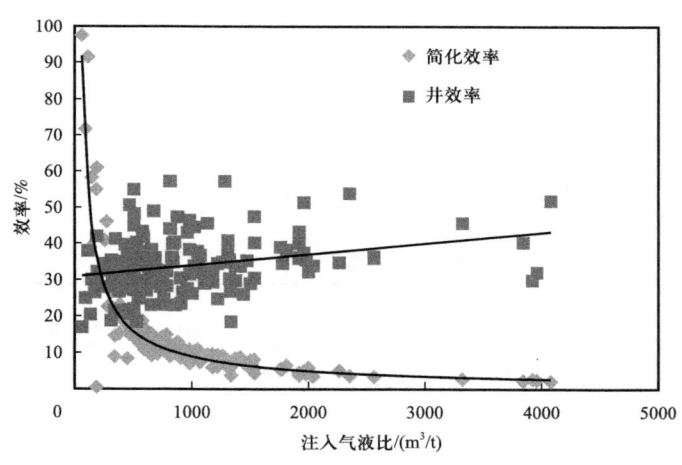

图5.12 简化效率和井效率的比较

（2）注气压力。在此将注气压力与注气点处流压的比值作为研究对象，其与简化效率和井效率的关系分别如图5.13和图5.14所示。由图5.13和图5.14可知，随着无量纲压力的增大，井口剩余能量逐渐增多，能量浪费加重，简化效率逐渐减小。与此相反，井效率随着无量纲压力的增加呈上升趋势。从阀设计的角度讲，无量纲压力不宜过高，否则会造成能量的浪费，通常情况下无量纲压力为1，若考虑重力的影响，可以略小于1。

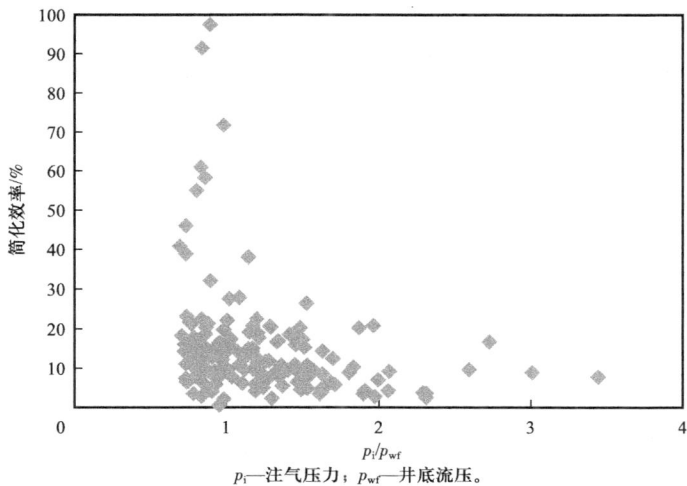

p_i—注气压力；p_{wf}—井底流压。

图 5.13　简化效率随无量纲压力的变化关系图

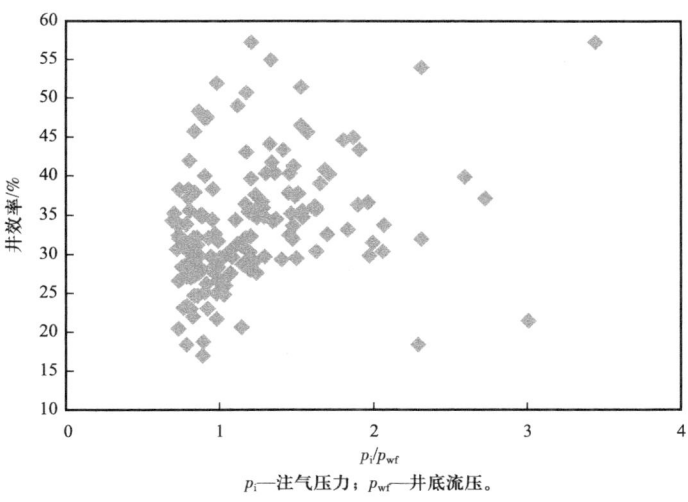

p_i—注气压力；p_{wf}—井底流压。

图 5.14　井效率随无量纲压力的变化关系图

（3）注气点深度。由于不同井的井底能量不同，即井下液柱高度不同，气举阀的位置也随之改变。为了便于统计分析，利用无量纲深度来分析注气点深度对气举井各项效率的影响，定义无量纲深度为折算动液面距工作阀的距离与工作阀深度的比值。如图 5.15 和图 5.16 所示，井效率和简化效率都随着无量纲深度的增大而增大。这是由于无量纲深度越大，工作阀的下入深度越大，井底流压下降，由注入气体举升至井口的液量越多，井口处的总能量和液体产生的位能效率越高，因此简化效率和井效率上升。

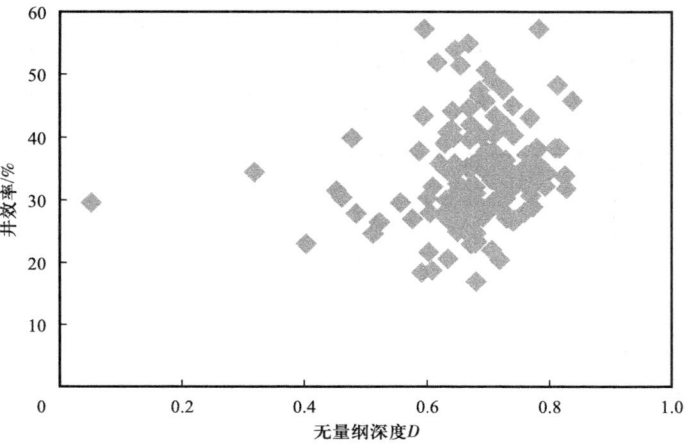

图 5.15　井效率随无量纲深度变化关系图

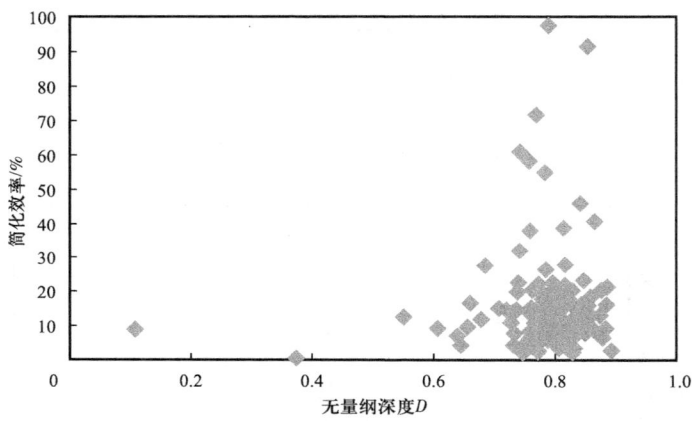

图 5.16　简化效率随无量纲深度变化关系图

（4）井口油压。采用井口油压与工作阀后流压的比值作为横坐标，其与井效率及简化效率的关系曲线如图 5.17 和图 5.18 所示。由图 5.17 和图 5.18 可知，随着该压力比值

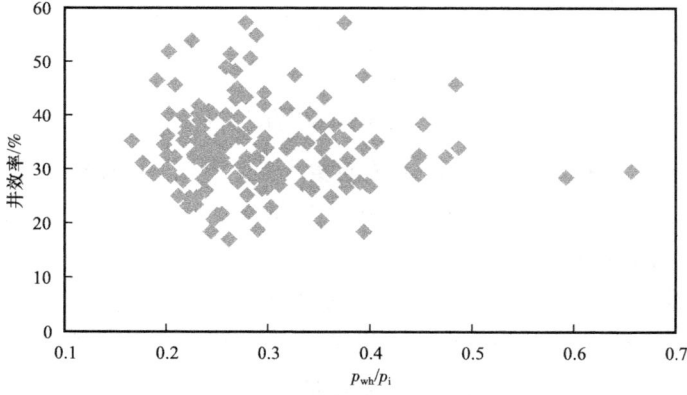

图 5.17　井效率随 p_{wh}/p_i 的变化关系图

的逐渐增加，简化效率略微呈下降趋势，这是由于无量纲压力越大，井口油压越大，表明井筒损失的能量较少，能量未能得到充分利用，浪费严重，因此简化效率下降。

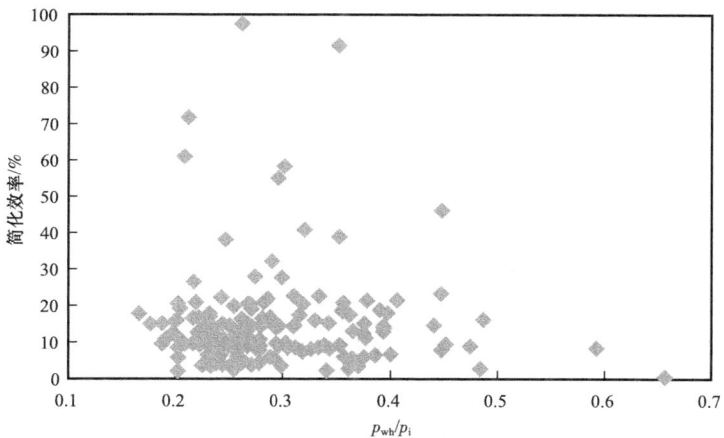

图 5.18　简化效率随 p_{wh}/p_i 的变化关系图

3）连续气举井效率及工况控制图分析

统计计算让那若儿油田 156 口气举井的各项效率，作气举井效率控制图，如图 5.19 所示。由图 5.19 可知，大部分气举井分布在Ⅱ区和Ⅲ区，表明这部分井虽然盈利，但是工艺设计不合理，可通过改善工艺从而提高其简化效率。

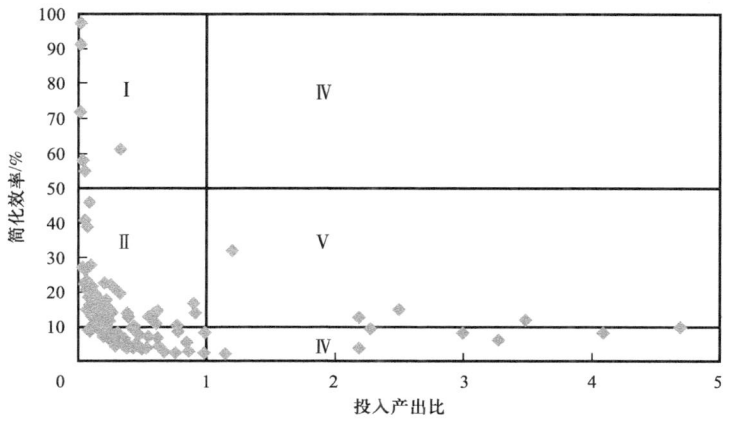

图 5.19　让那若儿油田气举井效率控制图

（1）Ⅰ区（高效区）。该区共有 6 口井，占统计井数的 3.85%。这部分井的注入气液比低（62.77～192 m³/t），且均低于上述统计的临界注入气液比 225 m³/t，产液量较高（平均 70.33 m³/d），含水率较低（平均 35.25%），举油比（每举 1 m³ 油所需要的气量）较低，故其投入产出比低（0.02～0.33），盈利较多，经济效益较好。且无量纲压力比较小，举升深度（将注气点压力按静液梯度折算后得到）深（无量纲深度平均 0.67），故简化效率（有效功率与注气功率之比）54.99%～97.47% 较高，其值明显高于井效率（实际效率输入功率与输出功率之比）16.96%~41.95%，两者之差反映了地层能量比较充足，发挥了较大的举升作用，表明这些井工艺设计合理，能量利用率较高。

（2）Ⅱ区（合理区）。该区有 79 口井，占统计井数的 50.64%。一般情况下，这些井工艺设计合理，经济效益好，表明气举井工作正常。其注入气液比（平均 546.99 m³/t）较高，含水率（平均 22.68%）较低，产液量（平均 28.68 m³/d）一般，举油比较高，故其投入产出比较高，盈利相对较少。

（3）Ⅲ区（低效区）。该区共有 59 口井，站统计井数的 37.82%。这部分井注入气液比（平均 1502 m³/t）较高，产液量（平均 12.17 m³/d）较低，但含水率（平均 14.18%）非常低，其举油比低，故其投入产出比（平均 0.38）一般，仍处于盈利状态。举升深度（无量纲深度平均 0.77）深，但注气压力过高（无量纲压力比 1.44），故简化效率较低，平均为 6.63%，造成高气耗的主要原因是由于产液量过低，仅为 12.17 m³/d，造成有效功率过低所致。

措施：因油层严重供液不足，不利于继续采用连续气举，应转为间歇气举方式生产，以降低气耗。

（4）Ⅴ区（降耗区）。该区共有 4 口井，占统计井数的 2.56%。这些井注入气液比一般（平均 605 m³/t），产液量一般（平均 53.75 m³/d），但含水率很高（平均 94.75%），其举油比非常高，投入产出比高（平均 2.34），严重亏损。而井效率平均为 26.55%，举升效率平均为 34.81%，表明工艺设计合理。

（5）Ⅵ区（大修区）。该区共有 8 口井，占统计井数的 5.13%。这部分井注入气液比较高（平均 1700 m³/t），产液量低（平均 14.5 m³/d），含水率较高（平均 83.45%），投入产出比很高（平均 2.96），亏损严重。但其无量纲压力较高（平均 1.09），注入气液比过高，导致简化效率过低（平均 6.8%）。

措施：应考虑转为间歇气举方式生产。

5.2.1.2 提高气举井举升效率的工况优化和转柱塞气举工艺技术

1）连续气举工况优化

根据 R 油田连续气举生产井的生产情况及流压梯度测试，部分井的注气点位置包括 2~3 个，使得井筒压力梯度较大，连续气举效果较差。注气点位置不合理，导致井筒下部积液段无法进行连续气举，只有注气点上部的液体可随气体流出井口，进而导致井筒积液严重，产量逐渐降低。

（1）多点注气优化。连续气举井测试表明，油田共 65 井次存在 2 点注气，21 井次存在 3 点注气，由于多点注气的存在，使井底流压上升，井筒压降增大，不利于连续气举井的生产，因此应尽可能实现单点注气。

图 5.20 为 2 点注气井井筒压力剖面对比。由于第 1 注气点的注气量远大于第 2 注气点的注气量，第 1 注气点至井口压力梯度明显小于第 1 注气点与第 2 注气点之间注气量的压力梯度。第 1 注气点至井口压力梯度范围为 0.03~0.33 MPa/100 m，平均值

0.14 MPa/100 m，说明井筒压降小；第 2 注气点至第 1 注气点之间的压力梯度范围为 0.03～0.63 MPa/100 m，平均值 0.24 MPa/100 m，比第 1 注气点压力梯度增加了 0.1 MPa/100 m。若能将全部气量从第 2 注气点注气，两注气点间每 100 m 井压降梯度还可下降 0.1 MPa。

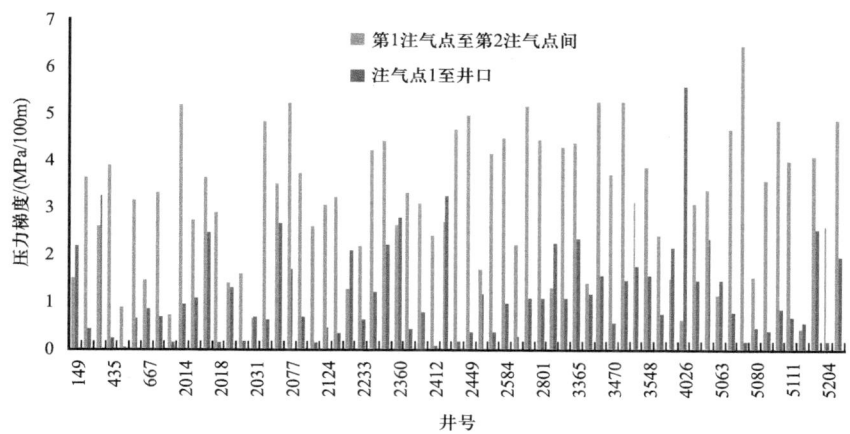

图 5.20　2 点注气井井筒压力梯度对比

图 5.21 为 3 点注气井井筒压力剖面对比。第 1 注气点至井口压力梯度范围为 0.07～0.27 MPa/100 m，平均值 0.15 MPa/100 m，说明井筒压降小；第 2 注气点至第 1 注气点之间的压力梯度范围为 0.08～0.52 MPa/100 m，平均值 0.20 MPa/100 m，比第 1 注气点压力梯度增加了 0.05 MPa/100 m。第 3 注气点至第 2 注气点之间的压力梯度范围为 0.1～0.68 MPa/100 m，平均值 0.26 MPa/100 m，比第 1 注气点与第 2 注气点间压力梯度增加了 0.06 MPa/100 m，举升效果依次变差。

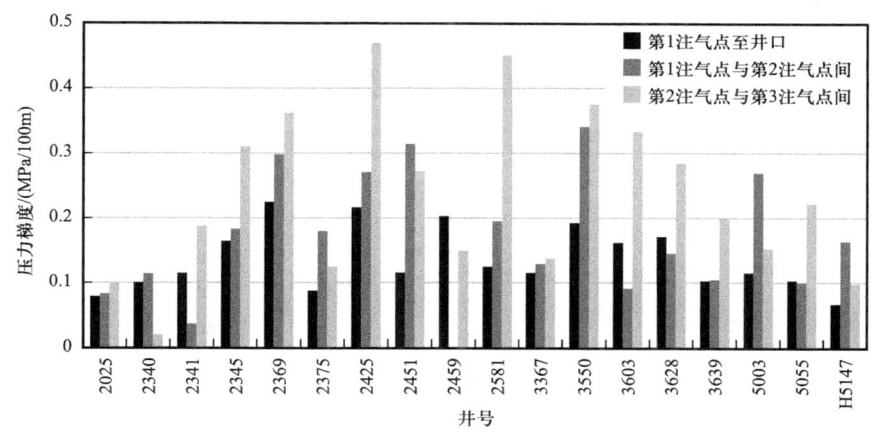

图 5.21　3 点注气井井筒压力梯度对比

下面以 928 井为例对比单点注气时压力剖面。该井测试参数见表 5.9，对应的井筒压力剖面如图 5.22 所示。压力、温度测试曲线显示第 2 级、第 4 级和第 5 级阀处存在拐点，结合油井生产参数，可以判断该井第 2 级、第 4 级和第 5 级阀注气。注气点以上平均压力梯度为 0.003 81 MPa/m，注气点以下平均压力梯度为 0.008 03 MPa/m，井底存在积液。

表 5.9 928 井测试参数

油压/MPa	套压/MPa	回压/MPa	注气量/m³/h	产液量/t/d	产油量/t/d	气油比/m³/t	含水率/%
2.8	9.8	2.6	1200	70	6	624	91.6

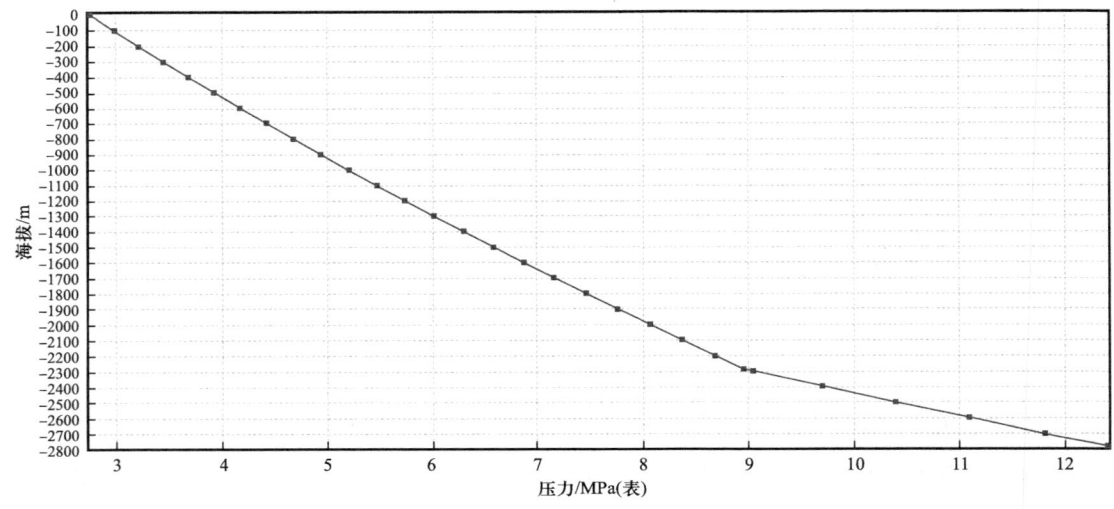

图 5.22 928 井井筒压力剖面

若只从第 5 级阀注气，其井筒剖面如图 5.23 所示。此时，井底流压只有 12.4 MPa，比实测井底 15.47 MPa 下降了 3.07 MPa。所以，全部气量从第 3 注气点注气（第 5 级阀）时井底流压还可下降 3.07 MPa。

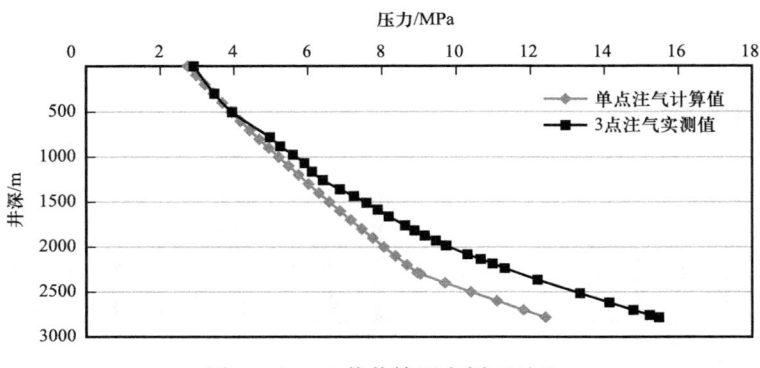

图 5.23 928 井井筒压力剖面对比

（2）注气点位置加深。除上述多点注气生产井外，让那若儿油田有 63.93% 的生产井为单点注气井，然而在这些生产井中，有部分井由于注气参数不合理，导致连续气举注气点上移，井筒降压不够，井底流压明显上升（图 5.24）。表 5.10 列出了注气阀为第 1 级～第 4 级阀的连续气举井，共 12 口井，这部分井可通过优化注气点深度来改善连续气举效果。

（3）注气量优化。一般情况连续气举井注入气液比合理区间为 500 m³/t 以内，让纳若

5 哈萨克斯坦 R 油田综合治理技术应用及开发效果

表 5.10 让纳若尔油田注气点加深井参数

井号	测试日期	产层中深/m	井底流压/MPa	油压/MPa	产液量/(t/d)	含水率/%	气液比/(m³/t)	注气压力/MPa	注气阀	注气量/(m³/d)	注入气液比
456	2016-3-7	2772	18.1	1.57	24	94.20	106.00	7.06	3	15 840	660.00
467	2016-7-7	2866	19.4	1.57	43	94.90	83.00	7.94	3	24 000	558.14
474	2016-2-18	2800	12.6	1.57	48	88.90	136.00	7.26	4	24 000	500.00
671	2016-8-15	2909	5.8	1.57	14	5.10	883.00	7.26	4	11 760	840.00
2127	2016-6-26	3531	6.9	1.37	2	0.00	999.00	4.02	4	7680	3 840.00
2383	2016-3-18	3810	14.0	2.26	92	0.60	998.00	7.55	4	15 840	172.17
2617	2016-8-21	3835	14.8	1.77	46	55.4	374.00	7.26	4	24 000	521.74
3307	2016-2-23	3758	5.9	1.96	12	1.50	998.00	7.85	1	4080	340.00
3356	2016-6-2	3654	24.6	1.96	18	87.80	78.00	8.04	1	24 000	1 333.33
5049	2016-2-26	3479	6.1	1.8	5	0	994.00	6.96	3	7680	1 536.00
5203	2016-8-22	3730	6.8	1.61	12	0.10	960.00	6.86	3	11 760	980.00
H970	2016-3-15	2491	20.8	4.89	63	2.20	1 276.64	7.45	2	11 760	186.67

尔油田属于高气液比油井，注入气液比和生产气液比之和大于 1000 m³/t 的单点注气井共 134 井次，注气量明显过大。除了上述转柱塞举升、转机抽及优化注气点深度共 37 口井外，让纳若尔油田剩余 119 口连续气举井可通过优化注气量来提高举升效果。由图 5.25 可知，简化效率随着总气液比的增加迅速下降。

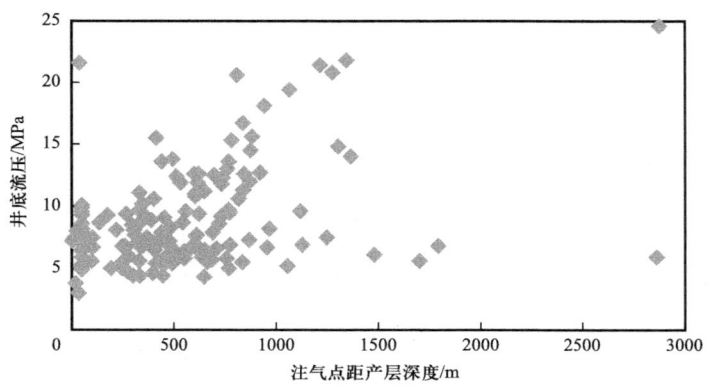

图 5.24　井底流压和注气点距产层深度的关系图

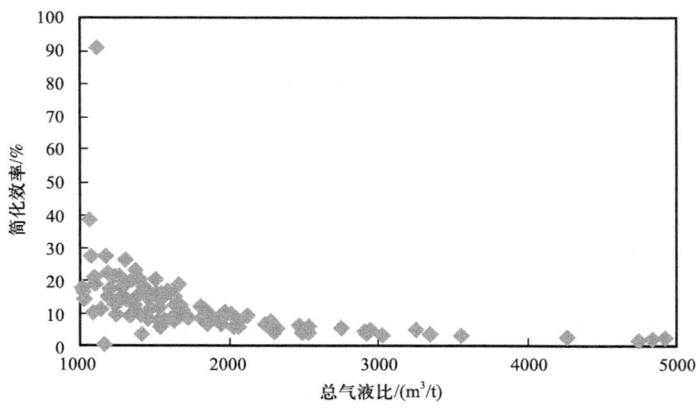

图 5.25　简化效率随总气液比的变化关系图

2）转柱塞气举

柱塞气举适用条件为：液量小于 10 m³/d，气液比大于 900 m³/t。对 R 油田 156 口井中的低产井进行了初步筛选，共 37 口井。为了保证生产井在转为柱塞气举后可以较长时间有效生产，要求这部分井具有充足的地层及井底能量。在此定义井底流压系数为当前产液量条件下，井底流压与产层中深之比。该值越高表明地层能量越充足，柱塞举升有效期越长。以井底流压系数 0.15 MPa/100 m 作为下限，生产气液比在 900 m³/t 以上的气举井有 25 口。由于井筒完整性等条件限制，满足条件的井共有 16 口，其生产情况如图 5.26 所示。

由图 5.26 可知，随着注入气液比的增加，简化效率大幅度下降，总体简化效率极低，分布在 3.42%～16.74% 之间，现以简化效率 5% 位上限，注入气液比 1000 m³/t 为下限优选转柱塞举升井，满足条件的共有 5 口井。

图 5.27 展示了上述 5 口井的举升效率及其各项分效率的大小。由图 5.27 可知，这部分井的举升效率较高，但其位能效率较低，分布在 15.05%~18.8% 之间，平均值为 17.07%；输出效率分布在 33.76%~51.25% 之间，平均值高达 40.84%，说明上述井在进行连续气举生产的过程中注入能量过多，造成能量浪费严重。

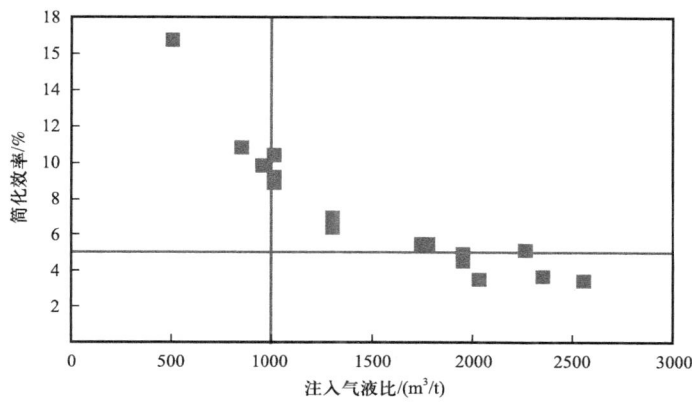

图 5.26 连续气举转柱塞举升井优选结果

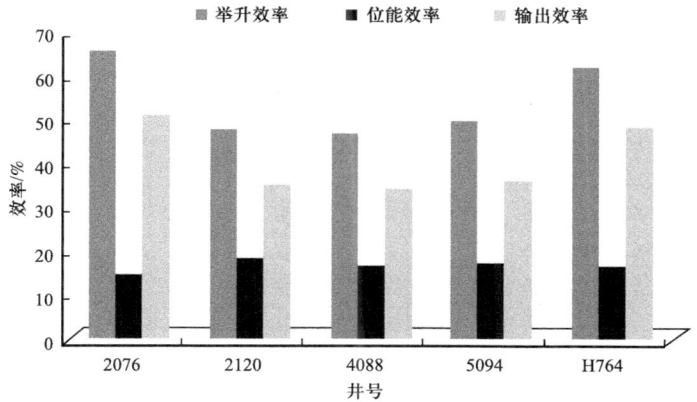

图 5.27 转柱塞举升井举升效率分解

对 R 油田气举整体系统进行优化筛选能够进行智能柱塞先导试验的井，完成柱塞气举现场试验效果跟踪及评价。R455 井柱塞气举与连续气举比较，节气 62%，增产 30%；R676 井柱塞气举与连续气举比较，节气 33%，增产 20%。5 口柱塞气举井累计节约配气量 14.8×10^4 m³，实现增油 5475 t，创造经济效益 215 万美元。

5.2.1.3 气举整体系统优化实施的效果

对 R 油田气举整体系统进行优化，3 年累计实现增油 9.16×10^4 t（表 5.11）。其中，32 井次注气量优化使单井日均降低注气量 4615 m³。对 86 口多点注气井提出了优化方案，并完成了 52 井次多点转单点注气优化，日注气量下降 24×10^4 m³，日均增油 119.5 t，累计增油 7.17×10^4 t。开展了 12 口井注气深度的优化，日均提液 17%，日均增油 25.5 t，累计增油 1.53×10^4 t。

表 5.11 R 油田气举系统优化生产数据及效果

井号	测试日期	产层中深/m	产液量/(m³/d)	气油比/(m³/t)	含水率/%	第1注气点 阀	第1注气点 深度/m	第1注气点 流压/MPa	第2注气点 阀	第2注气点 深度/m	第2注气点 流压/MPa	第3注气点 阀	第3注气点 深度/m	第3注气点 流压/MPa	总注气量/(m³/d)	单点注气后注气量/(m³/d)	节省注气量/(m³/d)	单点注气后产油量/(t/d)	增油量/(t/d)
901	2016-6-27	2789	19	1417	37.6	2	1328	3.15	4	2039	4.80	5	2269	5.09	28 800	20 160	8640	11.4	1.5
928	2016-4-27	2781	70	624	91.6	2	1307	6.24	4	2032	10.00	5	2287	11.72	28 800	20 160	8640	5.7	0.7
928	2016-8-5	2781	69	561	92.7	2	1307	5.51	3	1709	7.09	4	2032	8.61	48 000	33 600	14 400	4.8	0.6
2025	2016-2-21	3615	6	3000	2.4	5	2633	3.85	6	2922	4.09	7	3153	4.32	7680	5376	2304	5.6	0.7
2341	2016-8-18	3785	21	1324	31.1	4	2233	4.43	5	2586	4.56	6	2901	5.15	24 000	16 800	7200	13.9	1.8
2369	2016-4-23	3742	55	143	85.0	3	1946	6.05	5	2765	8.49	6	3063	9.57	19 920	13 944	5976	7.9	1.0
2375	2016-5-11	3715	10	1235	50.2	3	1920	3.25	4	2354	4.03	6	3009	4.85	7680	5376	2304	4.8	0.6
2425	2016-3-14	3694	80	264	63.3	3	1903	5.49	4	2254	6.44	5	2498	7.59	19 920	13 944	5976	28.2	3.7
2451	2016-7-1	3619	30	679	88.8	2	1469	3.47	5	2640	7.15	6	2824	7.65	24 000	16 800	7200	3.2	0.4
3603	2016-6-4	3812	24	698	38.2	5	2669	6.19	6	2977	6.47	7	3211	7.25	24 000	16 800	7200	14.3	1.9
3628	2016-5-12	3817	62	392	21.3	5	2743	6.87	6	3025	7.28	7	3239	7.89	24 000	16 800	7200	46.9	5.5
3639	2016-7-15	3717	44	581	2.3	4	2322	4.55	5	2713	4.96	6	3070	5.67	19 920	13 944	5976	41.3	5.4
5003	2016-4-16	3718	29	1067	46.0	4	2281	4.69	6	2867	6.27	7	3050	6.55	31 200	21 840	9360	15.1	2.0
合计															307 920	215 544	92 376	203.2	25.9

5.2.2 同心双管分注工艺技术的应用

分层注水是 R 油田保持稳产的重要工程技术之一。主要采用了同心分注和偏心分注两种分层注水工艺方法。其中，同心分注工艺是以地面分注为主，实现 2 层分注，测调方便、工作难度小，适应油田的差水质，平均单井日注水 76 m^3。偏心分注工艺主要应用了桥式偏心分注，可以实现 2 层以上的分注，平均单井日注水 80 m^3。

截至 2021 年底，R 油田共有分注井 110 口。应用了同心双管分注 40 口井，分注层段为 2 层，单井日注水量为 60~80 m^3，分注合格率 100%。加强分注后，地层压力下降逐年减缓，其中 KT-I 的 Bc 层地层压力保持程度达到 88%，同时 Дю 油藏加强水井分注力度，持续完善了注采对应关系，Дю 储层动用程度保持 90%，Д₁ 层动用程度为 89%。

5.2.3 直井分层水平井分段改造技术应用

5.2.3.1 储层基本情况和分层酸化酸压技术需求

阿克纠宾 R 油田经过长年开采，油田面临储层动用程度低、纵向动用程度不均匀等主要开发矛盾，需要分层改造才能缓解。主要存在的问题如下：

（1）有效油层间跨度大，油层动用程度低。

纵向上，KT-Ⅰ动用 64%，KT-Ⅱ动用 54%；产液强度差异大。50% 层段数产液量占全井 94%，层间非均质严重。

横向上，油藏的各小层动用程度各有差异，其中 Гc 层储层动用程度比 2018 年上升 5%，动用好的小层是 Г₁ 和 Г₂，分别达到 99% 和 94%，动用差的小层主要集中在 Г₅，动用程度只有 57.5%；Дю 储层与 2018 年相比，动用程度由 95% 下降至 87.6%。主要原因为 Дю 油藏注水压力高，注水困难，但是由于碳酸盐岩油藏储层改造难度大，储层仍有较大部分没有得到有效动用。截至分层改造技术应用之前，油井不产及弱产油储层占射开总厚度的比例仍高达 17%~56%（图 5.28）；水井不吸及弱吸水储层占射开总厚度的比

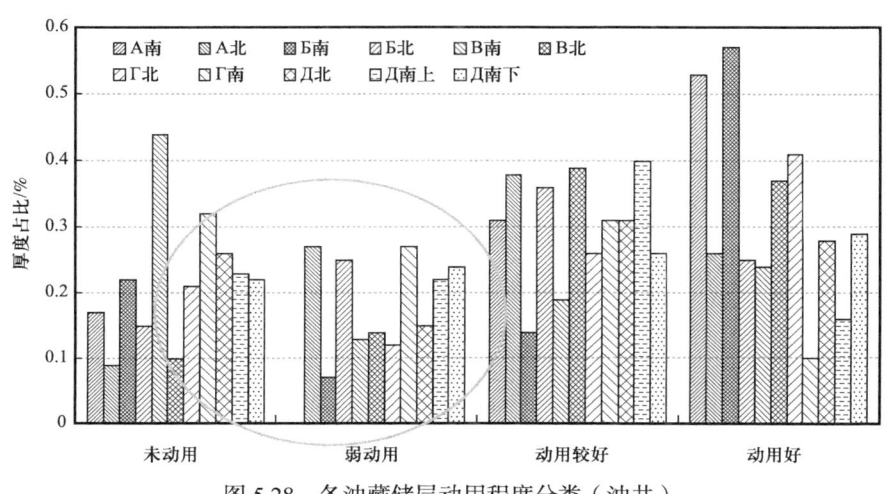

图 5.28 各油藏储层动用程度分类（油井）

例高达12%～58%（图5.29）。

（2）单井射孔厚度越大，动用程度越低。层间干扰严重，多层合采时，特性差的油层很难动用。

从射孔段数动用百分数看，KT-Ⅰ射孔段数平均动用62.26%，KT-Ⅱ平均动用39.88%；从射孔有效厚度动用程度看，KT-Ⅰ平均有效厚度动用百分数为63.99%，KT-Ⅱ平均有效厚度动用百分数为53.65%，详见表5.12。

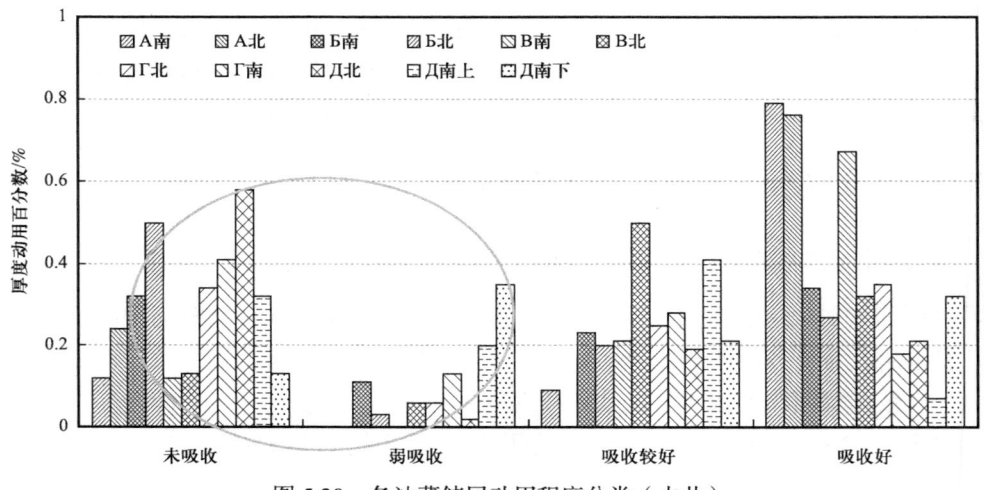

图5.29 各油藏储层动用程度分类（水井）

表5.12 R油田各层块产液剖面动用状况统计表

层位	测试井数/口	测试总段数/个	平均单井射开段数/个	动用段数/个	段数动用百分数/%	总有效厚度/m	动用有效厚度/m	有效厚度动用百分数/%	动用层段产液量占层块总产液量/%
Бсев	7	20	2.9	12	60.00	80.7	43.8	54.27	99.2
Бюг	4	15	3.8	8	53.33	75.7	44.4	58.65	99.1
Всев	7	16	2.3	11	68.80	96.6	71.4	73.90	99.7
Вюг	1	2	2.0	2	100.00	6.4	6.4	100.00	100.0
Гш	52	412	7.9	160	38.80	1 381.5	746.7	54.05	93.0
Дш	7	49	7.0	24	48.98	133.2	74.6	56.01	97.0
Дюг	6	43	7.2	17	39.53	265.2	133.6	50.37	99.6
KT-Ⅰ	19	53	2.8	33	62.26	259.4	166.0	63.99	99.4
KT-Ⅱ	65	504	7.8	201	39.88	1 779.9	954.9	53.65	94.0

(3)改造井次多，重复改造针对性强，新井压裂投产井次多。

重复改造效果变差，历年累计压裂井数已达 341 口，油井油层改造次数（油田水力压裂、笼统压裂、分层压裂、分层酸化、选择性酸化）表明，主力油藏正常井的 30% 左右进行过 2 次以上油层改造；新井需压裂气举投产。2010 年投产新井 24 口，压裂 16 口，占 66.7%；2011 年投产新井 33 口，压裂 23 口，占 69.7%，压裂新井平均产量是其他新井的 1.54 倍。

(4)吸水强度不均匀，差异大。

注水井 47% 层段不吸水，13% 单井段吸水强度高于 74%。R 油田为碳酸盐岩油气藏，储层空间复杂，渗透率差异大，渗透率变化范围在 0.1～3464 mD 之间，油藏储层非均质性较强。油水井储层纵向上的动用程度差异非常大，产吸测试资料显示储层产油能力与孔隙度大小相关性差，储层与储层间的产油能力也差别较大。

(5)压力保持水平低。

边底水能量弱，注水晚，地层亏空严重，压力保持 60% 左右，压力系数 0.4～0.6（表 5.13），属于低压油藏。

表 5.13　各区块地层压力对比表

开发单元	KT-Ⅰ油藏						KT-Ⅱ油藏地层			
	Ас	Аю	Бс	Бю	Вс	Вю	Гс	Дс	Дв	Дн
原始压力 /MPa	30.3	30.3	29.9	29.9	29.8	29.8	39.4	39.5	38.8	39.2
饱和压力 /MPa	0	0	29.9	29.9	29.8	29.8	35.1	27.8	29.6	27.6
2018 年地层压力 /MPa	17.8	15.7	21.8	24.3	25.8	24.0	22.1	24.3	17.7	16.1
2019 年地层压力 /MPa	17.5	15.5	21.9	24.2	26.0	24.1	22.0	24.2	17.5	15.8
年对比地层压力 /（2018—2019 年）MPa	-2.8	-1.9	0.7	-0.6	1.5	1.1	-1.1	-0.6	-2.1	-2.8
压力保持程度 /%	57.8	51.2	73.3	81.1	87.1	80.9	55.9	61.2	45.0	40.2

针对以上油田开发问题，尤其是油藏动用程度低、产液/吸液剖面矛盾突出，改善剖面，提高动用，需从后期措施考虑，提高储层动用程度和均匀改造程度，开展了分层酸化和酸压技术的应用。

5.2.3.2　直井分层酸压与酸化应用效果

形成了分层压裂酸化技术系列，主要包括投球分层酸压技术、封隔器分层酸压技术、封隔器+投球分层酸压技术、裸眼封隔器+多次投球+多次纤维分段+分层酸压技术，满足了提高储层动用的需求。

2012—2019 年底，直井分层酸压工艺技术累计施工 125 口井，累计增油 68.1×10⁴ t（表 5.14），取得了较好的增产效果。因此，对于射孔段多、射孔跨度大、物性差异明显、产液不均匀的 R 油田，多级分层酸压技术是提高单层动用程度、改善动用剖面的有效手段。

表 5.14　直井分层酸压统计表

年份	措施类型	井数 / 口	增油量 /t
2012	分层酸压	18	183 845
2013	分层酸压	23	214 324
2014	分层酸压	17	97 599
2015	分层酸压	15	103 979
2016	分层酸压	11	22 171
2017	分层酸压	13	25 573
2018	分层酸压	11	13 027
2019	分层酸压	17	20 282
总计		125	680 800

5.2.4　侧钻井、裸眼和固井完井的水平井改造技术应用

R 油田钻采工程一体化技术的发展经历了 4 个阶段，从裸眼分段改造先导性试验开始，到水平井裸眼分段改造，并将此技术应用到了剩余油开发，形成了老井侧钻 + 裸眼分段改造技术。由于裸眼分段完井方式在有效控水、二次改造、井筒内径无法进行有效的井下作业等方面的限制，2016 年采用了套管固井完井，应用了连续油管带底封拖动的分段改造技术，获得了显著的应用效果。

5.2.4.1　钻完井和储层改造地质工程一体化设计技术应用

地质工程工程一体化技术理念是以低渗、薄层边际油藏效益开发为目标，以侧钻井、水平井分段改造为手段，从顶层设计出发，匹配地质、油藏特征，实现钻完井、储层改造、采油有机融合。

储层改造降低了有效储层评价下限值。此类边际油藏具有明显的低孔隙度、低渗透率特征，根据 R 油田以往开发实践经验，有效储层的孔隙度评价下限是 8%，但是边际油藏的物性明显低于这一值。结合改造后油井产能及模拟分析来看（图 5.30），分段压裂后的初期产量是不压裂时的约 4 倍，一年累计产油量也是不压裂条件下的 3.5 倍。因此，考虑储层改造对低渗透、特低渗透储层的有效增加单井沟通范围、减小压降损失、缩短油气流入井筒时间等方面的作用，这一经济开发有效储层的下限值下降到了 4%～5%。

同时，由于 R 油田碳酸盐岩普遍发育的裂缝系统、较强的井眼稳定性及较强的酸岩反应能力，裸眼及筛管完井方式是油田开发过程中产能较高、投入较少、适应性较强的一种完井方式，前期应用的裸眼井分段完井、改造、投产一体化技术也取得了成功应用。

但随着油田开发的进行,地层压力普遍下降,裂缝基本闭合,且储层物性不断变差,边底水逐渐抬升、逼近油层,裸眼及筛管完井方式无法实现长水平段水平井的均匀、深度改造,固井射孔完井方式势在必行。在裸眼完井改造和固井完井改造的技术有悬赏,也遵循了地质工程一体化设计的逆向设计正向施工的原则,先考虑如何改造再设计如何完井,实现各专业的融合(图5.31)。

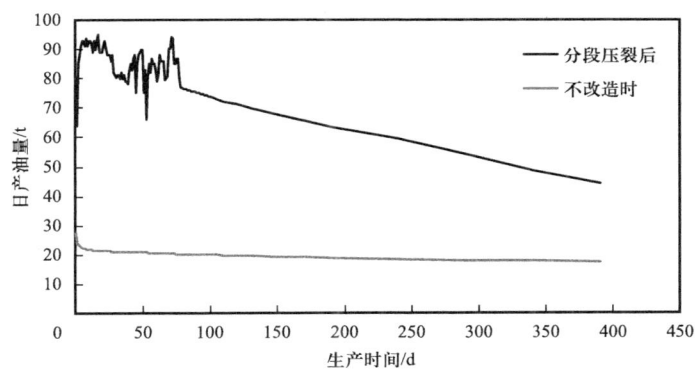

图 5.30 分段压裂对低孔低渗井(H2 井)产量影响

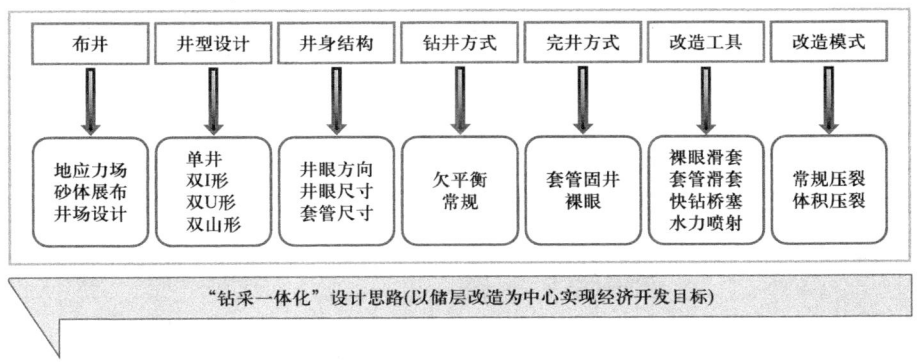

图 5.31 地质油藏工程一体化设计思路与常规思路对比

由于压裂对储层有纵向上的沟通和横向上的延伸作用,而目前油田边底水都在逼近产层,因此需要以地质油藏分析为基础,结合导眼井钻井技术,充分考虑边底水对储层改造的影响,优选井位并确定水平段目的层(图5.32)。

2012年以后,根据剩余油分布特征及老井井况,R油田开始逐步推广侧钻大位移定向井、中长半径水平井,开窗侧钻分段改造关键技术6种侧钻挖潜方式在R油田应用24口井,共侧钻了10口水平井、14口定向井。基于侧钻井开窗风险、井壁失稳和地层井漏、地层可钻性差、岩屑床清除、钻具托压、高泵压等系列小井眼侧钻的钻井难题,通过多套"组合拳"实现小井眼开窗侧钻井的高效安全快速钻进和低事故复杂,平均钻井周期缩短10.56天和18.89%,复杂时效率低至0.26%。难动用储层侧钻井分段完井及分段改造的操作规范与流程,确保完井管柱一次性下入成功率100%,分段酸化封隔器坐封成功率

100%；完井一趟管柱完井工艺可以实现分层段测试，并可有针对性地对目的层进行储层改造。在没有随钻测井和中完测井的情况下，侧钻水平井油层钻遇率由 47.3% 提高到了 71.7%，水淹井比例由 25% 下降到了 10%。

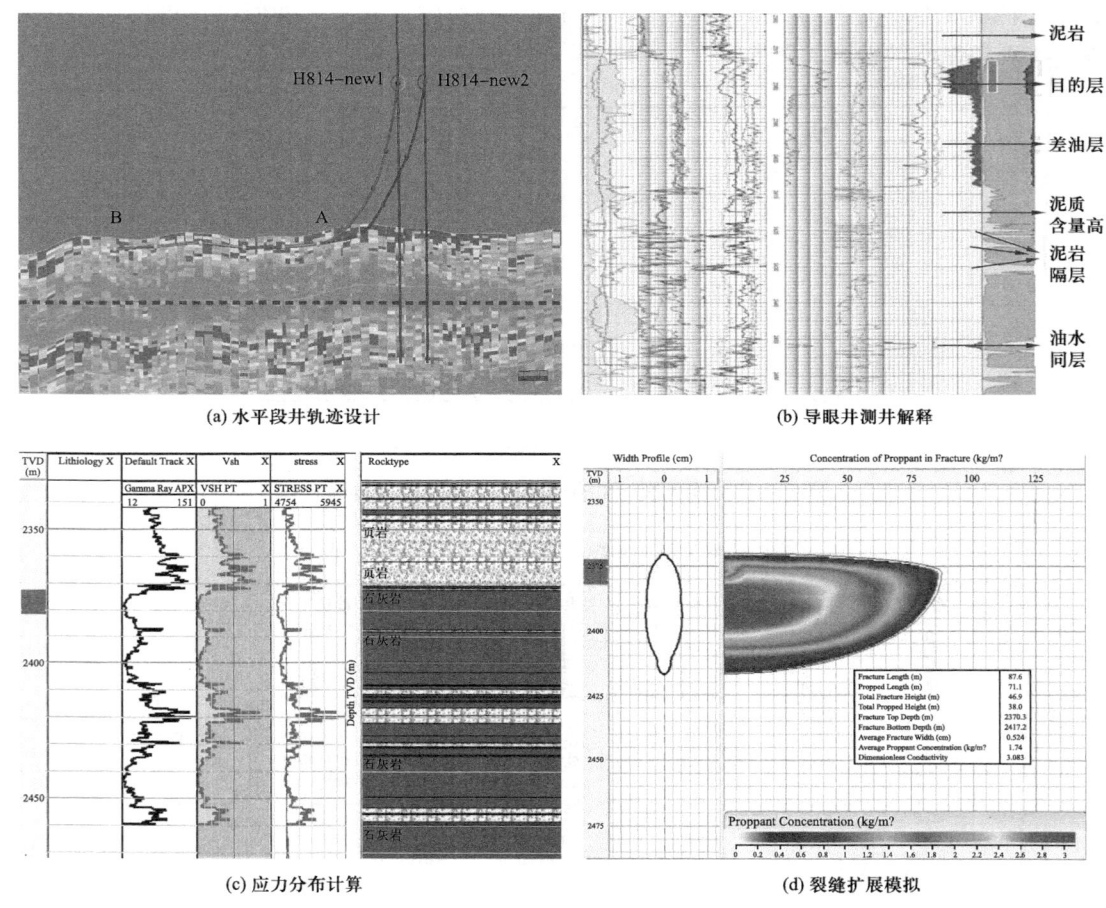

图 5.32　水平段轨迹一体化设计参考因素

侧钻水平井日增油由 14.9 t 提高到 19.7 t。侧钻井改造初期平均产量 23 t/d，并推广到周边油田，累计增油 $40.2×10^4$ t，侧钻增油效果显著。

另外，在钻完井技术上，还考虑到了薄储层中提高钻遇率。水平段越长，改造后的产量越高，但是油藏厚度平均只有 3.7 m，最薄只有 1.4 m，且油藏边部的构造及油层发育控制程度较低，层内非均质性较强，钻头随时有可能钻出油层，前期完钻水平井的平均水平段长度 366 m，平均钻遇率只有 38%，最低 11%。因此，为了提高油层钻遇率和储层改造的有效性，引入了旋转导向+随钻测井技术（图 5.33），实现了及时纠偏，保证水平井眼在油层中钻井。H8XX 井在实钻过程中根据地质录井、旋转地质导向综合信息，下达了 12 次井轨迹调整指令进行轨迹调整：（1）井深 2681 m 处，井斜由 90°下调到 89°；（2）2716 m 处，井斜下调到 88.5°；（3）2775 m 处，井上斜调到 89°~89.5°；（4）2832 m

处，井斜下调到89°；（5）2925 m处，井斜下调到88°；（6）2964 m处，井斜上调到90.5°；（7）3024 m处，井斜上调到90.5°~91°；（8）3031 m处，井斜上调到91.5°；（9）3062 m处，井斜下调到90.5°；（10）3084 m处，井斜下调到89°~89.5°；（11）3128 m处，井斜下调到88°~88.5°；（12）3181 m处，井斜上调到88.5°~89.5°。水平段长度达到1200 m，是之前的2~3倍，但钻遇率提高到了83.9%（图5.34）。

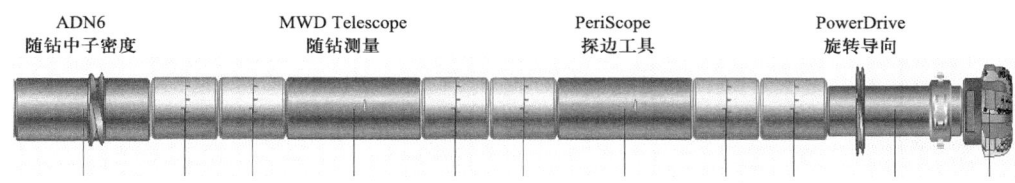

图5.33 旋转导向系统工具结构示意图

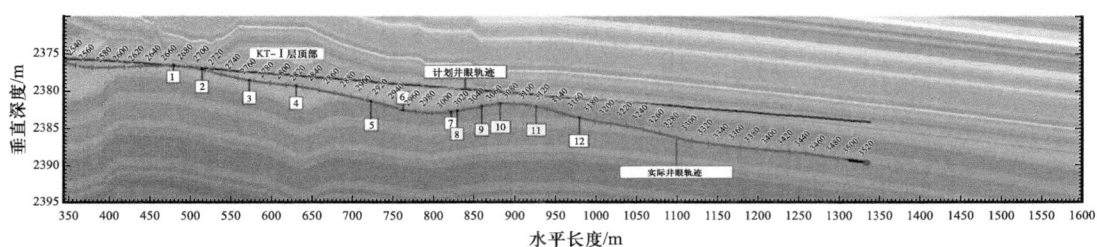

图5.34 H8XX井旋转地质导向油层钻遇情况

要确定水平井的井身结构及完井方式，要从钻井技术成熟、满足分段改造工艺需求、且改造工艺可选余地比较大、为可能出现的修井及找堵水等井下作业留下井筒条件等几个方面考虑，同时满足钻井、储层改造、采油工程和油田开发的需要。

为了实现水平段间的有效封隔，多举措提高水平段固井质量及抗射孔、压裂等作业冲击能力：通过在斜井段及水平段每根套管上下入螺旋滚轮扶正器，提高套管居中度（图5.35）；固井施工时，采用变排量顶替方式，始终控制循环压耗小于洗井时循环压耗；使用防窜增韧水泥浆体系（其组成为：G级水泥＋降失水剂＋早强剂＋复合纤维），提高固井水泥石的韧性及抗冲击能力（图5.36）。

5.2.4.2 裸眼分段完井、改造、投产一体化技术应用效果

水平井裸眼封隔器分段完井、改造一体化技术采用若干个遇油膨胀封隔器＋分段压裂滑套＋永久封隔器（或悬挂器）等完井工具实现分段完井的目的，结合分多段酸压改造工艺，达到有效改造非均质、长井段水平井，最大程度提高井筒沟通范围，提高单井产量和最终油井采收率。

低渗透薄层水平井分段完井分段改造系列技术于2013年3月开始先导性试验。水平井采用管外封隔器＋滑套分段酸压技术，分段数在4~5段，最早试验了H5147井和H4061井，其初期日产能达到直井的3倍左右。随后，完成了5口水平井的裸眼分段酸压改造，压后产量是周围直井的3.1倍。

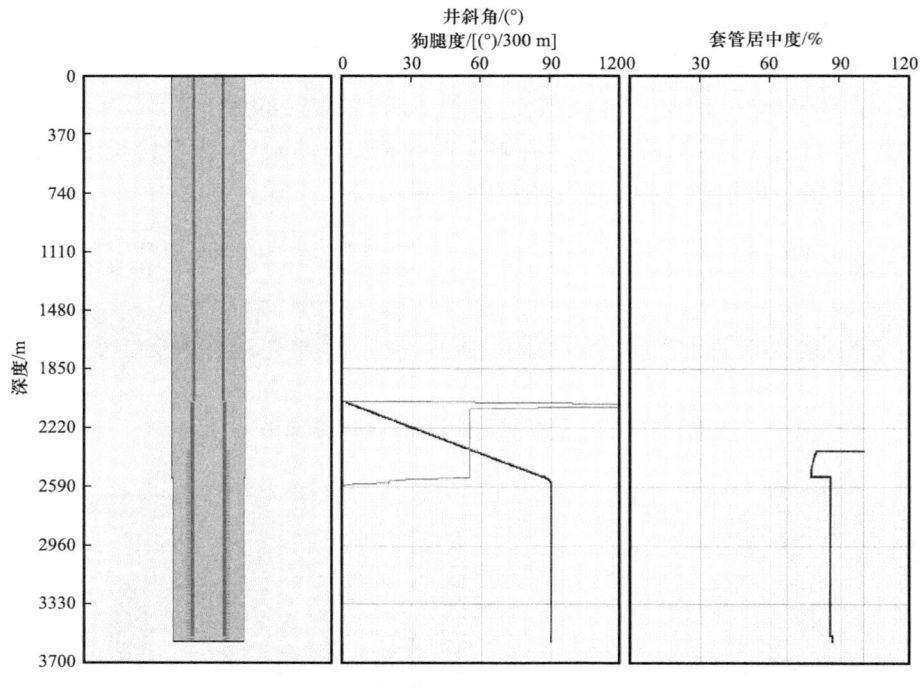

图 5.35 套管扶正器安放与居中度曲线

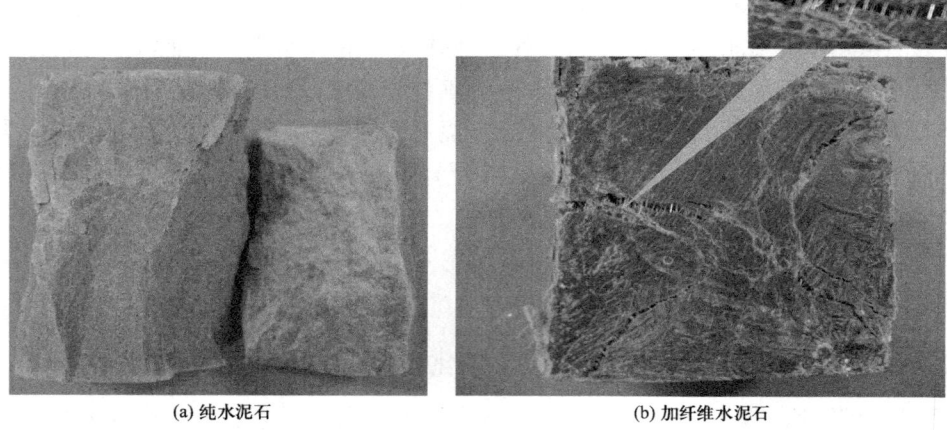

图 5.36 防窜增韧水泥浆体系抗冲击能力实验

2014 年后在该区块新部署水平井 16 口,均采用了分段完井、分段酸压和气举一体化,取得了好的增产效果,进一步加快这一区块的开发。

2015—2019 年,裸眼分段完井改造又实施了 33 口井,并且推广应用到侧钻水平井分段改造上。到 2019 年底,裸眼分段完井改造技术在油田已应用 53 口井,增产原油 72.6×10^4 t,平均单井增油 1.63×10^4 t,与相邻直井相比,水平井平均单井日产油是直井的 1.5~6 倍,平均 3.0 倍。

5.2.4.3 固井完井的侧钻井和长水平段水平井酸压应用效果

R 油田边部特低渗透难动用碳酸盐岩储层，储层压力不断降低、物性不断变差、储层有效厚度不断变薄、底水及气顶逐渐逼近油层等油藏变化情况严重制约油田稳定开发。针对以上储层特征和开发难题，在裸眼水平井应用的基础上，研究并形成了长井段水平井钻采一体化技术。该技术的指导思想是以效益开发为目标、确立了以"储层改造引导部井、钻完井、匹配油藏特点"，达到"稀井高效，少井高产"目的，实现难动用储层的高效开发。

针对目的储层非均质性强、孔渗差异大，套管固井完井、水平井段长、分段级数较多、施工规模大等特点，经工艺优选，采用了连续油管带底封拖动分段压裂改造方式。依靠底部封隔器实现上下段的隔离，同时依靠连续油管对封隔器实现重复解封、上提、坐封、喷砂射孔、环空加砂等作业，实现连续施工的工艺方法。施工结束后连续油管可留在井内作为生产管柱或者气举管柱，避免压井作业，也可提出井筒，根据生产需要重新下入生产管柱。主要目的是实现储层均匀改造，满足产能最大化要求，并为后期测试、找堵水等作业创造井筒条件。

压裂设计以产能为目标函数，通过数值模拟，同时考虑水平段非均质性，对酸压参数进行了优化，主要包括水平段数、段间距、裂缝参数、改造规模、施工排量及压裂等施工参数。最后，得出不同物性区域分段压裂水平井改造方案优化结果。

长井段固井射孔分段完井改造技术，2016 年开展了第一口井 H814 井的现场先导性试验，是中国石油海外第一口水平井地质工程一体化作业井，水平井固井完井 + 连续油管水力喷射酸压技术均是第一次应用。该井水平井段长 1003 m，距底水最小为 37 m，水平段物性较差、非均质性很强，为有利于以后的生产作业，采用套管水泥固井，实现了 15 级酸压施工。共注入酸液量 1 536.7 m^3；共使用 20/40 目射孔石英砂 13.0 m^3。投产后产油在 100 t/d 以上，是周围直井的 4~5 倍，最高日产达 114.7 t，含水率小于 2%，当年累计产油超过 1×10^4 t。

截至 2019 年 10 月，该技术在油田两大开发层系 KT-Ⅰ 和 KT-Ⅱ 都成功应用，累计完成了 24 口井的施工，累计产油 32.4×10^4 t，平均单井初期日产油 56 t，后期稳定在 31.3 t，是构造边部致密、薄层单井平均产量的 3~6 倍。其中 5138 井实现连续油管带底封突破 27 段酸压酸化改造，创造了中国石油海外酸压分段数第一的纪录，充分体现了储层改造与地质油藏、钻完井和采油的融合，也获得了显著的增产效果，实现了难动用储量的有效开发。

在现场应用的 24 口井施工中创造了中国石油海外多项第一：第一次实施带底封的连续油管拖动分段酸压施工，第一次在碳酸盐岩油气藏开展地质工程一体化作业，第一次将水平井分段酸压改造应用到 27 段，第一次在碳酸盐岩油气藏实施滑溜水辅助酸液造缝现场应用，成功完成了第一口阶梯水平井的固井分段酸压。

水平井连续油管喷砂 + 底封拖动分段酸压技术解决了油田石炭系水平井油藏储层薄、

连通性差、储层非均质性强、边底水关系复杂、初期改造效果差等难题，实现了储层的精细改造，现场应用水平井开发效果取得了历史性突破。有效支撑了阿克纠宾项目连续10年稳产千万吨以上水平。8%的孔隙度是有效油层标准的下限，通过水平井分段酸压工艺对储层的改造，将这一下限值下降到4%，增加可采储量超过 2900×10^4 t。

5.3 开发效果

R 油田经历了早期的快速开发后，2016—2019 年，采用了气举系统效率优化技术、分层酸压技术、水平井分段改造技术，以及同心管分注技术的综合治理与应用，保障了开发的顺利实施，保持了平稳的采油速度，含水率也由上升变成缓慢下降趋势，油田油量递减率较为平稳，保障了开发的稳产。

（1）采油速度较为平稳。

油田 2021 年采油速度 0.27%，同比上升了 0.01%，主力油藏 Гc 采油速度由 0.39% 上升到 0.40%；Дю 油藏采油速度由 0.31% 下降到 0.28%。

（2）油田含水率呈下降趋势。

油田 2021 年综合含水 44.7%，与去年同期对比，下降了 6.0%，主力油藏 Гc 年综合含水率由 53.5% 下降到 47.5%，Дю 油藏年综合含水率由 37.4% 下降到 36.4%。

（3）油田油量递减率较为平稳。

油田 2021 年自然递减率减缓由 2020 年同期的 21.3% 下降到 11.3%，综合递减率减缓由同期的 20.1% 到 9.0%，与 2019 年生产相比，油量自然递减率和综合递减率较为稳定，油量自然递减增加 0.3 个百分点，综合递减率保持一致。2020 年 1—8 月受疫情、限产等影响，导致 2020 年递减率异常；2021 年措施增油量高于 2020 年同期措施增油量。

（4）油藏地层压力保持稳定。

各油藏静压与 2020 年对比，基本稳定变化范围在 $-3.1\sim3.6$ kg/cm² 之间。

参 考 文 献

[1] 范子菲, 宋珩, 等. 海外碳酸盐岩油气田开发理论与技术 [M]. 北京：石油工业出版社, 2019.
[2] 赵伦, 李建新, 李孔绸, 等. 复杂碳酸盐岩储集层裂缝发育特征及形成机制——以哈萨克斯坦让纳若尔油田为例 [J]. 石油勘探与开发, 2010, 37（3）: 304-309.
[3] 何伶, 赵伦, 李建新, 等. 碳酸盐岩储集层复杂孔渗关系及影响因素——以滨里海盆地台地相为例 [J]. 石油勘探与开发, 2014, 41（2）: 206-214.
[4] 宋珩, 傅秀娟, 范海亮, 等. 带气顶裂缝性碳酸盐岩油藏开发特征及技术政策 [J]. 石油勘探与开发, 2009, 36（6）: 756-761.

6 技术展望

能源始终是经济社会发展的动力,面对当前复杂的全球政治经济环境,作为能源领域的重要支柱,油气行业仍然承担着艰巨的历史使命。随着中国油气消费对外依存度逐年攀升,合理利用海外油气资源缓解国内能源需求压力的责任越来越重。与此同时,全球气候治理进入碳达峰、碳中和加速转型阶段,低碳发展和能源转型的大趋势下,资源国对环境保护的要求越来越严格,油气开发即需要面对与新能源在成本、高效、智能化方面的竞赛,也需要面对低碳、绿色和环境友好方面的挑战。

海外油气田需要在高速开发中后期的老油田、正在开发的油气田中确立稳油控水、智能化、绿色低碳三大目标下的技术路径,持续通过技术创新和升级,破解开发难题,提高采油速度和合同期内的采出程度,实现效益最大化。本章针对海外油田开发状况和发展趋势进行了阐述,提出了面临的难题、需求和进一步应用推广的新技术。

6.1 海外油田开发发展总体趋势

6.1.1 海外油田总体开发状况

随着全球油气勘探开发进程的加快,剩余油气资源的分布越来越不均衡,陆上常规油气田的发现日益减少,世界油气勘探向深水海域、深部地层、高纬极寒和非常规油气等领域转移。自2015年以来,世界油气探明储量、产量稳步增长,但新发现的油气储量主要来自深海、深层和非常规的页岩油气、致密油气,陆上常规油气储量、产量持续缓慢下降。

油田开发面临着对象日益劣质化、地下地面条件更加复杂化等问题。对于陆上常规油田,经过高速开发大多已进入开发中后期,含水上升速度和产量递减加快,如何延缓递减、提高采收率成为关键。对于陆上低渗透、超重油和油砂等,储量占比大、经济性差,需要通过技术创新实现高效开发,提升开发效益。对于深海油田,推动海洋工程、钻井、压裂等开发技术的提升,实现这些油田的开发动用十分重要。

6.1.2 海外油田开发发展趋势

在世界能源转型和新能源逐步兴起的过程中,油田开发将会通过技术进步,一方面大幅度降低现有老油田开发生产成本,保持对新能源的成本优势;另一方面,随着原油剩余可采储量分布向非常规超重油和油砂油田、页岩和致密砂岩油田、深水海上油田等倾斜,油田开发将由以陆上常规油田为主,逐步向多领域扩展,呈多元化发展。

（1）陆上常规油田提高采收率。

陆上常规油田包括常规砂岩油田和碳酸盐岩油田，近年来新发现的大型油田越来越少，产量呈逐年下降的趋势。陆上常规油田提高采收率，是未来油田开发最重要的方向。由于原始地质储量规模大，提高采收率潜力大，采收率每提高1%增加的产量都十分可观。

（2）陆上低渗透油田有效开发。

陆上低渗透油田发现油田个数多，累计储量较大，已投入开发油田效益较差，未来通过储层分析、甜点识别、储层改造等技术的进步，可推动该类油田的有效开发。

（3）超重油油田和油砂的有效开发。

超重油和油砂储量主要位于委内瑞拉和加拿大，储量较集中且规模大，受低油价和开发技术瓶颈的限制，大部分储量尚未动用。随着技术的进步，将有效提高这类油田的开发动用程度。

（4）陆上非常规页岩和致密砂岩油田的开发。

近年来随着水平井钻井和水平井体积压裂技术的不断进步，这类油田的开发实现了快速发展。未来在适当油价水平下，预计其产量占比仍将缓慢提升。

（5）深海油田的规模有效开发。

随着近年大西洋两侧及印度洋西侧被动大陆边缘盆地深海不断获得油气发现，以及海洋工程、装备和钻井技术的进步，深海油田的开发技术上不断成熟，经济性逐渐变好，使该类油田的开发变得越来越重要。

6.1.3 海外油田开发难题

（1）高速开发中后期老油田水驱效益挖潜遇到挑战。

高速开发中后期老油田在未来的开发中主要面临如下挑战：高含水老油田产量快速递减，油水井规模数量和开发成本逐年攀升；剩余油分布复杂，常规使用的重复压裂、调剖、堵水等增产措施效果逐年变差；老油田普遍拥有大量老旧设备，故障率高、维护成本居高不下；高含水、套损等原因导致的关停井数量巨大，治理效果不理想，造成油井资产和地下资源的闲置浪费。

（2）高速开发中后期老油田开发方式转型过程中工程技术受限或不完善。

加大水驱注采井网治理和重构力度，加快化学复合驱、多元热力驱、多介质气驱等提高采收率技术的工业化进程，是破解老油田"提速大、增储小、稳产难"困局的关键途径。在国内，化学复合驱、蒸汽辅助重力驱、注空气火驱工程等工艺技术基本成熟配套，气驱技术［包括CO_2混相驱、烃气驱、氮气/减氧空气（泡沫）驱等］取得重大突破。但是，海外油田由于受合同周期和专业人员数量的限制，有些技术不能直接推广，有些技术需要进一步向智能化的方向完善。

（3）非常规资源开采成本居高不下，产量接替与效益开采矛盾突出。

非常规资源储层改造成本偏高。深层、页岩油气和特殊岩性油藏开发中，早期开发井的井间距、簇间距大，井间及缝间剩余储量动用面临挑战，智能化精准化和远程控制等降成本手段有待改进。

举升工艺不完善。水平井压裂后普遍存在初期产量高、短期内产量快速递减现象，国内缺乏满足不同生产阶段排量需求的单套举升设备，而宽幅电泵故障率仍偏高。

采油采气装备运维成本偏高。非常规资源中高温、高压、腐蚀气体含量高等复杂工况普遍，造成采油采气工程装备故障率偏高，系统运维支出较大。

6.2 开发技术需求展望

海外油田开发在稳油控水、智能化、绿色低碳三大目标下，需要多措并举依靠技术进步，提高采油速度和合同期内的采出程度，尽快回收投资并实现效益最大化。针对油气开发技术的需求将包括但不限于储层分析与三维地质建模，增油控水和提高采收率，储层改造动用非常规油气，信息化和智能化推动业务重构，跨学科攻关实现油气生产绿色低碳等。

（1）储层分析与三维地质建模技术。

储层分析与三维地质建模的技术关键在于对储层特征与分布的认识、对剩余油分布的表征、对非均质特征与甜点分布的识别。它是实施其他技术的基础和前提，依托大数据、人工智能的发展，将沉积相分析与三维地震、测井、实验、开发动态等信息的高度综合，搞清储层特征、空间展布、连通程度、裂缝发育等，从而采取针对性技术措施，改善油田开发状况，提升开发效果。

（2）增油控水和提高采收率技术。

增油控水和提高采收率技术主要包括智能化分层注水、高效举升、防腐防垢、注气驱油、堵水调剖、化学驱、纳米驱和微生物采油技术等。

智能化发展为"注好水"创造了条件，智能分层注水根据油层特征针对性划分注水层系，实时监测各注水层注入压力、注入量等参数，可通过地面无线或电缆控制系统实现远程实时调整井下分层流量、压力的同时为油藏开发动态分析提供连续、精准的数据，可保证有效提高水驱效果和纵向储量动用程度。

高效举升包括抽油机、螺杆泵、电潜泵、电潜螺杆泵、气举等的提高效率和降低能耗，以及应对低渗透、稠油、高含水等复杂油藏的间歇式举升、工况诊断及智能优化等。

防腐防垢是海外油田越来越严重的问题。油田注入水包括了生产污水、地下浅层高矿化度的水和河水等，这带来了地面地下金属管腐蚀结垢的隐患，全生命周期的经济高效腐蚀管理方案是重要的需求。

注气提高采收率使用的气体包括烃气、二氧化碳和氮气等，与智能储层预测和三维地质建模技术结合，适用于潜山油藏、灰岩裂缝油藏、低渗透油藏和特高含水油藏的提高采收率。

堵水调剖是老油田综合治理的必要手段，结合油藏地质三维建模，可以延长老油田的生存周期；化学驱、纳米驱和微生物驱技术近年来发展较快，逐步应用于老油田注水开发后进一步的挖潜和提高采收率。

（3）储层改造动用非常规油气技术。

非常规油气资源丰富、潜力巨大，储层改造技术是非常规油气效益开发的核心利器。针对低渗透、特低渗透砂岩和碳酸盐岩油藏开发以及非常规油气的动用，越来越离不开储层改造技术。水力压裂技术对页岩油气和致密砂岩油气的开发，改变了传统油气藏的概念。海外油田在以往高速开发动用中，较好品质的储量占比例高，但留下来的低渗透、特低渗透依然是待开发的资产，新项目获取中非常规油气资源也会占一定的比例，所以储层改造在海外油田的需求会越来越多。

为保障非常规资源的产量接替和效益动用，需要突破工艺、材料和设备技术界限，攻关低成本压裂工艺、压裂材料和配套工具，优化压裂设计方案，提高非常规油气藏储层改造效果，进一步延长非常规资源的储层改造有效期，降低增产措施成本。包括钻井过程中的油层保护和快速钻进、符合储层改造需求的完井方式、清洁作业、带压作业、缝网压裂、体积改造、以"长井段水平井完井 + 小簇间距多簇射孔 + 分段压裂 + 暂堵转向 + 石英砂替代陶粒"为核心的第二代强化体积压裂新技术等。

（4）信息化和智能化推动业务重构的相关技术。

面对后疫情时代全球经济持续低迷、能源转型势在必行的新形势，油气行业的数字化转型、信息化和智能化发展是摆脱困境的重要途径。

海外油田开发技术必须深化业务需求与信息技术的融合，加快油气井物联网建设和智慧油气田建设步伐，驱动油气田开采业务模式和管理模式重构，实现降本提效和高质量发展，推动油气行业的转型升级和核心价值增长。建立海外油田多业务数据共享平台，开发基于数字孪生和区块链技术的智能注采系统、采油采气生产运维系统，整合数据资源，优化重构业务流程，形成油藏、采油、信息等多专业协同、数据安全共享的油气开发管理大平台。

（5）跨学科攻关实现油气生产绿色低碳的相关技术。

在绿色低碳方向上，一方面海外油田开发亟需强化油气开采过程中的能源消费强度和总量双控，持续削减二氧化碳排放；另一方面应加快建设CCUS（Carbon Capture, Utilization and Storage）示范区和多能互补示范区。利用多能互补技术改造油井、气井、水井动力系统，实现油气田生产过程零排放。研发以单井、井组为单元的井场智能供电模式，有效解决开发与节能、绿色低碳的协调关系，有效降低投资成本，实现低碳供能。利用油改电技术对高能耗装备进行节能改造，实现油气田维护过程零排放。重点开展内燃机驱动修井机、压裂机组、钻井泵等设备的油改电应用。利用CO_2采油技术实现提高原油采收率和CO_2的有效埋存。攻关CO_2分层注入等技术，有效提高非常规原油采收率。提高CO_2压裂技术水平，减少储层伤害和措施能耗，提高开采效率，同时实现CO_2的永久地质封存。

6.3 具有海外油田推广价值的工程新技术

为实现开发目标和绿色发展目标，推广一批具实用适用价值的钻采工程技术是重要的保障，包括智能完井技术、鱼骨刺完井增产技术、精细智能分注分采技术、调流控水和高矿化度水的化学堵水调剖技术、高效举升和节能降耗技术、防腐防垢管材和内涂层技术、清洁作业和带压作业技术、针对注水井一步法酸化解堵技术、低模量碳酸盐岩加砂压裂技术。

6.3.1 智能完井技术

1）基本概念

智能完井（Intelligent Completion/Smart Completion），井下安装永久型压力、温度、流量等传感器，地面可控井下阀门，穿线式封隔器，液流测控装置，井下通信系统等，使作业者不需物理干预就能进行遥测与遥控以及远程优化生产的先进完井方法，智能完井后的井才是智能油气井。

智能特征体现在由传感器采集到的信息经过数据处理与数据解释（各个层段产量、含水率、渗透率等）后输入油藏模型进行实时拟合并更新油藏模型（实现油藏实时动态监测），再通过生产优化控制策略制订出各个流量控制阀的最优开度组合，给流量控制阀以开度指令，从而调控液流流动方向、流量、关闭或打开，整个工作过程形成一个完整的闭环控制，智能完井技术闭环工作流程。

2）发展历程

当前，国外主要拥有智能完井技术的公司以哈里伯顿公司（Halliburton）、贝克休斯公司（Baker Hughes）、斯伦贝谢公司（Schlumberger）和威德福公司（Weathford）四家公司为主。Halliburton公司的智能完井技术以液控式为主，Weathford公司智能完井技术以光学-液控式为主，贝克休斯公司和斯伦贝谢公司除了液控式智能完井技术还开发出了全电控智能完井技术。

相对于液控式智能完井（至少需要两根 1/4 in 液控管线与一根 1/4 in 电缆，至多控制 12 个生产层段，且需要单独配套井下监测系统），全电控智能完井只需要一根 1/4 in 电缆可以控制与监测无限个生产层段，可以最大程度减少井下管线和连接接头的数量，简化系统的安装并提高其可靠性。因此，全电控式是智能完井技术当前主要研究方向。

3）主要工作流程

智能完井系统组成包括：液压/电控/液电混合的流量控制阀，控制储层的开启、关闭或节流；封隔器，封隔储层，避免高压油气窜层；永久式井下传感器，监测井下储层温度、压力、流量；井下控制管线，传达地面控制系统指令，传输井下数据信号；地面分析和控制系统等。

4）技术应用情况

采用智能完井技术的油、气、水井将近 2000 口，使用范围从开发后期的老油田到对技术要求苛刻的深水油气田，智能完井应用类型包括采油、注水、注气、气举和采气等多种类型（图 6.1）。智能完井技术为石油资源提供了一种更智能化、更灵活可变的管理，将成为 21 世纪石油工业的一项重要技术。

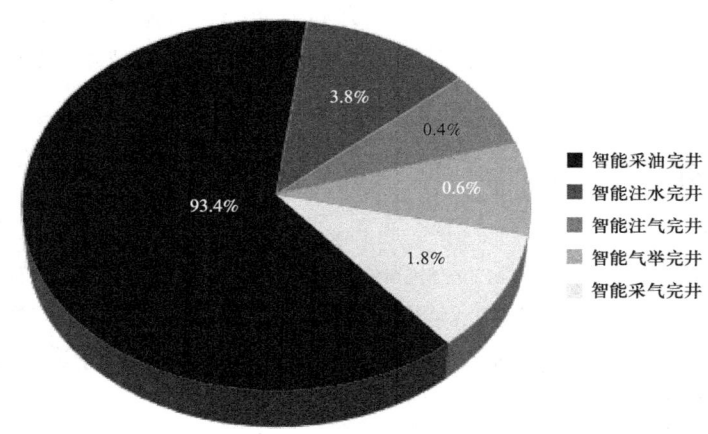

图 6.1　智能完井技术应用情况

6.3.2　鱼骨刺柔性管完井增产技术

1）技术介绍

鱼骨刺柔性管完井技术是由挪威 Fishbones AS 公司于 2009 年提出的一种裸眼尾管完井增产新技术，能有效沟通油藏和井眼，达到提高产量的目的。其第一代鱼骨刺柔性管成熟产品——鱼骨刺中空针状柔性管系统（Fishbones T M），基于射流原理研发，在井底的结构恰如鱼骨刺。后续研发了微型水力钻头旋转破岩和自推原理的鱼骨刺旋转水力锚（Backbone T M）。

鱼骨刺柔性管完井的关键工具包括长 900 mm 的鱼骨刺短节和安装在鱼骨刺短节内并且可以单向移动的 4 支长 12 m 的柔性分支管（图 6.2）。鱼骨刺短节、柔性管与尾管等装置一起下至裸眼井段内，理论上一次作业能安装 100 个鱼骨刺短节。柔性分支管除前部的喷嘴安装在鱼骨刺短节内，大部分预置在与鱼骨刺短节连接的尾管里面。通过地面泵入流体对尾管增压，一方面流体通过柔性分支管前部的喷嘴进行水力喷射钻进，另一方面由于尾管内柔性分支管截面与喷嘴出流截面存在压差，柔性分支管被推出鱼骨刺短节进入地层。作业完成后柔性分支管留在喷射形成的分支井眼中，对于断层或者层理发育的储层，可以控制柔性分支管的走向，钻穿层理或裂缝，油气通过柔性分支管及分支井眼流入主井眼。对于碳酸盐岩储层，以酸液为钻井液，既可以提高钻进速度，又可以提高储层的导流能力。

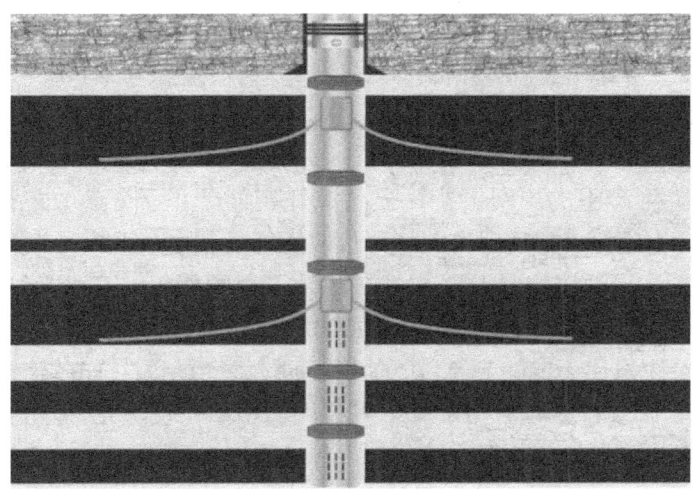

图 6.2　鱼骨刺中空针状柔性管系统

对于非碳酸盐岩储层，可以在钻井液中加入一些磨料，以起到辅助破岩、提高钻井速度的目的。鱼骨刺柔性管还能够在碳酸盐岩储层喷酸，这样一个技术，能够让酸的作用距离更远。还有，根据储层需要来设计和安装鱼骨刺的位置还能做到选择性深度/重复酸化。鱼骨刺柔性管完井施工流程简单，不需要进行固井、射孔、洗井等作业，施工时间短，且不需要压裂车组和压裂液，无须返排压裂液，可以缩短完井时间和成本。与其他技术比，普通水力喷射的喷嘴在套管内或井壁工作，形成有效通道距离短。水力喷射径向钻井有效距离长达百米，但每次只有一个方向一个通道。鱼骨刺柔性管形成有效通道的方向条数多，但作用距离有 12 m，形成的分支井眼其长度和井径均较小。

2）案例和效果

鱼骨刺柔性管完井在中东阿曼碳酸盐岩裂缝性储层的一口老井上实施鱼骨刺酸化获得了良好效果。该井是 2014 年完钻，之前 3 次常规酸化效果不好，基本没有产量。采用鱼骨刺柔性管完井后，产量大幅度上升。2022 年，在阿拉伯联合酋长国阿布扎比的某低渗透碳酸盐岩油藏使用鱼骨刺柔性管完井获得高产。该油藏埋深 9825 ft，有效厚度 80 ft，原始含油饱和度 65%，油藏压力 4899 psi，泡点压力 1505 psi，地下原油黏度 0.87 mPa·s，孔隙度 11%，基质渗透率分布在 0.1 mD 和 1 mD 之间，属于低渗透致密油藏。目标层段裂缝发育程度普遍较高，以高角度缝为主。施工设计考虑了差异化方案，在储层条件相对较好的层段段下入 10 个生产短节，实施常规酸化，对较致密的层段采用 20 个喷射短节，每根短节各携带 4 根柔性管，以提高各层生产能力。施工投产后单井日产量稳定在 2100 bbl，为低渗透致密油藏的成功开发提供了可靠的增产技术借鉴。

6.3.3　智能分注分采的发展和注采联动技术

1）智能分注分采与注采平衡的概念

分层注水与分层采油是提高海外油田采收率的重要手段之一。

智能分注水技术，是在每个注水层位上均装有一个智能配水器，层间用封隔器隔开。长期监测井下流量、温度、注水压力和地层压力。实时监测每层注水量的大小，并自动控制阀门开度，将注水量控制在允许的误差之内。包括有缆和无线控制两种类型。

智能分层采油技术，是在每个采油层安装井下智能配产器，层间用封隔器分开，实现分层测控，解决生产中的层间干扰，提高单井产量。井下全参数包括油层分层压力、温度、产液量、含水率等参数实时监测，可接收智能终端命令，执行生产优化措施。

注采平衡就是注入油层水量与采出油量的地下体积相等。拿水换油，这显然是比较理想的状态。随着油田开采时间的延续，油田的采出程度不断提高，导致油层的亏空现象比较严重，如果注采比不能达到1∶1的情况下，就会导致注采的不平衡。采得多，注得少，就不能满足水驱开发的需要，对注采井网调整的难度会逐渐增大，无法实现新的水驱的设计，很难达到最佳的效果。

2）注采联动技术

注采联动系统由水井精细化智能分注系统、油井精细化智能分采系统和数字化智能生产优化决策中心三部分组成。

与单独的智能分注、智能分采各行其是不一样之处在于，智能联动多了一个数字化智能生产优化决策中心，即把分层注水和分层采油相结合，将大数据和AI技术融入智能注采系统全过程，进行数据分析，建立数学模型，改善注采结构、优化注采方案、提高注水开发效果、控制无效采出水、减排增产、提高采收率。

注采联动技术智能生成单井以及区块的最佳配水方案，并自动控制配水量；智能计算油水井连通系数及井组各层段注采关系，自动识别水流优势通道，指导调剖堵水措施；预测油井油产量和水产量，定量评价区块各层段注水效果；更加精确地评价分注的有效性，充分发挥分注工艺的价值；实现各层均衡开发，最大限度地降低层间干扰，提高注水利用率及油藏采收率（图6.3）。

图6.3 注采联动技术示意图

注采联动的核心是数字化智能生产优化决策中心，应用于至少两个采油井、一个注水井之间，采油井处于注水井的注水辐射范围内。运用神经网络算法，对井况进行分析，利用大数据多元线性回归分析方法建立一个网状连通性系数估计模型，对井组地下各层注水的分层水井/油井连通性指数进行估算，选择最佳分配注水方案，达到最大油井采收率（图6.4）。

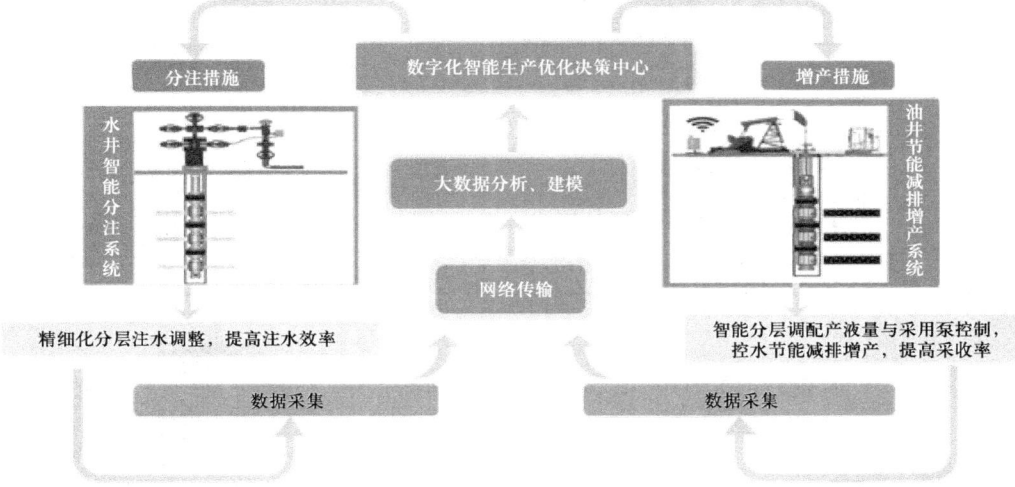

图 6.4　智能分注分采技术

6.3.4　新型 ICD/AICD 控水技术

国外各大油气服务公司的 ICD/AICD 产品内部结构各有不同，包括通道式、喷嘴/孔板式和混合式等。通道式 ICD 是通过增大过流摩擦阻力的方式限制流体流动，包括曲径通道式（labyrinth-channel type）、螺旋通道式（helical-channel type）和管束通道式（tube type）等；喷嘴/孔板式 ICD 是通过减少过流面积的方式限制流体流动。包括喷嘴式（nozzle type）和孔板式（orifice type）两种。混合式 ICD 是为了克服螺旋通道式 ICD 受黏度影响的缺点，由贝克休斯公司提出来的，由一系列带有流槽的隔板组成，每个隔板上有两个相隔180°的流槽，相邻隔板之间的流槽相隔90°，从而形成了一系列迷宫式的流体入口。混合式 ICD 相比喷嘴/孔板式 ICD 的过流面积更大，降低了冲蚀和堵塞风险，且过流压降受黏度影响小。

AICD 可以根据调节限流强度的机理不同，分为三种类型，浮力调节式、膨胀调节式和水力旋转式。浮力调节式相选择自适应 ICD 是利用活动机构在不同流入流体中所受到的浮力差异来调节内部限流就够的开度，包括挡板阀式（flapper type）、浮球式（ball type）和阀盘式（disc type）；膨胀调节式是通过在 AICD 单元腔室中加入某种遇水膨胀材料来达到根据流入流体相改变自动调节内部限流结构开度的目的；水力旋转式选择自适应 ICD 通过流体二极管控制流入流体从 AICD 单元腔室进入到基管内部，不含任何移动部件也不需调整其下井的方向，根据流入流体的性质自动分配流入直线和发散两种类型通道的路径（图6.5）。

ICD类型	结构示意图	AICD类型	结构示意图
喷嘴型ICD	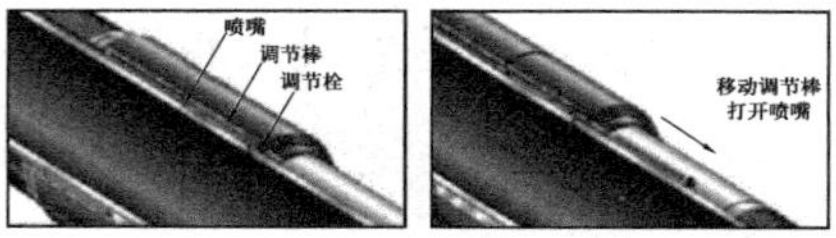	旋流式AICD	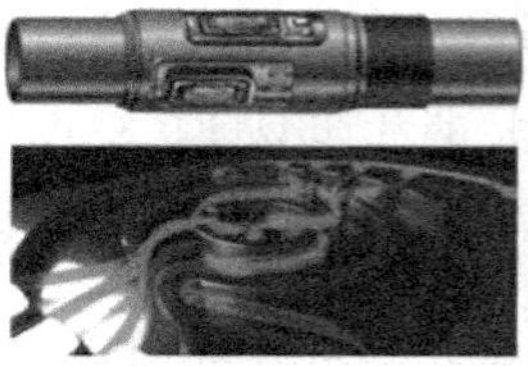
管束通道式ICD		圆盘式(浮动阀片式)AICD	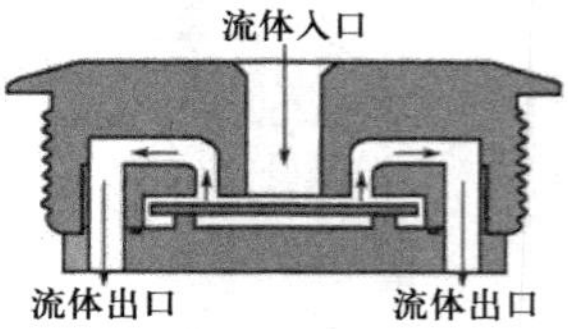
螺旋沟槽式ICD		挡板阀AICD	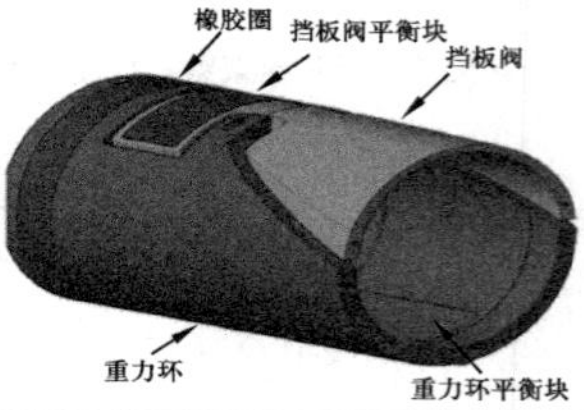

图 6.5 井下控水工具 ICD 和 AICD 结构示意图

目前应用比较多的是水力旋转通道式，其内部结构采用黏性力和惯性力的差异分别实现对油、水的动态自动控制。采用主路通道和支路通道的设计实现对油、水的选择性智能控制，减少相互干扰。油通过主流通道和支路通道在圆盘中心汇聚，水在主流通道进入圆盘后高速旋转增大阻力。圆盘中心的挡板起到调整平衡流动作用，调整水流旋转。最终形成了油流动、水流动的综合控制调流结构，实现对油、水两相动态控制（图 6.6）。

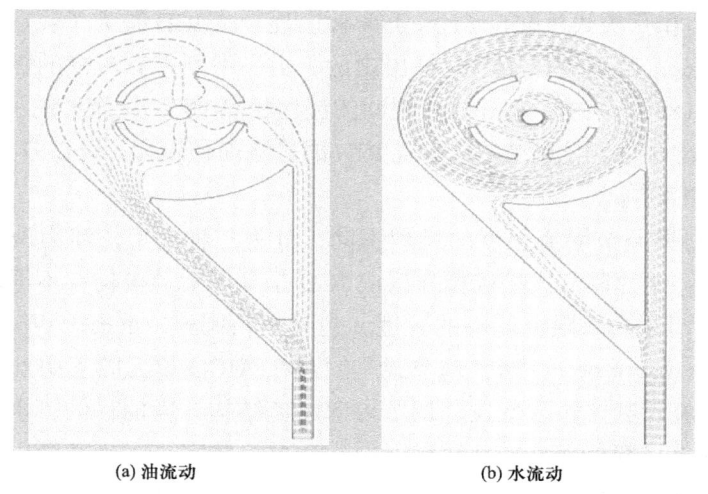

(a) 油流动　　　　　　(b) 水流动

图 6.6 水力旋转式 AICD 示意图

ICD/AICD+砾石充填的一个应用实例是西非加蓬 Etame 油田。贝克休斯公司和哈里伯顿公司都应用过 ICD/AICD+滑套的技术来克服单独使用 ICD/AICD 对于水突破后无能为力的缺点。中国石油大学（北京）的连续封隔体+ICD/AICD 技术是国内自主研发，通过限制最高流量，实现无级封隔，全水平段限制轴向窜流，全井段不找水，控水而不限油的方法在全井段设置合理的每米天花板流量实现大幅度降水（图 6.7）。

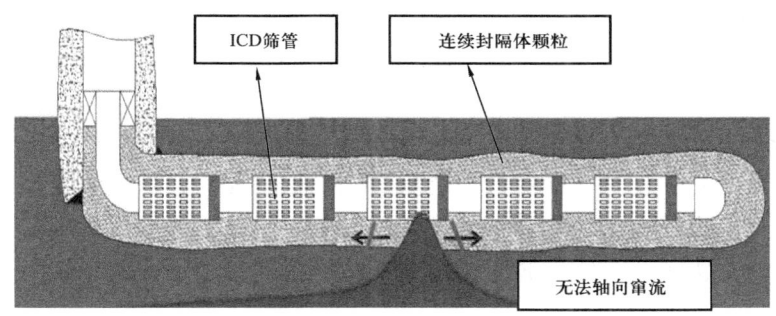

图 6.7　水平井 ICD 和连续封隔体分段控水示意图

6.3.5　高效举升和节能降耗技术

机械采油是生产投资和设备维护的主要领域，也是节能减排、降本提效的重点挖潜对象。延长检泵周期和高效节能举升技术是利用井下或井口传感器实时监测、运行参数调整和工况诊断的机采井智能控制和诊断技术，保证油井在最佳工况下开采运行，有效延长检泵周期，有效提高泵效率。主要包括抽油机智能控制技术、智能气举远程控制技术和智能间歇/柱塞气举技术、电潜泵/螺杆泵举升工况智能诊断技术。

1）抽油机智能控制技术

随着低产低效井的增加，20 世纪 90 年代以大庆油田和长庆油田为代表的国内油田开始实施油井间抽生产，主要经历了人工间抽、自动间抽和智能间抽三个阶段。"十三五"期间，中国石油重点开展低产低效抽油机井控制柜智能化改造，形成多种模式的智能间抽技术，实现液面精准控制、井筒和地面安全生产。近年来机采系统数字化快速发展，抽油机井形成了示功图和电参两种物联网建设模式，无杆泵井从采集地面电参发展到采集井下温压数据，中国石油采用物联网建设模式的井已经达到 2020 年的 9.81×10^4 口。

抽油机智能高效间抽技术是针对地层能量不足的情况，连续生产即使采用最小生产参数也无法实现供排协调，以油藏和井筒的耦合为基础，通过抽油机数据的实时感知和数据分析优化生产参数，形成的油井智能间歇生产模式，来提高生产时率、降低人工成本的一种抽油机优化调参技术。针对低压低产井或部分因地层能量不足的关停井，间抽是低产井提效降耗的有效手段。

闭环智能间抽是按照"工程地质一体化"理念，基于供排协调理论，在现有完备的物联网配套基础上，确立了以群控云计算模式为主的技术方向，实现油井智能间抽的低成本集中管控。

不停机间抽是曲柄以整周运行与摆动运行组合方式工作，将长时间停机的常规间抽工艺改为曲柄低耗摆动、井下泵停抽的不停机短周期间抽工艺。其特点是摆动控制在杆柱运动的弹性变形范围内，停泵不停机；由人工启停转变为全过程无人值守自动优化运行；短周期高效间抽，流压稳定，提高系统效率；杆柱运动时间减少，延长检泵周期。

主要功能模块及设备由曲柄位置传感器、电动机转速传感器、三相电参监测传感器、智能控制器、触摸液晶显示屏等（图6.8）。其中曲柄位置传感器安装在对应光杆下死点的曲柄位置处，监测每个冲程内下死点所对应的曲柄位置。电动机转速传感器安装在电动机尾轴上，针对电动机转速进行实时高精度监测。电参监测传感器安装在控制箱内部，实现电参静态数据的采集。智能控制器实现数据采集处理、运行参数的运算处理以及运行指令的运算和下达等作用，能够控制整周运行与摆动运行，采集的数据主要包括三相电流、三相电压、有功功率、无功功率、功率因数、电流平衡度、功率平衡度、累计电量、故障报警、充满度、频率、冲次、摇摆幅度以及相关的数据图表等。

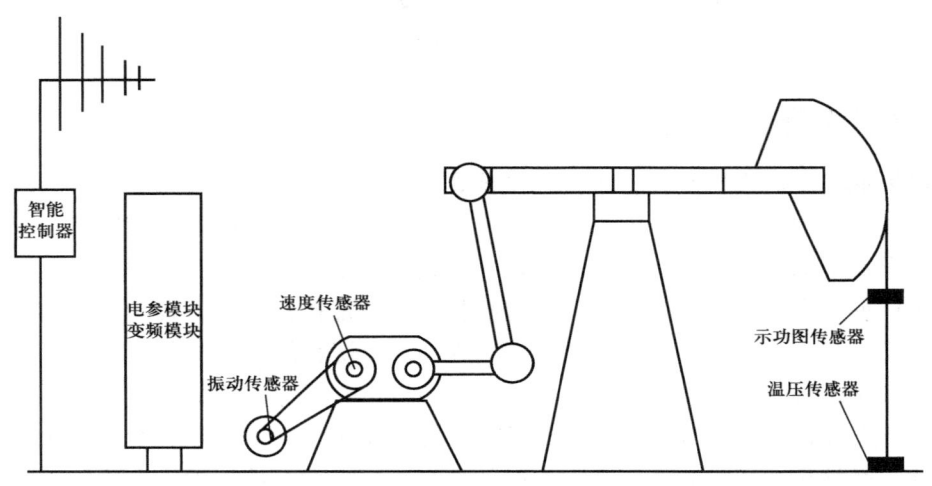

图6.8 智能间抽的主要功能模块及设备

抽油机恒功率柔性控制技术以"载荷大减速、载荷小提速"的瞬时变速运行为手段，把原来"恒转速，变功率"运行转变为"变转速，恒功率"运行。优化光杆扭矩与平衡扭矩匹配关系，大幅降低峰值功率及波动幅度，实现系统随载荷变化的动态优化控制和高效运行。变频调速工作原理是保证磁通恒定，以电动机额定电压为界限，抽油机变频调速可分为基频以下调速和基频以上调速。目前常用变频调速技术有内置最小功率损耗曲线的变频控制、基于PLC控制器的变频控制、闭环自动控制电路变频控制（图6.9）。

随着物联网、云计算和边缘计算技术的发展，智能举升控制技术充分发挥平台集约化建井优势，共享核心元器件，形成一体化智能控制橇；通过实时监测井下数据，整体分析优化，实现多井协同运行、峰谷调节、集群控制，大幅降本增效。

2）电潜泵/螺杆泵的智能工况诊断技术

电潜泵/螺杆泵工况诊断方法大致分为：基于机理模型、基于知识以及基于数据驱动的方法。

随着机器学习、人工智能（AI）和云计算技术的发展，在解决油井生产过程智能诊断优化方面得到了广泛的应用。基于大数据的智能诊断方法主要是基于带有故障标签的历史运行参数，通过对不同故障下参数的变化特征进行机器学习，建立故障诊断的数据驱动模型，实现电泵举升油井运行工况的识别。

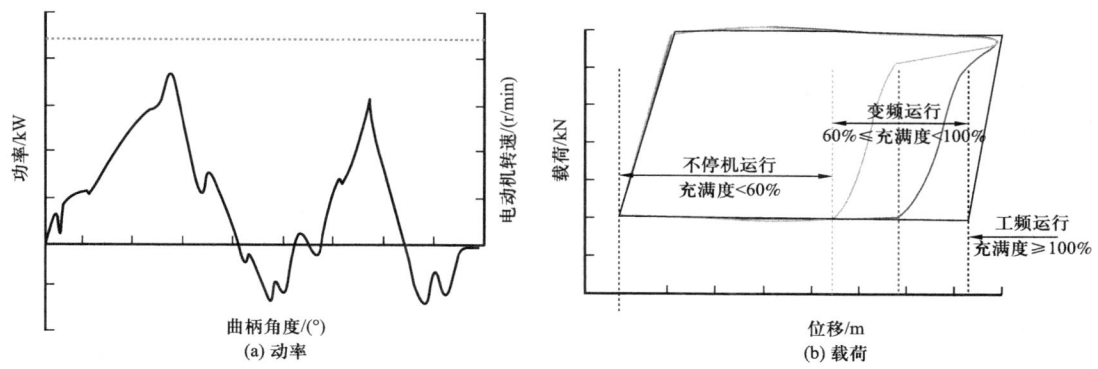

图 6.9 抽油机恒功率柔性控制技术的功率和载荷变化

基于统计过程控制的电潜泵/螺杆泵的智能工况诊断技术针对电潜泵（螺杆泵）井生产过程中的电流、入口压力、出口压力、井下温度、油套压、电动机温度等采集参数，基于数据规律认识和统计过程控制（SPC）方法实现电潜泵（螺杆泵）井多参数综合诊断计算。具体方法是将电潜泵（螺杆泵）生产过程中各异常工况数字化、模型化，分析其历史运行参数，找出各种异常工况与参数的变化关系（即某种工况发生时各个参数的变化趋势），归纳总结出不同工况对应特征参数变化规则图版，基于关键参数阈值判别、SPC 判断准则和多参数数据融合技术，实现电潜泵（螺杆泵）井在线多参数复合诊断。

目前，已有一些电泵故障诊断专家系统已经基本搭建完成。比较有代表性的有威德福公司的 Fore Site 系统、斯伦贝谢公司的 Avocet 系统、哈里伯顿公司的 Voice of the Oilfield TM 系统、中国石油 PetroPE、中国海油智能潜油电泵系统和雅丹石油的 iWELL-ESP 系统等，这些行业专家系统能够分析历史数据的变化趋势，执行实时监控，可以在一定生产条件下快速地发现油井问题，优化运行，预测未来可能发生的问题。

未来，电泵举升系统的数字孪生技术的开发及实际应用将成为新的发展趋势，通过综合运用感知、计算、建模等信息技术，通过软件定义，对物理空间进行描述、诊断、预测、决策，进而实现物理空间与赛博空间（Cyberspace）实现交互映射，十分值得期待。

6.3.6 防腐防垢管材和内涂层技术

1）基本概念

部分采油井储层含有 CO_2、H_2S 或 H_2S/CO_2，在无水开采阶段，腐蚀非常轻微，随着含水率上升，以上腐蚀因素会引起碳钢油套管的局部腐蚀、均匀腐蚀，或引起不锈钢油套管的点蚀、硫化物应力开裂或应力腐蚀开裂。注水井含有溶解氧、SRB，注生产污水的井可能还含有少量 H_2S 和 CO_2，会引起碳钢的局部腐蚀和部分不锈钢的点蚀穿孔。微生物腐蚀（MIC）是指附着在材料（包括金属及非金属）表面的生物膜中微生物的生命活动导致或促进材料腐蚀破坏的一种现象。它是一种电化学过程，在能源、碳源、电子供体、电子受体和水的联合作用下完成。MIC 以局部腐蚀（点蚀）为主，腐蚀的发生、发展在时间和空间上具有不可预见性。

在一定工况下，水中以离子状态存在的化学物质的溶解度一定，在工况发生改变后，上述化学物质便会成为固体而沉淀。通常以下情况易引起结垢：① 在温度、压力等热力学条件改变时，导致成垢的化学物质溶解度降低，在水溶液过饱和而析出沉淀。② 离子组成不相容的水混合引起溶液中成垢化学物质过饱和而产生沉淀。

针对以上腐蚀结垢问题，常用防腐阻垢技术包括使用防腐管材、普通碳钢或低 Cr 钢加工内衬/内涂层。

2）防腐阻垢机理

马氏体不锈钢是指铬含量大于 10.5%，且能通过高温热处理、并控制到室温的冷却速度来实现硬化的 Fe—Cr 合金。马氏体不锈钢油井管在油田防腐应用较为广泛的是 13Cr 或改性的超级 13Cr，其中 13Cr 的耐蚀机理是所含 12%～14%（质量分数）的 Cr 在金属基体表面形成一定程度的钝化膜，提高材料的抗 CO_2 腐蚀能力。与普通 13Cr 相比，超级 13Cr 加入了 Ni、Mo 和 Cu 等合金元素，在高温 CO_2 腐蚀环境的许用温度高达 180 ℃，同时具有一定抗 H_2S 应力腐蚀开裂的能力。高强 15Cr 马氏体不锈钢在高温（最高达 200 ℃），高压（CO_2 分压高达 10 MPa）、高 Cl^- 含量（高达 150 g/L）环境中仍具有较好的耐蚀性。

一般将双相不锈钢定义为具有奥氏体－铁素体晶体结构的钢，较少的相含量至少至 25% 或 30%。不锈钢的腐蚀可分为两个阶段：发生和发展阶段。发生阶段即是钝化膜的破坏阶段，此阶段的耐蚀性取决于铬和钼的含量，通常腐蚀发生阶段的耐蚀性决定了不锈钢是否耐蚀，因此双相不锈钢相比马氏体不锈钢有更好的耐蚀性。

镍合金是在纯镍的基础上通过添加合金元素制备的一类合金，根据镍含量可分为两类：以镍为基（镍含量≥50%）并含有其他合金元素的合金，被称为镍基合金；当镍含量为 30%～50%，且 Fe+Ni 含量不小于 60%，则称为铁镍基合金。镍合金在很多介质中表现出优异的耐腐蚀性，不同的类型可以在还原性/氧化性酸、碱、盐、Cl^- 等介质中起到不可替代的作用，是目前最为完整、全能的耐蚀合金类材料体系。

钛合金是以钛为基体，加入其他元素组成的合金，具有高的比强度和极强的耐 $H_2S+CO_2+Cl^-$ 腐蚀抗力，主要通过热处理提高强度，具有各向同性，有益于连接设计；其悬重约为高端镍基合金的一半，同等情况下，可降低井口悬挂器的拉伸载荷；弹性模量和热膨胀系数低，有益于油管在不超过其最低屈服强度条件下永久坐封。我国钛资源丰富，钛铁矿储量世界第一，占全球储量的 28%。钛合金属于轻质合金，具有高比强度，相同强度等级重量更小，密度为钢的 57%，为镍基合金的 56%；不怕铁污染，便于组织生产运输及井场使用；无磁性，便于随钻测井仪器的使用。

耐微生物腐蚀油套管和管线管基于抑制 SRB 菌落附着的理念，在低碳合金钢基础上添加合金元素，有效抑制 SRB 菌落附着，减缓局部腐蚀。

陶瓷内衬油管是以普通钢管为基体，通过"自蔓延高温合成"方法加工，通过将特定比例的三氧化二铁粉、铝粉和添加剂放置在钢管中，使其高速旋转并引发反应，瞬间放出大量热，生成的熔融铁及氧化铝在离心力作用下按密码不同分层凝固：最内层为刚玉陶瓷层，可防腐、耐磨、防垢；第 2 层为金属陶瓷层，可防腐、阻止针孔微裂纹向基体延伸，第 3 层为金属层，与基管冶金结合保证结合强度。

钨合金镀层油井管是以碳钢油井管为基体，通过"诱导共沉积"方式加工，即单质钨不能从水溶液中电沉积出来，但是能够与 Fe、Ni 和 Co 等元素发生共沉积，从含钨盐和 Fe^{2+}、Ni^{2+} 和 Co^{2+} 或它们的混合盐等组成的镀液中，可得到性能良好的含钨合金镀层。兼具钨和铁系金属的优点，防腐和耐磨性能优良。

3）案例和效果

涪陵页岩气在 2016 年开发发生集气管线穿孔，累计发生穿孔泄漏上千次。气井产出的气相和液相中均不含 H_2S 和 O_2，微含 CO_2，水中有大量微生物。涪陵页岩气分公司针对穿孔严重的 3 个站，采用耐微生物腐蚀管线管进行现场应用试验。现场应用至今耐微生物腐蚀管线管未发生过腐蚀穿孔。

钛合金油管于 2015 年在元坝气田试验应用 2 井次，钛合金套管在中油海南海可燃冰开采项目使用，耐蚀性能良好。

长庆油田第五采油厂 XX-XX 注水井，归属某脱水站采出水回注系统，试验前，该井采用酚醛树脂涂料油管，2014 年检管，发现全井段油管腐蚀穿孔，且结垢严重，更换了 247 根金属陶瓷内衬油管，服役一年后再次检管，油管整体无腐蚀，且油管螺纹保护完好。

2017 年，钨合金镀层油管在安平井区 CO_2 驱油注采井使用，下井 6000 m，服役 3 年后，油管防护情况良好，目前下井继续使用中。2019 年，钨合金镀层套管（110SS）基管代替镍基合金管在普光气田 DWF 井 5022~5351 m 段使用，在保证井筒安全的基础上，大幅降低投资。

6.3.7 水井一步法酸化解堵技术

砂岩基质酸化运用于地层处理通常是按照预冲洗液、前置液、主体酸、后置液和后冲洗液等多步泵入地层的，在施工后所有液体会变成残液（残酸）返排出来。由于砂岩储层矿物组成复杂，酸岩化学反应也较为繁多复杂，研究表明氢氟酸与硅铝酸岩的反应分为三次反应，且大多数酸岩反应产物在低 pH 值酸液中溶解度大、水中溶解度小，极易产生二次伤害。

针对这些问题，提出了一种单步法在线酸化技术，可以采用一种高效酸液体系（采用高效解堵、抑制二次沉淀能力强的单一酸液替代常规酸化三段式液体）代替常规酸化三段式液体进行酸化。对注水井，酸化后的残液直接推向地层远处扩散而不返排。因此，"注水井单步法酸化技术"可以大大简化过程，大幅度节约注水井酸化作业时间、空间、费用和人力，提高酸化施工安全性。

"注水井单步法酸化技术"，就是将特殊的酸液按照一定比例从注水流程管线在线混配注入，由注入水携带至储层进行酸化解堵。通过实时监测注入压力和流量，模拟计算表皮系数变化来判断酸化效果，进而实时调整施工参数，保证最优酸化效果。

单步酸液的关键性质都是以稍许提高 pH 值、降低黏度、具有缓冲作用、具有络合作用的酸液作为主酸。国内中国海油采用的智能复合酸液体系（Intelligent Integrated Acid），体系由新型螯合剂、有机酸、氟化物、缓蚀剂、特殊表面活性剂和与水任意比例混溶的高效有机溶剂制备而成，实际应用时不需要再配制众多类型的酸化添加剂。其智能特性表现在体系只解除伤害物而基本不造成新的二次伤害，这完全不同于常规酸化的酸液体系。

在线单步法酸化采用智能注入系统，实现在线智能注入。在线单步法酸化施工时不停注水流程，使用小型耐酸泵向注水流程中泵入酸液，施工前不需要准确设计酸液用量，通过 CCS（Computer Control System）系统实时监测和控制注入压力和排量，实时计算表皮系数，判断解堵效果。当表皮系数降低到预定值即刻停止注酸，剩余酸液则可用于同一平台其他注水井。因此在保证酸化效果前提下，可做到酸液用量优化；同一平台有多口井酸化时可实现集中规模化作业。

在线单步酸化技术已在渤海 BZ25-1S、QHD32-6、PL19-3 和 SZ36-1 等主力油田实施 80 余井次，有效率 100%，所有井视吸水指数大幅度增加，降压增注效果显著。

6.3.8 低模量碳酸盐岩加砂压裂技术

中东地区储层碳酸盐岩非均质性强，存在巨大低渗透难动用储量，其中伊拉克哈法亚、艾哈代布、西古尔纳、伊朗北阿等油田该类储量超过 15×10^8 t，无法通过常规酸化有效动用，严重影响油田建产、稳产，需实施深度压裂改造，解放资源储量变为效益产量，需求迫切，意义重大。该类碳酸盐岩孔隙大、喉道小、连通差（孔隙度 17%，渗透率 0.03 mD），弹性模量低（10 GPa），具有一定塑性特征。

在压裂机理方面，深入开展了低模量孔隙型碳酸盐岩裂缝扩展及支撑剂嵌入机理研究，明确了该类储层裂缝扩展规律及施工压力响应特征，为压裂优化设计、效果评估等提供定量依据。在压裂设计方面，牢牢把握"逆向设计、正向实施"技术思路，在压裂工艺实施中，通过测试压裂获取关键地层参数，有效指导主压裂方案调整；采取前置液多段塞打磨近井地带，降低弯曲摩阻及液体滤失；按照"低起点、小台阶、多步骤、控制最高砂液比"原则，优化施工泵注程序。在工具材料方面，论证采用"裸眼封隔器＋投球滑套"分段压裂工艺，优化设计适用于目标储层的大通径完井压裂工具串。针对压裂水源短缺问题，就地取材，利用当地河水配制压裂液，研发低伤害耐盐工作液体系，大幅缩短了备水周期，液体成本降低 20%，施工效率提升 1 倍以上。在压后评估环节，建立"停泵压降反演+智能历史拟合+痕量示踪剂监测"的裂缝综合诊断技术，系统认识储层及裂缝参数。在保证压裂工艺成功的基础上持续开展降低前置液比例、提高砂液比、优化支撑剂尺寸组合等"降本增效"技术探索，取得显著效果。

低模量碳酸盐岩加砂压裂技术在伊拉克哈法亚 Sadi 特低渗透油藏应用取得工艺及产能突破。自 2019 年进行首口水平井多级压裂试验取得成功后，近两年不断扩大试验规模，共投产 10 口多级压裂水平井。平均单井产量突破了 1500 bbl/d，累计产油量超过 220×10^4 bbl。

参 考 文 献

［1］王智文. 大庆外围油田抽油机井"峰谷平"不停机间抽技术的试验与应用［J］. 石油石化节能，2022，12（2）：9-13，8.

［2］巩宏亮，戚兴，常瑞清，等. 抽油机不停机间歇采油技术研究与应用［J］. 石油石化节能，2017（10）：3-6.

［3］李健. 不停机间抽井合理间抽制度研究［J］. 中外能源，2020（25）：61-64.

［4］高翔，王云峰，刘海波，等. 基于大数据挖掘技术不停机间抽工作制度优化［J］. 石油地质与工程，2020（34）：109-113.

［5］蒋媛媛，孙向辉. 不停机间抽装置间抽周期及抽吸参数的确定［J］. 石油石化节能，2020（10）：43-46.

［6］刘涛，张岩，辛宏，等. 低液量油井不停机间抽优化技术现场试验［J］. 石油石化节能，2019（8）：1-3.

［7］魏显峰，易正昌，李健，等. 不停机间抽装置电参示功图现场应用试验［J］. 中外能源，2019（12）：45-48.

［8］卢成国，王秋实. 大庆外围低产低渗油田抽油机井电参法推演示功图现场试验［J］. 石油石化节能，2021（6）：33-37.

［9］任鹏，唐凡，姚洋，等. 新型智能间抽技术在超低渗油田中的应用［J］. 低渗透油气田，2012（1）：142-145.

［10］丁健，王怀远，易正昌. 抽油机井能耗分区控制图的研制与应用［J］. 石油石化节能，2021（1）：35-38.

［11］张岩，辛宏，刘涛，等. 低液量油井不停机密集间抽技术［J］. 低渗透油气田，2018（2）：87-91.

［12］曹庆年，张杰，孟开元. 基于示功图的抽油机智能间抽系统研究［J］. 辽宁化工，2021（3）：87-91；341-345.

［13］AL-HARBI B G，AL-DAHLAN M N，AL-KHALDI M H，et al. E-valuation of organic-hydrofluoric acid mixtures for sand-stone acidizing［C］. SPE 16967，2013.

［14］RAE P J，PORTMAN L N，ACORDA E P R，et al. Use of single-step 9% HF in geothermal well stimulation［C］. SPE 108025，2007.

［15］QU Q，BOLES J L，GOMAA A M，et al. Matrix stimulation：An effective one-step sandstone acid system［C］. SPE 164491，2013.

［16］李海涛，罗伟. 水平井半智能控水完井技术［M］. 北京：石油工业出版社，2018.